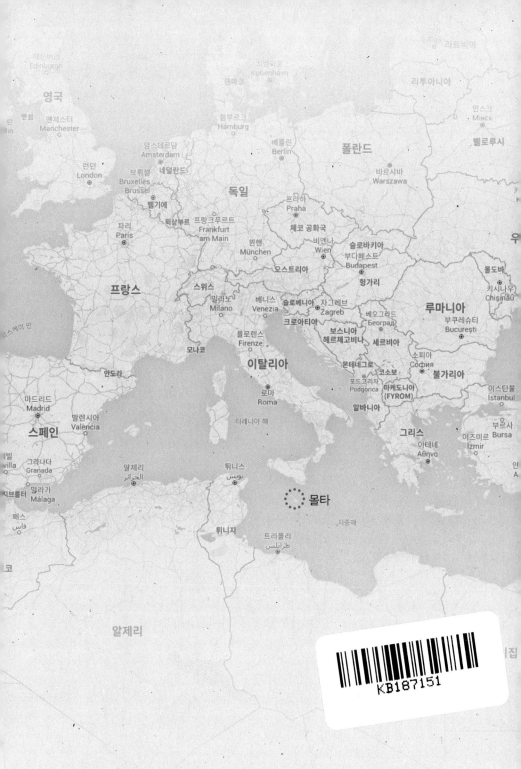

지중해의 작은 보물섬

아무도 모르는
누군가의 몰타

글·사진 정수지
그림 MIROUX(이미루)

책미래

Prologue_당신의 속살을 방목시켜라

　나는 비겁한 몸매를 가졌다. 처음부터 그런 건 아닌 것 같은데 어느 순간에 몸이 우스꽝스럽게 변해 버렸다. 스타킹을 더 치켜 올려 똥배를 숨기고 겨우 쓸어 모은 새 가슴은 뽕을 넣고 부풀려 그럴싸하게 만들었다. 하지만 나만의 비밀이 들킬까 눈에 속눈썹이라도 들어간 것처럼 늘 껄끄러운 기분이었다. 밖에선 치밀하게 싸매면서도 집에 혼자 있을 땐 대자연에 방목된 동물과 같다. 씻지 않은 발가락으로 베개를 잡고서, 배 고플 땐 냉장고를 털며 트림하는 감칠 맛 나는 시간. 나를 지켜보는 사람도 없고 내 마음대로 할 수 있는 이 방구석에서 조금 슬프지만 자유를 만끽하고 있다.

　나는 늘 마음대로 자유롭게 사는 나날을 꿈꿨다. 사실 사회에 소속되기 전까지는 남들의 눈총을 맞아가면서도 의식 따윈 꺼 버린 채 살았다. 어리고 혹은 철이 덜 들었다는 이유로 말이다. 총총 땋은 레게머리를 한달 동안 감지 못해 귤 썩은 냄새를 풍기기도 하고, 빨간 스타킹에 축구화를 신으며 약간 모자란 애 취급도 받고 상금에 눈이 멀어 누가 보든말든 미친 듯이 춤을 추는 그런 나만 알고 좋아했던 행동들. 생각에 갈증이 나면 곧장 채우곤 했던 내 모습.

　상황에 맞춰 사투리를 감추고 말꼬리를 올려 서울말을 흉내 낸다. 아무도 그렇게 하라고 시킨 사람 없는데 주위 의식을 하도 하니 그냥 자동이다. 취업은 기왕이면 대기업에 가라고 사람들이 말하니 그 말 믿고 넣어도 봤다. 한데 조건을 보니 하나님만 취직 가능하겠더라. 정말 좋아하는 옷들은 홍대 앞 말고는 딱히 입을 장소도 마땅치 않다. 돈 얼마 모았냐고 결혼할 때 얼마 드는지 아냐고 신랑 조건은 무조건 어쩌고저쩌고… 친구들을 만나면 진짠지 가짠지 다들 명품 하나씩 들고 있고 원래 관심은 없었지만 내가 좋아하던 천 가방은 갑작스레 넝마 같다. 싫건 좋건 하고 싶은 말은 이제 내뱉는 것조차 조심스러워졌다. 결국 집에 돌아와 답답함을 토하며 글을 쓰는 것이 겨우 수많은 의식에서 벗어나는 나의 작은 반란이었다. 나인 척하는 내 자아, 지금의 모습이 내 삶이다. 이모든 과정은 내 생각에 부족함을 채운다기보다 가리는 것에 더 급급한 처량한 나와 조우하게 해 준다. 집에 돌아오면 남들과 똑같은 천 조각을 벗어 던지고 비슷한 색깔로 색칠된 얼굴을 힘겹게 지운다. 아무도 나를 보지 않으니 그제야 본래 내 모습이 훤히 보인다. 사랑스럽지도 혐오스럽지도 않은 이 기형적인 모습이 나라는 것을 인정하기는 싫다. 내가 원하는 것은 가린 채 세간이 떠들어 대는 일들에 맞춰 살아가는 지금은 늘 불편함이 마음을 긁고 있다. 솔직히 우울한 이 기분은 나를 평생 가둬 둘 것만 같았다. 큰 문제 없는 안온함 속에 살고 있었지만 어두운 그림자 안에 갇혀 사는 기분. 바로 나에 대한 무관심이었다. 나는 도대체 누구인가? 내 생각과는 다르게 보이는 나, 나는 어떤 모습을 원하는 것일까? 내가 무엇을 원하는지 정말 알고 싶었다. 그래, 의식하지 않고 자유롭게 살아보자. 우선은 나를 위한 시간을 만들어 보자는 대답이 전부였다.

드디어 자유 365일이다. 그리고 이제껏 한 번도 들어 보지 못한 작은 섬나라 몰타(Malta)가 나의 정착지이다. 한 장에 담긴 세계지도에서는 잘 보이지 않을 것이다. 하지만 이탈리아 시칠리아 섬의 남쪽 지중해를 자세히 살펴보면 작은 섬 하나가 보인다. 영국의 오랜 지배 속에 영어를 사용하게 되었고, 이탈리아, 스페인 등 남유럽을 여행하기 좋다. 물가는 한국과 비슷하며 1년 내내 거의 비가 내리지 않는 화창한 날씨에 시에스타(siesta)*를 꼭 챙기는 사람들과 아름다운 지중해가 있는 곳. 나는 그 낯선 이름에 푹 빠져 버렸다. 당신의 속살을 방목시켜라. 내 자아가 나에게 내뱉은 한마디이다. 이 말은 홀딱 벗은 바바리맨이 되라는 소리도 아니고 진짜 속살을 여기저기 내보이며 풍기문란으로 쇠고랑 차라는 소리는 더더욱 아니다. 뭐든지 하고 싶다면 괜찮다고 가둬 두지 말고 그냥 나를 믿고 내버려두라고 말한다. 하고 싶은 말, 숨겨 왔던 행동, 나를 조여 왔던 모든 것을 다 풀고 신나게 살아보라고 한다.

죽이 되든 밥이 되든 내 인생이니까
I'm Free in Malta

* 라틴아메리카와 (아르헨티나, 페루, 콜롬비아 등) 지중해 연안 국가 (이탈리아, 스페인, 그리스 등)에서 낮잠을 즐기는 시간. 시에스타는 무더위로 인해 업무에 집중할 수 없는 한낮에는 휴식을 취한 뒤에 저녁까지 일하는 라틴아메리카 지역의 낮잠 풍습이다. 시에스타 중에는 상점, 레스토랑, 성당에서도 모두 다 문을 닫고 낮잠을 잔다.

그래, 한번 벗어던져 보자!

Prologue_당신의 속살을
방목시켜라   5

Station1_일상의 재구성

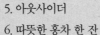

Station2_24시간 브레이크타임

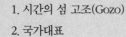

Station3_청춘 정거장

Station4_만남의 광장

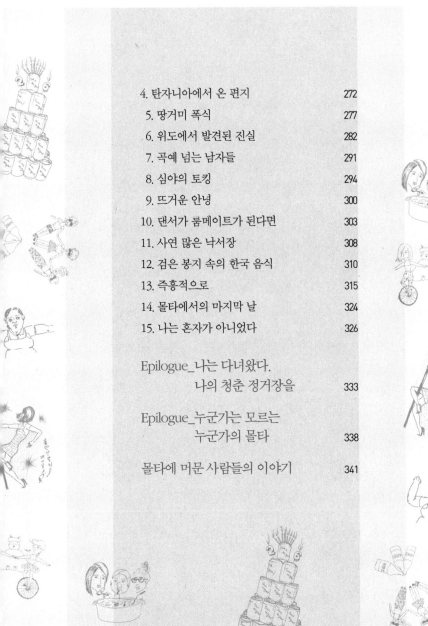

Station1_일상의 재구성

사람들이 나를 걱정하던 한마디

"돌아와서는? 앞으로 뭐 할 거야?"

"나도 잘 모르겠는데, 당장 오늘이라도 행복하고 싶어."

1. My way

내 방 책상 앞 벽에는 몇 년째 붙어 있는 세계 지도가 있다. 뭔가에 열중하다가도 그 지도를 들여다볼 때면 어느 순간 설레임이 차오르곤 했다. 저 지도 속에 있다는 생각만으로도 기분이 참 좋았다. 결국 하던 일을 멈추고 여기저기 보이는 나라들 속에 빠져 상상 속의 세계일주를 떠나곤 했다. 일을 하면서 좋은 날과 궂은 날은 반복되었다. 가끔은 주말도 반납하며 일을 했는데, 회사 스케줄에 맞춰 내 시간을 조정하는 것은 아주 자연스럽고 당연한 일이 되었다. 그래도 열심히 꿈을 쫓아간다고 생각했던 적이 있었지만, 이제는 월급을 얼마나 더 많이 받고 휴무가 몇 번인지가 나에게 더 중요해졌다. 퇴근 후에는 곧장 집으로 돌아가 쉬고 싶은 마음뿐이고, 주말은 약속을 잡는 날, 월급날은 사고 싶었던 것을 살 수 있는 날이 되었다.

하지만 언제부턴가 이런 복제된 그래프 같은 일상이 반복되면서 내 자신이 점점 사라져 가고 있다는 생각이 들었다. 내 인생이지만 내 삶에 나는 없는 것 같았다. 점점 내 생각대로 행동하는 방법을 잃어 가고 있는 느낌, 이미 정해진 길을 걸으며 속도도 방향도 내 의사와는 상관없이 쫓아가는 생활의 연속이었다. 시선의 자석에 끌려다니며 살아가는 영혼 없는 쇳가루 같은 내 신세. 내가 아닌 남들이 바라보는 나를 살아가는 매일이 허무해졌다. 이런 답답함 속에 가장 알고 싶은 것은 바로 나 자신이었다.

고등학교 시절, 야간자율학습이 싫어 교실 밖을 뛰쳐나갔다. 단지 교실만 아니면 어디든 좋을 것 같다는 생각에 충동적으로 나가 시내를 돌아다녔다. 다음 날 담임선생님에게 발바닥 수십 대를 맞긴 했지만 '기회가 된다면 또 나가야지'라고 마음먹었다. 그때의 나를 떠올려 보면 고립된 공간에서 무작정 벗어나고 싶었던 마음뿐이었다. 나를 억누르고 있던 무게를 벗어던지는 쾌감은 하늘로 날아가리만큼 마음을 상쾌하게 했다.

이처럼 내가 어렸을 적에는 무시무시한 회초리가 기다리고 있었지만 성인이 된 지금은 별다른 처벌이 없음에도 불구하고 잘 벗어나지 않게 된다. 당장 이 길에서 벗어나면 큰일 나지 않을까 하는 것이 회초리보다도 더 무서운 이유였다. 회초리 없이 살아갈 수 있는 지금, 오히려 마음만 먹으면 원하는 것을 할 수 있는 나이가 되었지만 나는 무엇이 그리도 두려웠는지 철없던 학생 때보다 더 웅크리고 있었다. 왜 나이를 먹을수록 시작이 두려운 건지 모르겠다. 적어도 어른이 되면 할 수 있는 게 많아질 것이라고 생각했는데 지금은 무언가를 잃고 있다는 느낌만 가득하다.

분명 그 상실감은 내 존재로부터였다. 묵묵히 안정을 찾아서 살지 않으면 안 된다는 마음과 어차피 오늘과 같을 내일이 삶에 큰 기대를 할 수 없게 만들어 버렸다. 내가 다시 돌아와서는 무엇을 할 수 있을까? 많이 뒤처지지는 않을까? 하지만 내가 모든 사람들과 함께 같은 길을, 같은 속도로 걸어야 할 의무는 그 어디에도 없었다. 이제는 더 이상 이것이 좋고 저것이 맞다는 다른 사람들의 말에 내 의사와는 상관없이 고개를 끄덕이고 싶지 않았다. 내 자신이 사라져 가는 것을 지켜만 볼 수는 없었다. 비록 내 모습이 방랑과 시간낭비로 보일지는 모르겠으나, 우선 나만의 시간을 살아보고 싶었다. 나에게 가장 절실했던 시간, 나는 나를 에워싸고 있던 주변의 목소리와 안정된 생활에서 벗어나 본격적으로 나만을 위한 시간을 준비했다.

"2년 간 회사를 다니며 모은 800만 원으로 과연 어디서 무엇을 할 수 있을까?"

우선 공부경력 10년은 넘은 것 같은 영어를 업그레이드하고 싶은 마음에 영어공부를 기본으로 한 여행계획을 세워나갔다. 한 번도 가본 적 없는 유럽도 가보고 싶었지만, 짧게 머물러 가며 유명 관광코스를 도는 배낭여행은 하고 싶지 않았다. 처음부터 '여기에 갈 것이다'라고 정하고 가는 것이 아니라 그냥 어설프게나마 즉흥적으로 살아보고 싶었다. 내가 모르는 세상이기에 어떤 곳일지 잘 모르겠으나 당장 정하는 것보다 나에게 그 순간의 느낌으로 결정할 수 있는 기회를 주고 싶었다. 호기심에 없던 의심까지 생기는, 조금은 불안한 미래였지만 상상할수록 신나고 즐거운 시간임은 분명했다.

열심히 지도 속에서 내 목적지를 찾아 나섰다. 부지런히 찾아보았지만 생각보다 영어를 배우며 유럽여행을 할 수 있는 곳은 많지 않았다. 영어공부만 한다면 호주, 캐나다, 뉴질랜드가 앞 다투어 경쟁을 했겠지만, 이미 내 마음속에서는 탈락을 했다. 사실 가보지는 않았지만 나라 이름들이 꽤 익숙하게 들려서인지 별 매력이 없었다. 물론 위치적으로 유럽과 너무 멀기도 했다. 영국과 아일랜드는 유럽이라는 좋은 위치에도 불구하고 흐린 날씨와 내 분수에 맞지 않은 물가가 일찍 발걸음을 포기하게 만들었다. 그렇게 그냥 호주로 가버릴까 고민을 하던 중 영국에서 유학을 하고 있는 친구 미루에게 조언을 구하고자 통화를 하였다.

"몰타 어떻노? 영국 머시마들 글로 놀러 마이 가든데?"

무심코 뱉은 미루의 한마디는 나를 사로잡았다. 어쩌면 몰타라는 단어를 처음 들어 봐서인지도 모르겠다. 몰타에 대한 많은 궁금증을 해소하기 위해 나는 본격적으로 정보를 수집해 가며 나의 새로운 길을 만들어갔다. 내가 몰타를 택한 이유는 간단했다. 저렴한 물가에 영어공부를 하며 유럽여행을 할 수 있다는 것, 그리고 조금 특별하게 들리는 '몰타'라는 이름 때문이었다. 불안한 영어 실력이 겁이 나 우선 필리핀에서 기초연수를 받는 것을 택했다. 그렇게 고심 끝에 탄생한 나의 새로운 길. 안정된 고속도로를 이탈한 후 만나게 된 나만의 샛길을 내딛는 첫 순간이었다.

방 안에서 창밖을 바라본다.
바깥 풍경은
왜 테두리 안에서만 존재할까?
순간 네모난 틀을 벗어나 알고 싶었다.
창 밖은 어떤 세상이 존재할지를...

자, 이제 마음대로 한번 걸어 보는 거다

2. Philippine life

첫날은 공황상태였다. 마닐라(Manila) 제1공항에서 나를 기다리는 사람은 아무도 없었다. (나중에 안 사실이지만 제1공항은 비행기 티켓이 없으면 출입금지였다.) 친절한 택시기사의 호객행위에 덜컥 겁이 났고 쥐한 마리가 내 신발을 스치고 지나가자 다리에 힘이 풀려 버렸다. 혼란스러운 정신을 수습하고자 공항으로 다시 들어갔지만 티켓이 없다는 이유로 쫓겨났다. 급하게 환전한 페소는 1초당 엄청난 금액을 치르며 국제전화의 위력을 보였지만 응답하는 이 하나 없었다. 나를 제외한 모든 사람들이 제 갈 길을 가고 있다. 나만 길을 잃은 건가? 마음이 더 조급해졌다. 나는 전혀 준비가 되어 있지 않았나 보다. 엄마를 잃어버린 아이처럼 겁에 질려 나를 데려가 줄 사람을 찾아 헤매고 있었다. 그렇게 한 시간 정도 방황 끝에 만나게 된 학원 관계자에게 화가 풀릴 때까지 불만을 내뱉었다. 혼자서는 아무것도 할 수 없는 사람, 방금 전까지 안절부절못하며 허물어져 가던 내 모습을 무안해하며 재빨리 잠들어 버렸다.

족히 20년은 넘어 보이는 버스를 타고 90도 자세로 10시간을 보낸 후에야 바기오(Bagio)에 도착했다. 볼일을 보려는데 변기에는 좌식 커버가 없었다. (이런 사정은 어딜 가도 마찬가지다.) 도착한 지 이틀 만에 시작된 물갈이로 모든 필리핀 음식을 불신하게 되었고, 시내만 나갔다 하면 콧구멍에는 시커먼 먼지가 쌓였다. 거리에는 장사를 하는 아이들이 많았다. 맨발로 물건을 팔기 위해 쫓아오며 가격을 흥정할 때는 그들이 아마추어가 아니라는 것을 알았다. 그들의 노련한 상술은 내 마음을 아프게 했다. 그 큰 눈망울 속에서 호소하던 간절함은 내가 어린 시절 장난감을 사달라고 부모님께 조르던 모습과 다르지 않아 보였다.

'하울의 움직이는 성'을 매일 아침 만날 수 있었고(만화영화 〈하울의 움직이는 성〉의 모티브가 된 도시가 바기오이다.) 섭씨 25도의 따스한 크리스마스, 9시간이 넘는 필리핀 선생님의 결혼식, 게이 필리피노 친구와 그의 애인, 폭죽의 화염으로 뒤덮인 새해맞이는 정말 색다른 경험이었다. 학교에서는 한날한시 함께 도착한 우리를 배치메이트라 불렀다. 치차리토, 카카, 엘레나 등 평소 좋아했던 축구선수 혹은 배우의 이름으로 각자를 부르게 되었다. 나는 망설임 없이 내 이름을 그대로 사용했다. 만반의 준비를 하고 온 테스트에서는 믿을 수 없는 레벨2를 받았다. 그리하여 나는 Be동사부터 다시 시작해야 했다. 한 시간마다 울리는 종소리, 정확한 시간에 맞춰 살아가는 사람들, 200명이 넘는 학생들은 비행기 화장실만한 공간에서 각각 1:1 수업을 했다. 나보다 어린 친구들이 영어를 잘할 때는 위축되다가도 승진을 위해 영어와 씨름하는 40대 아저씨를 볼 때면 절대 늦은 일은 없다고 생각했다.

한국어, 음주, 외박 그리고 과한 애정표현이 금지된 이곳에서 가끔 본능에 목마른 청춘들이 많은 벌금을 내거나 아예 쫓겨나기도 했다. 나는 가끔 소주를 사다가 빈 생수통에 담아왔지만 운이 좋게 한 번도 들킨 적이 없었다.

필리핀에서의 지난 3개월 간, 아침 7시에 일어나 저녁 10시까지 영어만을 위한 삶을 살았다.《그래마 인 유즈(Grammar in Use)》를 세 번 정독했고 밤마다 〈멘탈리스트〉를 보며 제인에게 넋을 잃었다. 〈토이스토리3〉 대사와 기초회화패턴 100개를 모두 외우며 되도록 모든 영어 회화에 적용하려 애썼다. 함께 동고동락하며 정들어 버린 옥이, 치차리토, 로드 오빠와는 우연히 길거리 포스터를 보고서 반해 버린 바나우에를 함께 다녀왔다. 산굽이를 따라 덜컹거리는 지프니를 타고서도 한참을 걸어서야 당도한 미지의 녹색 계단. 장엄하게 펼쳐진 이 계단식 논을 한 줄로 연결한다면 지구 반 바퀴 길이가 나온다니 잠시 할 말을 잃기에 충분했다. 걷는 내내 오길 잘했다는 생각을 수십 번 되뇌이며 마음이 벅차올랐다.

선생님과 학생으로 만난 필리핀 사람들도 이제는 짓궂은 장난을 치는 친구 사이가 되었다. 이들과 정이 들수록 얼굴색이 다르고 나라가 가난하다고 해서 다를 것도 없고 무시해서도 안 된다는 생각이 내 마음을 따끔거리게 했다. 그렇게 정든 이들과 이별을 하며 사진과 편지를 주고받고 새빨개진 얼굴을 가리며 한국에서 또는 필리핀에서 꼭 만나자고 약속했다. 늘 "필리핀 다음은 어디로 떠나요?"라고 묻는 사람들에게는 몰타에 대해 말했다. 하지만 설명만 반복될 뿐 그 누구도 몰타를 알지 못했다. 어느새 필리핀을 떠나야 할 시간이 되었다. 곧 떠난다는 것을 잘 알고 있지만 즐거웠던 이곳 생활이 익숙해진 나머지 자연스레 내일이 두려워졌다. '몰타는 과연 어떤 곳일까?' 아무리 상상을 해 봐도 알 수가 없다. 한 가지 확실한 것은 나는 다시 혼자가 되었다는 것이다.

미지의 녹색 계단, 잠시 할말을 잃었다

바나우에에서 마주친 뽀루퉁한 꼬마

3. This is not Malta

　15시간 넘게 비행기를 기다리는 중이다. 어학원이 있던 바기오에서 국제공항이 있는 마닐라까지의 여정을 더한다면 아마도 하루를 훌쩍 넘긴 셈일 것이다. 다들 사이좋게 짝을 지어 호주, 캐나다, 미국, 한국으로 떠나가고 결국 혼자 남게 되었다. 꼼짝없이 앞으로 세 시간이나 더 기다려야 되는데 시계는 볼 때마다 멈춰 있는 것 같았다. 그나마 석 달 전의 호된 기억이 오늘을 잘 버티게 도와주는 것은 아닌지, 처음보다는 한결 편안하게 바깥을 배회하고 택시비를 흥정하며 공항 주변을 서성거렸다. 역시 경험은 평생 사라지지 않는 내 것이라는 점에서 그 요긴한 의미가 남다른 듯하다. 새벽 1시, 비행기 탑승을 하고서 의자에 앉자마자 잠이 들었다. 그렇게 내가 깨어났을 땐 이미 두바이에 도착할 즈음이었다. 잠결에 정신은 없었지만 다시 몰타 행 비행기를 갈아타기 위해 공항 내부로 들어섰다. 노트북, 배낭, 작은 캐리어 가방까지 어깨에 몇 번씩 고쳐 메며 게이트를 찾아 나섰다. 긴 통로를 20분 정도 걷고 나서야 'To Malta'라고 적힌 탑승구를 확인했다. '드디어 몰타를 가는구나!' 하고 생각하며, 이리저리 움직이는 사람들 속에서 내 눈은 흔들림 없이 Malta라는 글자를 바라보았다. 느닷없이 잦아든 긴장감에 마음은 두려움과 설렘이 아리송하게 교차되고 있었다.

　비행기에서 또 다시 잠이 든 나는 좌석을 바로 세우려는 승무원들의 손길에 정신을 차렸다 분위기로 봐서는 곧 몰타에 도착할 것 같았다. 몇 시간 안 잔 것 같은데 이렇게 빨리 도착할 줄이야! 비행기가 착륙한 후 나는 자리에서 일어나 짐을 꺼내려 했다. 하지만 선반도 높고 가방도 무거위 한 번에 빼내질 못했다. 그런 내 모습을 본 옆 좌석의 동양인 남자가 자신의 짐을 꺼내며 나를 도와주었다. 미소를 지으며 가방을 건네주는 그는 일본인 같았다. 예쁘게 정돈된 눈썹과 또박또박 끊어 말하는 영어가 유독 그렇게 느껴졌다. 그에게 감사의 인사를 전하며 통로를 나섰다. 하지만 걸어가면서 앉아 있는 승객들이 눈에 들어왔다. 천천히 가방을 꺼내는 사람들도 더러 있었지만 분명 분위기가 이상했다. 그때 갑자기 승무원 한 명이 빠른 걸음으로 다가와 나를 가로 막아서며 말했다.

"@#$%^&*() destination?"

말이 빠르게 후다닥 지나가 알아듣지 못한 나는 승무원에게 다시 질문을 했다. 그녀는 내게 목적지가 어디냐고 물었다. '왜 물을까?' 생각하며 나는 몰타라고 대답했다.

"This is not Malta, This is Cyprus."

그녀가 웃으면서 말하는 순간 나는 이 친절한 안내에 적잖은 충격을 받았다. '뭐? 몰타가 아니라고?' 나는 대략 5초간 혹시 잘못 탄 것은 아닌지 재빨리 두바이 공항의 내 모습을 생각했다. 분명히 'Malta'라는 최종 행선지를 확인했고 티켓에도 그렇게 적혀 있는데 어떻게 된 거지? 어찌 내 뒤에 멀뚱히 서 있는 동양인 남자도 나와 같은 생각을 하고 있는 듯하다. 상황 이야기를 들어 보니 키프로스는 몰타 전 잠깐 들리는 경유지로 일부 승객들이 타고 내릴 때 가끔 비행기 청소를 하는 곳이라고 한다. '세상에 내가 모르고 키프로스에서 내렸을 수도 있었던 거잖아, 상상만으로도 끔찍하군.'

나와 동양인 남자는 서로 도와가며 다시 가방을 넣었다. 그리고 당황스러웠던 이 사건을 계기로 인사를 하며 각자의 이름을 물었다. 간단한 소개가 끝난 뒤에는 몇 초간 정적이 흘렀다. '유우키'라는 일본 남자와 나는 무슨 말을 해야 할지 서로 머뭇거렸다. 아마도 이때쯤 각자의 영어 실력에 한계를 느끼기 시작한 것 같은 느낌도 들었다.

나는 5년 전 도쿄에서 지냈던 이야기를 시작으로 한동안 거미줄 치고 있던 일본어를 조금씩 꺼내어 보았다. 유우키는 갑작스런 일본어에 당황해했지만 이내 모국어를 반가워했다. 그는 대학교 휴학을 쉽게 할 수 없어(일본은 휴학을 하더라도 학비는 그대로 납부해야 하기 때문에) 짧지만 3주간의 방학을 이용해 몰타에 왔다고 했다. 몰타는 일본 사람이 많지 않고 아직 알려지지 않은 나라라 뭔가 특별할 것 같다는 것이 그의 생각이었다.

"지금이 아니면 언제 유럽을 갈 수 있을까? 고민했어요. 그래서 취업하기 전에 꼭 가고 싶었고요."

더 시간이 지나 후회하기 전에 오게 되어 다행이라는 말에 나 또한 그렇다며 공감했다. 참 비슷한 이유다. 지구 반대편이 궁금한 것도 시간이 없는 것도 후회하기 싫은 것도 돌아가면 정말 열심히 살아야 하는 것까지도 비슷했다.

그는 'マルタ(몰타)'라고 작성된 가이드북을 꺼내어 유명한 관광지를 체크해 가며 내게 보여 주었다. 자세히 지도를 들여다보았지만, 나에게는 난생 처음 보는 생소한 지명과 단어들뿐이었다. 내가 곧 여기 어딘가에서 살게 되겠지? 우리는 시간 가는 줄 모르고 그렇게 지도 속으로 빠져들었다.

창밖을 통해 비치는 몰타의 하늘은 꽤 우울했다. 낡은 건물들이 어수선하게 보이기 시작했고 날씨 탓인지 바깥은 휑하게까지 느껴졌다. 주변 분위기가 내가 생각했던 푸른 하늘 아래 섬과는 전혀 달랐지만, 이내 본 적 없는 풍경들에 나도 모르게 딴 세상 구경 중이었다. 마지막까지 내 짐을 함께 들어 주던 유우키는 자신의 학교와 전공이 적혀 있는 명함을 건네주었다. 그와는 몰타 어딘가에서 꼭 만나자고 악수를 나누고 헤어졌다.

픽업 차량을 타고 숙소로 가기 위해 공항을 나서자마자 푸른 들판이 한눈에 들어왔다. 그 사이로 지붕이 없는 건물, 창문이 뻥 뚫려 있는 집, 무너진 담장이 군데군데 눈에 띄었다. 폐허 같기도 하고 버려진 역사의 구조물 같기도 한 그 모습에 잠시 눈을 멈추게 되었다. 시가지에 들어선 듯 현대적인 느낌의 간판들이 보이기 시작했지만 오래된 건물들의 분위기는 계속 이어졌다. 대부분 미색을 띠고 있는 낡은 건물들로 5층 정도 높이에 저마다 외관은 쌍둥이처럼 비슷비슷했다.

그리고 서서히 보이기 시작한 바다 건너편. 바다와 함께 시야가 확 트이며 내 눈앞에는 거대한 성곽도시의 파노라마가 펼쳐졌다. 지금 내 눈앞에 펼쳐진 미색의 향연은 무엇일까? 창문 너머로 빠르게 스쳐지나가는 장면은 세기를 추정할 수 없는 한 폭의 명화 같은 모습이었다. 타임머신 같은 유치한 상상은 예전에 버린 지 오래였지만, 지금 이 순간만큼은 달랐다. 오래된 도시에서 묻어나는 고색 짙은 풍경은 현재의 시간을 알 수 없게 만들었다. 영화의 한 장면도 드라마 속 세트장도 아니었다. 나는 전혀 다른 세상에 있었다.

This is real Malta.

화면 속의 몰타

몰타는 영화 〈월드워Z〉, 〈트로이〉, 〈글래디에이터〉 등 시간을 거슬러 다양한 세계의 배경이 되는 일이 많았다. 실제로 몰타의 수도인 발레타는 성벽을 둘러싸고 있는 건축물을 현대적인 변화나 개조 없이 원형 그대로 보존하고 있다. 우리나라 영화 〈실미도〉의 수중신, 현빈이 슬픈 얼굴로 미로 같은 골목을 달리던 음료수 CF가 엠디나(Mdina)에서 촬영되었다.

키프로스

몰타라는 목적지만 생각하고 비행기를 탔던지라 중간에 잠시 들렀던 키프로스는 황당 그 자체였다. 영어로 사이프러스라고도 불리는 이 섬은 지중해에 위치한 세 번째로 큰 섬이다. 그리스 신화의 아프로디테가 태어난 곳으로도 알려져 있으며, 고대 그리스 유적 및 코발트빛 지중해 해안으로 유럽에서는 이미 각광받는 휴양지이다. 다만 직항 편이 많지 않고 일부 항공사에서는 몰타와 같은 지중해 국가를 함께 경유하는 편으로 이용할 수 있다

세기를 추정할 수 없는 미색의 성곽도시

4. 도착한 다음 날

간단한 테스트 후 배정받은 어학원 첫 수업. 킴(Kim)이라는 영국인 강사의 발음이 워낙 빨라 무슨 말인지 하나도 못 알아들었다. 일본인, 터키인, 러시아인, 스페인인, 리비아인까지 교실에 앉아 있는 학생들의 국적은 다양했다. 그중에서도 미스 재팬 같은 휜칠한 외모의 유키는 수업 내내 자기 혼자 이야기를 했다. 유키뿐만 아니라 모든 친구들이 머뭇거리지 않고 영어로 자연스럽게 말했다. 나는 묻는 말에만 단답형으로 대답하며 조용하고 소극적인 첫인상을 남겼다. 내 생각대로 의사표현을 할 수 없으니 나는 저절로 소심하고 내성적인 사람이 되었다. 하고 싶은 말 대신 할 수 있는 말을 해야 한다는 것은 나를 전혀 다른 사람으로 보이게 만들었다. 영어로 말할 때는 본의 아니게 성격이 변하게 되는구나. 금붕어처럼 뻐끔거리기만 하니 물속에서 숨을 못 쉬는 것만큼이나 갑갑했다.

어학원에서 만난 한국인 동생들과 필요한 물건을 사러 시내로 나갔다. 쇼핑을 마친 후에 짐이 너무 많아 동생 한 명에게 택시로 돌아가자고 말하니 "몰타에서 택시 타는 사람은 거의 없어요." 하면서 앞장서서 걷기 시작했다. 버스도 물었지만 "버스를 기다리는 것보다 걷는 게 빠를걸요?" 하는 대답이 돌아온다. 무조건 걷는 게 낫다니 정말 예상치 못한 답변이다. 짐이 무거워 벤치에서 조금 더 쉬고 싶어도 유별난 사람으로 보일까 말없이 따라 걷기를 반복하며 한 시간 만에 집으로 돌아왔다.

저녁에는 중국인 친구가 요리를 만든다는 말에 얼떨결에 따라나섰다. 아직 준비가 덜 되었는지 손목까지 밀가루 투성인 한 동양남자는 열

심히 반죽을 하고 있었다. 오늘은 한중일 친구들만 모였다는데 처음 마주한 이들과 어색하게 눈길을 주고받으며 인사를 나누었다. 다들 자연스럽게 영어로 대화를 주고받았다. 이미 친숙한 사람들의 분위기 속에 적응하느라 노력하면서 괜히 어색해지는 것이 싫어서 빠져나오고 싶기도 했다. 그 와중에 중국인 친구가 나에게 파를 좀 다져달라고 부탁하였다. 도와주면 그나마 덜 어색해질까 싶어서 정성스럽게 파를 다졌는데, 더 촘촘히 다져달라며 건넸던 접시를 계속 돌려주었다.

2주일만 있으면 이 건물을 떠난다는 생각에 무슨 일이 있어도 집 구하는 방법을 물어 보고 싶었지만, 파를 다지느라 한마디도 못 붙여 봤다. 사실 말 붙이기가 서먹하기도 했다. 중국식 만두와 닭요리는 정말 맛있었지만 왠지 더 먹으면 실례가 될까 싶어 주는 만큼만 먹었다. 뭐든지 처음 시작은 모든 면에서 사람을 설레게 하지만 때론 사람을 너무 조심스럽게도 만드는 것 같다. 눈치를 보며 온몸에 힘이 들어갔던 오늘 하루는 땀이 없는 사람을 땀나게 하고 말 많은 사람을 벙어리로 만드는, 조금은 버겁기도 한 날이었다.

5. 아웃사이더

새벽 6시, 아직 이르긴 하지만 두 눈이 자연스레 떠진다. 꼭 시차 때문만은 아닌 것 같은데 서둘러 컴퓨터를 켜고 빈방은 없는지 혹시 룸메이트를 구하진 않는지 어제 봤던 글을 또 다시 살펴보았다. 학교에 가서도 마찬가지였다. 쉬는 시간만 되면 사무실로 찾아가 집 찾는 방법에 대해 물었다. 하지만 친절하던 러시아인 스태프도 며칠째 반복된 질문에 지쳤는지 오늘은 꽤 성가신 표정을 지어 보인다.

"어제도 말했잖아요. 근처 부동산 가서 알아보는 게 제일 빨라요. 가끔 몰타대학교나 다른 어학교 게시판에 룸메이트 구하는 종이 붙어 있던데 거길 가 보시든지..."

'어제 당신이 말해 준 것은 나도 안다. 하지만 근처 부동산을 찾아갔더니 방이 너무 비싸고 다른 학교 게시판에 룸메이트를 구하는 소식이 없어서 그런다. 혹시 학교에서 연계된 곳이나 이곳에 오래 산 당신이 알고 있는 곳은 없느냐?'라고 속 시원히 말하고 싶은데 애석하게도 입이 잘 따라 주질 않는다. 결국 설명을 하다 말문이 막힌 나에게 그녀는 집을 잘 찾길 바란다며 냉큼 말을 잘라 버렸다.

한 지인이 3년 전 지중해가 보이는 넓고 저렴한 플랫(flat)*에서 성격 좋은 외국인 친구들과 함께 살았다는 이야기를 내게 해주었다. 출국 전 통화로 짧게 전해들은 그 희소한 경험담이 아직도 생각난다. 나도 그렇게 지낼 수 있을까? 고민하면서도 (그냥저냥 부러워서) 그저 같은 행운을 만나길 바라며 부지런히 집을 찾아 나섰다. 하지만 성수기 월세 인상에 집착하고 벽지에 조그만한 문제가 생겨도 변상을 해야 한다는 집주인과의 대화에선 당연히 계약의 진전이 없었다. 매번 집을 볼 때마다 한숨이 나왔지만 사실 걱정은 집뿐만이 아니었다. 함께 집을 보러 다닐 친구는커녕 제대로 말 붙일 사람조차 만나지 못했고, 배정받은 수업은 레벨이 맞지 않아 일주일 동안 세 번이나 반을 옮겨 다녀야 했다.

정신없이 수업을 변경하며 새 친구들을 만났지만 모두가 낯설었다. 서로 장난도 치고 이름도 자연스럽게 부르는 모습들을 보면서 나는 그들 사이에서 보이지 않는 유령 같았다. 뭐가 문제일까? 정작 내가 있어야 하는 곳이 어디인지 알 수 없는 걱정까지 밀려왔다. 새로운 사람들과의 거리감도 생기고 의도하지 않게 자발적인 아웃사이더가 된 것 같았다.

하루는 쉬는 시간이 끝날 무렵, 학교 스태프가 일일이 학생들에게 다가가 파티 참석 여부를 묻고 있었다. 내 차례가 되어 파티에 대해서 설명을 들으면서도 혼자 가는 것은 꽤 망설여졌다. 하지만 많은 친구들을 만날 수 있을 것 같은 생각에 순간 집에 대한 정보도 얻을 수 있지 않을

---

* 유럽에서 흔히 쓰는 단어로 여러 방을 한 가족이 살 수 있도록 꾸민 집을 일컫는다. 우리 나라에서는 아파트에 가깝다

까 기대되었다. 스태프가 들고 있는 종이를 슬쩍 훔쳐보자 동그라미가 잔뜩 그려져 있는 참석자 명단도 눈에 띄었다. 충동적이었지만 "나도 갈 게요." 대답해 버렸다. 그러자 스태프는 "FOOTLOOSE"라고 적혀 있는 핑크색 쿠폰을 서너 장 쥐어 주며 나에게 당부하였다.

"꼭 초록색 옷을 입고 오세요!"

파티 장소까지는 학교에서 준비된 단체 차량이 있었지만 나는 미리 가겠다는 플랫 친구들을 따라나섰다. 그 이유는 단지 귀엽고 독특했던 몰타 버스를 타고 싶어서였다. 설렘 가득 버스 이곳저곳을 살펴보는데 이상하게도 버스 안은 초록색 옷을 입은 사람들로 가득했다. 순간 나는 꼭 초록색 옷 입고 오라던 스태프의 말이 불현듯 떠올랐다. 함께 플랫에 서 나온 친구들도 초록색 혹은 초록색 로고가 들어간 티셔츠를 입고 있 었다. 주위를 둘러볼수록 회색 티셔츠와 검은 바지를 입고 있는 내가 이 버스에서 가장 눈에 띄는 것이 신경쓰였다. 얼른 집에 가서 옷을 갈아입 고 싶었지만, 그 사이에 버스는 이미 목적지인 파처빌(Paceville)*에 도 착해 버렸다.

번화가 파처빌, 고대 박물관 같던 이 도시의 색다른 이면을 마주한 순간은 실로 놀라웠다. 홍대의 클럽데이를 연상케 하는 인파를 시작으 로 반짝이는 네온사인까지 21세기 환락은 이곳에 다 모여 있었다. 그렇 게 나는 익숙한 즐거움과 혼란스러움을 동시에 느끼게 되었는데 흥분 한 사람들의 함성으로 마음은 쿵쾅거렸지만, 지금 내 꼴이 이곳과는 전

---

* 몰타의 최대 번화가이다. 해변에서 비치 파티를 즐길 수 있을 뿐만 아니라, 카지노, 영화 관, 레스토랑, 다양한 클럽이 밀집되어 있다. 몰타를 방문한 관광객이 가장 많이 붐비는 곳으로 주말이 되면 각종 파티와 이벤트가 밤새도록 열린다.

혀 어울리지 않다는 것을 확실히 알게 되었다. 초록색 옷과 장신구로 치장을 한 사람들이 너나 할 것 없이 신나게 춤을 추는데, 어디 나 같은 사람 없나 찾는 모습이 영락없는 낙오자 신세다. 친구들은 괜찮다고 말하지만 오늘의 드레스 코드를 어긴 사람은 곧 자진해서 퇴출될 분위기였다. 학교에서 본 낯익은 얼굴들도 하나둘씩 눈에 띄었지만, 역시나 그들도 초록색 옷을 입고 사진을 찍고 있었다. 꽤 조용해 보이던 친구들까지도 한 손에는 술잔을 든 채 넘치는 인파 속에 무아지경 춤을 추었다.

플랫 친구들은 술부터 마시자며 곧장 바(Bar)로 다가가 준비한 듯 차례대로 핑크색 쿠폰을 내밀었다. 그러자 바텐더는 10초 만에 럼과 오렌지를 섞어 만든 칵테일을 무료로 건네주었다. 나도 덩달아 가방과 호주머니를 뒤적거리며 스태프에게 받았던 쿠폰을 찾아보았지만 보이지 않았다. 그렇다고 모두가 무료로 받은 저 성의 없는 칵테일을 돈 주고 마시고 싶은 생각도 없었다. 결국 한 모금씩 얻어 마시고는 테이블에 기대어 조용히 사람 구경을 했다.

클럽과 술을 싫어하진 않았지만 이상하게 무언가 즐겨야겠다는 기분은 좀처럼 나질 않았다. 그래도 가만히 있는 것보다야 나을 것 같아 큰 맘 먹고 몸을 흔들어 보았지만, 모르는 무리에 섞여 친한 척 춤을 추는 것도 5분이 한계였다. 화장실도 몇 번을 들락거리며 모두가 집에 돌아가기를 기다렸지만, 시계를 닳도록 쳐다보는 건 나 혼자뿐이었다. 견디다 못해 함께 온 친구들에게 먼저 돌아가겠다고 하니 집에서 보자며 힘껏 손을 흔들어 주었다. 그 떨떠름한 인사를 뒤로 하고서 클럽을 나설 때 기분은 전혀 상쾌하지 않았다. 그때 갑자기 뒤따라 나온 일본인 친구 두 명, 함께 돌아가도 되냐며 묻는데 한 명은 흰색 원피스, 또 다른 한 명은 밤색 티셔츠를 입고서 어찌 나처럼 실컷 혼났다는 표정이 역력했다.

돌아가는 길을 몰라 버스비의 10배가 넘는 돈을 택시비로 썼다. 집에 도착한 시간은 오후 9시, 플랫 전체가 무서울 정도로 고요했다. 혹시나 하는 마음에 옷가방을 뒤져 보니 브이넥 초록 티셔츠가 보였다. 허무했지만 옷을 갈아입으며 호주머니에 있던 물건을 하나씩 빼내었다. 한데 뒷주머니에서 학생증과 함께 핑크색 쿠폰이 나오는 것 아닌가? 허탈함과 황당함에 손에 쥐고 있던 학생증과 쿠폰을 멀뚱하게 쳐다보다 바닥에 던져 버렸다. 왜 이리 속상한지 모르겠지만 지금 옷을 입고 쿠폰을 가져간다고 해도 사람들과 어울릴 수도 없을 것 같았다.

사실 몰타에 오면 금방 즐거워질 줄 알았던 내 마음은 이미 무기력해졌다. 그토록 원했던 자유인데 떠나는 순간 행복은 당연한 것이라 여겼던 생각은 내 착각이었다. 새로운 사람들과 무슨 이유에서인지 어울리지도 못하고 하루 종일 이사 갈 집만 찾아 돌아다니며 이 좋은 시간을 즐기기보다는 내내 불안감에 사로잡혀 허비하고 있었다. 어쩌면 기대했던 것과 달리 어디서든 하루하루가 똑같은 건지도 모르겠지만, 내 기준에 맞춘 생각들로 인해 스스로를 외톨이로 만드는 것 같았다. 내가 원하는 대로 지내고 있지만, 나는 예전과 달라진 것이 없었다. 현재를 자유라 느끼면서도 주위의 의식에서 여전히 벗어나지 못한다는 것은 내가 어디에서 벗어나지도 어디에 속해 있지도 못하는 아웃사이더라는 증거였다. 조금 어렵더라도 수업을 더 들어보거나 사람들에게 먼저 인사를 할 걸 그랬나? 옷이 무슨 상관이냐는 둥 신경 쓰지 않고 즐겼다면 어땠을까? 그것이 아니라면 지금처럼 혼자서 고독하게 그 누구에게도 얽매이지 않고 사는 것은 어떨까?

　갑갑한 현실에서 벗어난다는 것이 자유라 생각했지만, 내가 어디에 있느냐는 문제가 아니었다. 나는 나에게 갇혀 있었다. 나는 내 생각에 얽매여 그 무엇도 받아들이지를 않았다. 현재가 또 다른 틀 속을 향해 가는 시작이 될 것이라는 생각. 문제는 새로운 세계 속으로가 아닌 고립된 나 자신 속으로였다. 자유, 참 어렵고도 힘들다.

* 성 패트릭 데이(St. Patrick's Day)

　성 패트릭 데이(St. Patrick's Day) 매년 3월 17일 열리는 행사로 아일랜드 수호성인 성 패트릭을 기리는 축제이다. 아일랜드 사람들뿐만 아니라 세계 각지에서 아일랜드를 상징하는 녹색 옷을 입고서 성 패트릭 데이를 즐긴다. 특히 아일랜드계 이주민이 많은 곳에서는 거리 퍼레이드와 행진을 하며 축제를 기념하기도 한다.

"세계를 그냥 자기 속에서 지니고 있느냐,
아니면 그것을 알기로 했느냐"

– 헤르멘 헤세의 소설《데미안》중에서 –

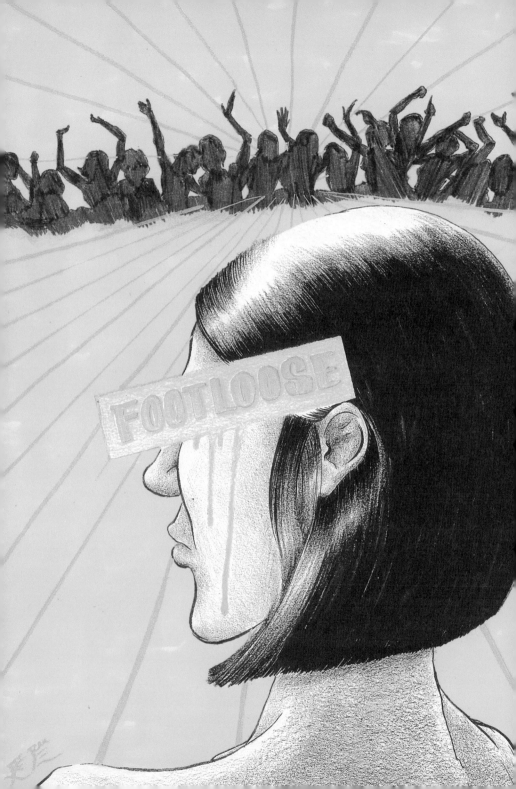

6. 따뜻한 홍차 한 잔

노부코는 내가 처음 플랫 문을 열었을 때 주방에서 요리를 하고 있었다. 큰 가방을 밀면서 들어오는 나를 잠깐 쳐다보긴 했지만 이내 아무렇지 않게 요리를 계속했다. 순간 나는 뭔가 싶었다. 왜 사람을 쳐다만 보고 말지? 1초 남짓 나를 쳐다본 노부코의 시선이 신경 쓰였다. 차갑지도 따뜻하지도 않았던 표정 속에 분명 내가 반가운 존재는 아닌 듯했다. 그것이 내가 기억하는 그녀의 첫인상이다.

일본인 노부코, 한국인 미영이 그리고 러시아계 독일 혼혈 엑신야가 함께 플랫에 사는 친구들이다. 방은 모두 세 개였는데 미영이와 엑신야가 룸메이트였고, 노부코는 혼자서 두 명의 비용을 부담하며 독방을 썼다. 나는 아직 룸메이트가 없어 혼자서 방을 썼다. 욕실은 두 개가 있었는데, 하나는 주방 옆의 큰 욕실, 또 하나는 엑신야와 미영이의 방 안에 있었다. 그래서 주로 큰 욕실은 나와 노부코가 썼다. 노부코와 나는 서로 말이 없었다. 노부코가 나에게 말을 걸지 않았거나 혹은 내가 그러지 않은 것인데 둘 다 먼저 다가가지 않은 것만은 확실하다. 중간에 방을 옮기면서 노부코와 같은 반이되긴 했지만, 인사 이외에는 한마디도 하지 않았다. 항상 조금 일찍 혹은 늦게 요리를 하며 나와는 부딪치지 않게 식사를 했고, 식탁에서 노트북을 사용하는 것 이외에는 늘 방안에 있었다. 꼭 일부러 나를 피하는 것 같았다. 항상 집에 있으면서도 그녀는 없는 것처럼 조용했다. 그러던 어느 날 노부코가 나에게 말을 걸어왔다.

"나 너한테 할 말이 있어."

갑작스럽게 그녀가 말을 걸어오자 나는 당황스러우면서도 내심 반가웠다.

"응, 무슨 일인데?"

"너 욕조 밖에서 샤워 하니? 그러면 사용한 후에 물기를 좀 닦아 줄래? 혹시 욕조 안에서 한다면 샤워 커튼을 꼭 치길 바랄게. 네가 샤워하고 나오면 바닥에 물이 넘쳐서 내가 사용하기가 불편해. 너 혼자 사용하는 플랫도 아니고 같이 써야 하는데 지켜 줬으면 좋겠다."

순간 반가움은 사라지고 당황스러움만 남았다.

"아, 몰랐었어, 미안해."

내 대답이 끝나자 우리 둘은 동시에 짧은 미소를 내보였다. 진짜 좋아서 웃는 것이 아니라는 것은 서로가 알았다. 노부코는 다시 자리에 앉아 노트북을 했다. 꽤 긴 문장이었지만 어려운 영어는 없었다. 정확한 문법에 또박또박 들리는 발음이 오히려 내 귀에 콕콕 박혔다. 그리고 강한 여운이 느껴지는 노부코의 차가운 목소리는 시간이 지나도 잘 잊히지 않았다.

그 이후로 나는 밖으로 물이 튈까 조심스레 샤워를 했다. 조금의 물기라도 보이면 몸을 닦던 수건으로 바닥을 닦았다. 노부코를 마주칠 때 껄끄러웠고 욕조만 보면 노부코 생각이 났다. 생각할수록 기분이 좋지 않았다. 그 친구 입장에서는 할 수 있는 말이었지만 나에게 건넨 첫마디가 "바닥에 물 튀기지 마라"였으니 내가 그깟 화장실 바닥보다 존재감이 없나 싶었다.

그래도 다행히 나는 2주만 기숙사를 예약했다. 열심히 집을 찾아 나가면 그만이었기에 방과 후 부지런히 집을 보러 다녔다. 하지만 몰타에 대한 정보가 전무한 나에게 집 찾는 일은 쉽지 않았다. 집을 찾으며 열흘을 훌쩍 보내다 보니 마음은 조급해졌다. 발품 파느라 피곤한 몸보다 당장 어디서 살아야 할지 막막해진 내 마음은 나를 더 힘들게 했다. 기숙사를 나가기 3일 전, 집을 찾다 플랫으로 돌아와서는 식탁에 뻗어 버렸다. 배는 고픈데 요리할 식재료는 없고 조금 남은 식빵은 먹기가 싫었다. 한 10분쯤 지나자 노부코가 자신의 방에서 나왔다. 나는 방문 소리에 일어났고 노부코는 부엌에서 차를 끓였다. 그녀의 뒷모습을 보며 나는 다시 얼굴을 식탁에 깔았다.

"차 한 잔 할래? 홍차야."

노부코의 목소리를 듣고 깜짝 놀라 일어났다. 뜬금없이 왜 차를 주지? 싶었지만 성의를 무시하진 않았다. 고개를 끄덕이며 마시겠다고 하니 노부코는 머그컵을 건네주었다. 둘 사이에는 1분 정도 정적이 흘렀다. 차가 뜨거워 마시지는 못하고 호호 불면서 컵을 손에 감싸 쥐고 있었다.

"저기 노부코 나 할 말이 있는데..."

나는 차를 마시면서 말문을 열었다.

"응, 뭔데?"

"나... 사실 일본어 할 줄 안다."

눈과 입이 살짝 열린 노부코는 잠시 멈춰 있었다. 그리고 나에게 일본말로 천천히 되물었다.

"일본어를 할 줄 안다고? 혹시 재일교포?"

"아니, 그냥 오랫동안 공부했어. 잘 하진 못해. 그래도 말해야 할 것 같아서..."

"왜 나한테 이야기 안 했어?"

"그냥 타이밍이 없었던 것 같아."

가끔 노부코를 보러 일본인 친구들이 놀러왔다. 그들은 나에게 영어로 인사를 하고 노부코에겐 일어로 이야기했다. 알면서 모른 척하기도 머쓱했지만 그럴 때면 나는 내 방으로 들어가거나 자리를 피했다. 언젠가 말을 해야지 생각했지만 노부코에게 먼저 말을 걸고 싶지 않았다. 이유는 특별히 없었다. 그냥 내가 노부코에게 느낀 감정을 무시하면서까지 억지로 친절해지고 싶지도 착해지기도 싫었다.

"몰타에서 집 구하기가 너무 어려운거 같아."

"근데 너는 왜 나가려고 하는 건데?"

"그냥 기숙사보다는 나가서 사는 게 싸다고 하기에."

"음, 그런가? 밖에 나가 살던 애들은 다시 기숙사로 돌아오던데, 여기서 생활비를 아껴 보지."

"왜 다시 들어오는데?"

"여기 재미있는 일이 많아. 시끄럽지만 외로울 일은 없거든."

나는 좋은 집을 구할 수 있는 정보에 대해 기대했지만 노부코는 기숙사에 대해 내가 전혀 모르는 이야기를 들려주었다. 듣는 내내 지난 6개월 속에 노부코는 지금과는 전혀 다른 사람 같았다. 살고 싶다가도 살기 싫어지는 그 이야기 속에서 나는 따분함을 느끼지 못했다. 그냥 이름도 기억할 수 없는 수많은 사람과의 엉망진창 짧거나 곰국같이 진한 만남이 한 편의 B급 영화 같았을 뿐이다.

결국 기숙사를 연장하면서 내가 한 푼이라도 아껴 보려 시도했던 부동산 투어는 12일 만에 끝이 났다. 연장을 하면서 알게 된 사실이지만 이곳에 사는 것과 집을 직접 구하는 일은 사실상 금액이 별반 다르지 않았다. 학교 직원은 앞으로 더 사람이 늘어난다며 지금이 아니면 방이 없었을 것이라고 내게 말해 줬다. 어쩌면 이제껏 내가 집을 찾아 헤매던 일은 정말 좋은 경험을 했던 한 친구의 추억이 부러워 따라하고 싶었던 것인지도 모를 일이다. 겪지도 않은 타인의 과거가 무슨 이유에서 나를 이끌었는지 나는 그녀도 아니고 그녀가 살았던 시간의 몰타에 있지도 않은데 말이다. 노부코의 말을 듣고선 이곳에 사는 일이 아주 특별한 경험이 될지 모른다는 생각이 들었다. 그래, 나만의 시간을 살아보자. 누군가 걸었던 길이 아닌 내 느낌이 가는 대로. 그렇게 열흘 넘게 앓았던 문제는 생각보다 쉽게 풀렸다. 가볍게 건넨 따뜻한 홍차 한 잔으로.

Station2_24시간 브레이크타임

나라는 사람은 무엇을 보느냐에 따라서 미묘하게 변해 가더라.

이 마음의 변화가 나다움을 잃지 않길 바랄 뿐이다.

1. 시간의 섬 고조(Gozo)

쉬는 시간 종이 울리고 컴퓨터실로 내려가던 길이었다. 계단 벽에 걸려 있는 액자를 스쳐보며 지나가는데 흑백사진 한 장이 유독 눈에 들어왔다. 아치형 암석이 바다를 등지고 서 있는 풍경, 동굴의 입구처럼 파인 사진 속 거석은 가운데만 기묘하게 뚫려 있었다. 낮은 채도 때문인지 차갑고 외로워 보였으며 실제 존재하는 장소라기보다 이미 사라진 과거 속의 모습 같았다. 사진 속 장소를 물어 보자 선생님께서는 몰타에 왔다면 고조만큼은 꼭 가야 한다고 추천을 아끼지 않으셨다.

몇 주 뒤 나는 고조 여행자 명단에 이름을 올렸다. 학교를 통해서 등록했지만 여행사 단체 패키지였는지 다른 어학교 학생들, 어제 몰타에 도착한 프랑스 노부부 등 20명 남짓한 낯선 사람들과 함께 버스에 올라탔다. 고조 투어가 시작되고 버스는 이곳저곳을 어수선하게 훑어 나갔다. 치즈가게, 소금가게, 동네 박물관 등 오전 일정은 거의 기념품 가게 위주였다. 차가 서면 내리고 시간에 맞춰 다시 타는 일정은 점점 지루하고 정신이 없었다. "나는 지금 패키지 여행의 최대 단점을 누리는 중일 테지..." 동네 성당의 탑종을 쉴 새 없이 울려 대는 아이들의 장난에 신나게 손을 흔들어 주다가도 지체 없이 차에 올라타야 하는 상황에는 개인의 여유따윈 사라져 버린다.

여행 전 루트를 제대로 확인하지 않은 탓도 있겠지만 일정표만 봐서는 어디가 어딘지 알 수도 없었다. 항상 운전기사가 다음 목적지를 방송으로 설명하긴 했지만, 발음이 특이하고 빨라 잘 알아 듣질 못했다. 벌써부터 일정을 후회하는 것은 아니었지만 "절대 패키지로 여행 하지 말아야지." 하고 창밖을 내다보며 속으로 다짐을 해 버렸다.

푸른 들판이 끝없이 이어지며 홀로 대지에 쓸쓸히 자리하고 있는 성당 한 채가 점점 가까워졌다. 느낌상 유명한 성당일 것이라는 추측 외에는 별달리 궁금한 점이 없었다. 성당을 대충 둘러본 후 고조 섬 중앙부로 자리를 옮겼다. 광장에 내리자마자 요새화된 성곽과 그 주변에 터를 이룬 마을이 한눈에 들어왔다. 초입부터 미색으로 도배가 된 이곳의 정경은 따뜻하고 포근한 기운이 감돌았다. 다그닥 다그닥 말발굽 소리를 내며 지나가는 마차에 흠칫 놀라고 우화 속 한 장면처럼 귀여운 당나귀 한 마리가 주인을 따라 내려가는 모습은 시공간을 초월한 느낌이었다.

"고조에 온 이유를 이제서야 좀 알겠네."

성곽은 태양에 바싹 말라 버린 머드팩처럼 벽면의 조각들이 떨어져 나가 있었고, 성곽 위의 돌담도 군데군데 틈이 갈라져 있어서 흘러간 세월의 자취가 고스란히 전해져 왔다. 마을 골목을 들어서자 집집마다 달려 있는 동물 모형의 손잡이가 신기해 남의 집 대문 구경에 시간을 쏟기도 했다. 전체적으로 빛깔이 닳아 있는 묘한 골목 분위기는 마치 야외 골동품 가게 같았다. 내가 거니는 이곳의 모든 것이 신기했다. 사람이 살고 있을까 궁금하기도 했지만, 나란히 닫힌 대문 사이로 놓인 예쁜 화분이나 이름이 적혀 있는 문패, 골목 계단에 정갈하게 묶어 둔 쓰레기 봉투는 이곳이 누군가의 삶의 터전임을 증명하는 듯하였다.

바다 근처로 이동한 후 다다른 조망대에서는 파도와 함께 밀려오는 바람이 매우 거세었다. 내 머리카락은 공중부양을 해대며 그 바람결에 따라 헝클어지고 있었다. 나는 입에 물리고 눈을 가리는 머리카락을 이리저리 치워 가며 언덕 아래에 있는 바다를 유심히 바라보았다. 갑자기 쌀쌀해진 날씨 탓인지 아니면 내가 보고 있는 광경에 놀라서인지 양팔에는 금세 닭살이 돋아났다. 그동안 수많은 바다를 마주하며 언제나처럼 설레었지만 오늘만큼은 달랐다.

"저 바다의 나이는 몇 살일까?"

분명 오래 된 바다일 거라는 느낌이었다. 바다의 나이를 가늠한다는 것이 무의미했지만 오래된 세계의 느낌을 나는 지울 수가 없었다. 사람의 손길이 닿지 않은 하늘과 땅 그리고 바다가 내 눈앞에 펼쳐져 있었다. 파도에 따라 움직이는 물결 속의 파선들은 셀 수 없는 나이테를 그리며 넘실댔다. 고르지 않은 풀과 돌부리로 가득한 언덕 주변에서는 거친 생명력이 전해졌다. 지난 세월이 느껴지는 빛바랜 건물도 바다와 같은 나이든 얼굴을 지니고 있었다. 시간이 지나면 허물고 새로운 것만 만드는 곳에서 온 나로서는 볼 수 없는 광경들. 시간이라는 것이 이렇게 다를 수가 있구나 생각했다. 인간을 위한 것으로 채워진 세상이 편리했던 나에게 태초의 자연은 혼란스럽기도 했지만 거리낌 없는 해방감이 스며들기도 했다.

변화를 쫓아가지 않는 시간은 구식이 될 줄 알았는데 변치 않는 오롯함을 남길 수도 있나 보다. 모든 것이 제자리에 놓인 더 이상 모자랄 것도 없는 곳이었다. 어쩌면 앞으로도 변치 않을 고조만의 보배로운 가치가 지금의 모습일지도 몰랐다. 나는 원래 어떤 사람이었을까? 문득 들었던 생각은 나는 처음에서 어떻게 바뀌어 온 것일까? 내가 가지고 있던 것이 궁금해졌다. 정작 다른 사람을 신경 쓰다 본연의 나를 잃었던 것은 아니었을까? 천천히 내 마음을 따라가 알고 싶었다 아마 어딘가 깊숙이 애타게 찾아 주길 바랐던 내가 존재할지도 모를 테니까 말이다.

나에게 아쉬웠던 내 모습을 떠올려 보며 곧 나를 돌아볼 수 있길 바랐다. 현재에서 과거로 온 것일까? 아니면 단지 시간이 천천히 흐르는 걸까?

　내가 고조에 있는 지금 시간은 이미 변해 버린 것 같았다. 마음속에 스며든 미세한 전율은 나의 존재를 불러일으키며 지금 이곳에 서 있는 나를 특별하게 만들었다. 적어도 몰타에 있는 동안은 나로서 살 수 있으리라. 신기한 타임슬립을 겪으며 내 마음은 어느새 주위 경관과 함께 평화로워졌다. 낡고 묵어 사라져 가는 모습이 아닌 신비로운 깊이감이 감도는 주변 곳곳은 오묘한 기운이 여전히 퍼져 있었다. 고조는 고조답게 나는 나답게. 우리 각자의 모습을 잃지 않고 살아가면 되겠지. 우선 놀라울 정도로 시간이 느리게 흐를 것 같으니 서두르지 말고 천천히 나를 만나 봐야겠다.

　버스를 타기 전 "이렇게 함께한 것도 인연인데 다 같이 사진을 찍자."며 헝가리 아저씨가 사람들을 불러 모았다. 그렇게 하루를 함께한 인연들은 흔쾌히 카메라 렌즈 앞에 서서 반갑게 포즈를 취했다. 그 덕에 다시 항구로 돌아가는 버스 안에서는 사진을 돌려 보며 뒤늦게 수다의 꽃이 피어나고 있었다. 다들 오늘 하루가 환상적이었다고 만족하며 흡족해하는 중이다. 그러게 말이야, 나도 다시 생각해 보니 패키지라도 여행은 언제나 옳은 것 같다.

* 타피누(Ta' Pinu) 성당

5분 만에 휙 둘러보고 나왔지만 성당의 유명세를 알았다면 소원이라도 빌 걸 그랬나 보다. 타피누 성당은 소원을 들어 주는 성당으로 유명하다. 한 여인이 어머니의 병을 고쳐 달라고 이곳에서 기도한 뒤 실제로 병을 나았다는 전설이 있다. 해마다 수많은 관광객들이 이곳에서 소원을 빈다.

* 주간티아(Ggantija) 신전

들어가는 입구에서 "별거 없네" 하고 착각하게 만들었던 세계 최고령 건축물. 나는 아쉽게도 정해진 시간 때문에 오래 보진 못했지만, 고조 섬의 자랑스러운 세계문화유산이었다. 기원전 3600년에 만들어진 신전의 형태는 조금 무너지긴 했으나 둘러싸고 있는 돌담의 경계가 분명히 보일 정도로 보전 상태는 양호한 편이었다. 이집트의 피라미드보다 먼저 세워졌으며, 유네스코 세계 유산 목록에 등재되어 있는 중요한 고고학적 유적지이다.

*아즈라 윈도(Azure Window)

나를 고조로 가게 만들어주었던 계단 벽 액자 속 풍경이 바로 아즈라 윈도이다. 아즈라 윈도는 푸른 창문이라는 뜻으로 오랜 침식 작용으로 인해 바위에 창문처럼 구멍이 뻥 뚫린 형상을 하고 있는 아치형 암석을 말한다. 동굴의 입구처럼 기묘하게 가운데만 파여진 거석은 파도가 만든 경이로운 조각품처럼 보이기도 한다. 고조에서는 가장 유명한 자연 경관으로 알려져 있다.

저 바다의 나이는 몇 살일까?

나이테가 느껴지는 마을

평온한 분위기의 곡을 연주했던 악사. 갑자기 낮잠이 몰려왔다.

2. 국가대표

이상하게도 몰타에는 한국 음식점이 하나도 없다. 왠지 해외 어딜 가더라도 아리랑, 대장금 같은 그리움을 한껏 머금은 한글 간판 하나쯤은 있을 것 같은데 말이다. 처음에 새 거처를 찾아 몰타 전역을 돌아다니며 인도, 중국, 터키 심지어 일본 음식점까지 보았지만, 이 작은 섬에선 아직 한국 음식점은 만나지 못했다. 벌써부터 그리운 것은 않지만 가끔씩 보이는 타국 음식점들 사이에 한국 음식점이 없는 것은 내심 서운한 일이었다.

건물에서는 크고 작은 파티가 자주 열렸다. 다들 부지런히도 각 나라별 전통음식을 손수 만들어 실력발휘를 하곤 했는데 그중 가장 인기가 많은 것은 스시였다. 일반적으로 우리가 아는 스시는 만들기 힘들었지만 일본 친구들은 밥에 연어 회를 넣고 김을 말아서 간편하게 스시를 만들었다. 겉보기에는 김밥 같아 보이는 이 음식을 다들 스시라고 말하며 일본음식을 찬양하는 와중에도 유럽 친구들 대부분이 한국 음식은 아예 모르거나 관심이 없어 보였다. 먹어 보고 싫어하는 것은 어쩔 수 없지만 아예 만나 보지도 못했다는 말은 기어이 내 두 팔을 걷어붙이게 만들었다.

한국의 맵고 대중적인 맛을 알리면서도 손쉽게 구할 수 있는 재료로 만들 수 있는 음식을 고민했다. 집 근처 슈퍼마켓에서는 대부분의 채소나 고기 가격이 한국과 비슷하거나 저렴했으며 몰타의 유일무이한 아시아마트도 5분 거리에 위치해 한국식 쌀과 간장을 구할 수 있었다. 본격적인 요리준비에 앞서 숨겨 두었던 고추장을 꺼내 스파게티면을 삶은 후 고추장 양념을 버무려 쫄면을 만들었다. 그리고 돼지고기를 못 먹는 리비아, 터키 친구들을 생각해 불고기보다는 닭고기 요리를 택했다. 그렇게 친절한 인터넷 레시피를 따라하며 찜닭을 만들어 보는데 어찌 간을 볼 때마다 맛이 싱거워 소금을 넣었다 간장 넣었다 정말 엉망진창이었다. 마지막으로 감자를 갈아 밀가루를 넣어 감자전을 부치고 남은 야채는 전부 볶아 주먹밥으로 완성했다. 이렇게 준비하니 얼추 잔칫집 분위기를 풍겼다.

테이블 위 젓가락을 가지런히 놓는 준비를 끝으로 플랫에 문을 열었다. 오전 수업시간에 가볍게 통보한 터라 한국 음식을 먹고 싶어 한다면 그 누구나 환영이었다. 하나둘씩 나와 인사만 하고 지내던 친구들이 문을 열고 들어왔다. 처음은 어색했지만 음악이 흐르고 음식을 먹기 시작하니 분위기는 차츰 괜찮아졌다. 한데 음식을 먹으려니 보통 애 먹는 일이 아니었다. 어색하게나마 잡아 보는 막대기 두 자루에 멀쩡하던 손가락은 장애가 생기고, 감자전 하나를 못 먹어 허탈하게 웃고 있었다. 나는 젓가락질을 가르쳐 주면서 찜닭 위에 장식된 깨를 집는 막간의 쇼도 선보였다. 다들 쫄면의 매운맛에 물을 찾고 간장에 전 찜닭은 맛있다며 레시피를 물어 보았다. 내가 이곳에 사는 사람이니 또 음식을 제공해서 그런지 어색하게나마 이것저것 질문을 건네주고 관심을 가져 주는 것 같아 기분이 좋았다. 그런 의식적인 질문은 분명 서로를 조금이나마 가깝게 만들어 주었다.

정말 특별하지 않지만 단지 처음이라는 이유로 모두가 한국 음식에 대한 호의가 가득했다. 몰타에는 한국 음식점이 없는 것 같다고 이야기하니 이 말도 안 되는 음식으로 한국 음식점을 차리라고 모두가 진지하게 농담까지 해 댄다. 음식에 이어 자연스레 한국 문화에 대한 이야기를 나누었다. 한 일본인 친구는 걸그룹 카라를 좋아한다며 그것도 "진짜 사랑해요."라고 또박또박 말하며 애정을 과시했다. 그런데 그 누구도 카라를 알지 못하자 노트북으로 뮤직비디오를 검색하여 보여 주었다. 아직은 생소한 유럽 친구들에게 꼭 봐야 한다며 멈추지 않는 찬사 속에 재생 버튼을 눌렀지만, 1절이 끝나자마자 터키 친구는 앙증맞고 귀여운 엉덩이 댄스가 자기 스타일이 아니라며 고개를 내저었다. 그는 키보드를 가로챈 뒤 빠른 속도로 자판을 두드리며 핏불(Pitbull)의 〈봉봉(Bon, Bon)〉이라는 뮤직비디오를 화면에 띄웠다. 순간 모니터를 가득 채운 수박만한 엉덩이의 등장에 남자들의 흥분지수는 카라 때보다 훨씬 높아졌다.

예의상이겠지만 대화의 흐름은 한국에 많이 집중되었다. LG와 현대가 일본 기업이라고 생각하는 친구들이 있는가 하면 한중일이 같은 국가 아니었냐고 말하는 다소 황당한 친구도 있었다. 한국의 인구수, K-POP에 대한 관심과 2002년 월드컵을 기억하는 스페인 친구도 있었고(그때 한국을 처음 알았다고 말했다.) 대부분이 또박또박 김정일과 김정은의 이름을 말할 정도로 북한에 대해 잘 알고 있었다. 주로 남북분단 상황과 남북 관계를 궁금해했고 진지하게 북한의 핵에 대한 부정적인 의견을 내비치는 친구도 있었다.

사실 내가 아는 만큼 설명을 하고 싶어도 영어가 입 밖으로 나오질 않아 웃음으로 일관하며 자세히 대답을 하지 못했다. 하지만 언어의 장벽이라 둘러댈 수 있는 이 상황도 원래 정치나 경제에 대해 아는 것도 없고 아이돌에 크게 열광하지도 않아 한국어로 말한들 설명하기 힘들

물타 최초, 한국의 손맛 상륙!

운디 서주실과의 양분과 함

펼쳐지는 깨알같은

깨알짓기 쏘쏘쏘!

당소와 함께

었을 것이다. 한마디로 내 나라지만 나는 한국에 대해 제대로 아는 것이 없었다. 친구들의 물음은 나에게 전부 관심 밖의 일이었지만 그들은 당연히 내가 알 것이라 믿었다. 내가 애매하게 말하는 짧은 대답조차 모두 진짜로 믿는 것 같았다. 그래서인지 이상한 책임감마저 느껴졌다.

오늘 내가 만든 한국 음식은 그들에게 진짜 한국 음식이었다. 내가 말하는 한국의 일상이 진짜 한국의 모습일 터였다. 그렇게 생각되는 이유는 단지 내가 한국인이기 때문이다. 하여튼 소개 한번 하고자 가벼운 마음으로 벌인 일이 그들에게는 한국의 첫 경험이 될 수 있다는 생각에 다음 번이 조심스러워진다. 우선 나부터 한국에 대해 제대로 알고 관심을 기울여야 하지 않을까 한다. 그동안 5대 국경일을 빨간날로만 기억하거나 태극기의 의미를 알기는커녕 그리기조차 헷갈려 하는 모습, 부끄럽지만 그것이 현재의 내 모습이었다. 꼭 쟁쟁한 선발을 통해서만 국가대표가 될 수 있을 것이라 생각했지만, 대한민국에 태어난 누구나 한국을 대표하는 사람이었다. 그건 그렇고 갑자기 다른 생각에 진지해진다. 몰타 최초의 한국 음식점, 확 구미가 당겨지네...

3. 여름의 시작

4월이 되자 서서히 여름을 알리는 햇빛이 정수리에 꽂히기 시작했다. 청명한 하늘 위로 하얀 구름이 걸어 다니고 새파란 지중해 위에 그림 같은 중세도시가 고요히 잠들어 있다. 늘 그 모습을 바라보며 산책을 하다가도 어느새 일광욕을 즐기고 바닷속을 자유롭게 드나드는 사람들 속에 섞이고 싶어졌다. 뭔가 한껏 달아오른 학교 분위기도 심상치 않았다. 학원 스태프가 예전에 비해 현저히 늘어났고 갑자기 바뀐 직원용 연두색 티셔츠가 의미심장한 단합을 과시하고 있었다. 날이 더워지면서 뭔가 떠들썩해졌다 싶었는데 성수기 파티를 위한 인턴이라나? 학생들의 여름활동을 위해 근무하게 된 인턴사원들이었다. 겉보기에도 나보다 훨씬 어려 보이는 친구들인데 오직 파티를 위해 일을 한다니 이거 얼마나 재미나게 될지 기대가 되었다.

얼마 후, 연두색 집단에 대한 기대감에 휩싸인 나는 당장 이번 토요일에 파티가 있다는 소식을 접하게 되었다. 그것도 야외에서! 이름 하여 비치파티! 거기에 바비큐 시설까지 설치한다는 스태프들의 말에 상상만으로도 군침 도는 즐거움이 예상되었다. 이름만으로 기대감 치솟게 만드는 토요일 일정에 나는 아낌없이 10유로를 냈다. 비치파티 장소는 잘 몰랐지만 모두가 함께 출발하기에 큰 걱정이 없었다. 차량 이동이 아니었기에 지중해를 벗 삼아 모두가 걷기 시작했다. 그런데 직진 20분 만에 도착한 슬레이마(몰타의 시가지)의 포인트 몰(몰타 유일 쇼핑몰)에서 스태프가 발길을 멈췄다. 세상에 매일 밥 먹듯이 산책하는 이 암석해안이 오늘의 파티 장소란다. 혹 새로운 장소를 알 수 있지 않을까 기대했지만 아무 고민 없이 정한 듯한 옆 동네 방문에 모두들 실망이 컸다. 다들 나처럼 조금은 아쉬웠는지 좀 더 걸어서라도 다른 해안가를 가자고 제안해 보지만, 스태프들은 이미 불이 붙은 바비큐 장비를 들고 이동할 수는 없다고 말했다. 그때 한 리비아 친구가 근처에 숨어 있는 명소를 알고 있다며 무조건 자기를 따라와 보란다.

"Just 5minute!"

그를 따라 불타는 바비큐까지 들고 모두가 포인트 몰에서 만든 산책로 끝까지 이동했다. 그 막다른 길이 나오기 전 오른쪽 아래를 내려다보니 그 친구 말대로 근사한 암석해안이 보였다. 내려가는 길이 꽤 험난하긴 했지만 우리가 환호성을 지른 초자연 풀장은 돌로 만들어진 다이빙

대부터 음료와 술을 차갑게 보관할 수 있는 적당한 침식지형까지 갖추고 있는 곳이었다. 덕분에 모두가 일제히 탈의를 감행하며 바닷속으로 첨벙 뛰어들었다.

물 안에 떠다니던 맥주 캔 따는 소리가 여기저기서 들려왔다. 그리고 비치타월을 곱게 깔고 저마다 세상에서 제일 편안한 포즈로 누웠다. 그렇게 떡하니 자리를 잡은 지 30분쯤 되었을까 위에서 사람들이 웅성거리며 우리를 내려다보고 있었다. 그리고 경찰관 복장의 한 남자가 나타나 알아들 수 없는 말로 소리치고 호루라기를 불어 댔다. 갑작스런 상황에 우리가 조금 시끄럽게 떠들었구나 싶어 스태프가 다가가 수습을 하겠다고 했다. 우리도 조용히 놀면 되겠지 그가 무사히 돌아오기를 숨죽이며 지켜보았다. 그런데 이야기가 길어지는 것이 해결될 기미가 보이지 않는데 대화가 끝나자 어두운 표정으로 내려온 스태프가 말했다.

"여기 문화유산 보호구역인데 우리가 문화재 훼손을 하고 있대."

모두가 하얗게 질린 채로 짐을 챙겨 재빨리 빠져나왔다. 몰타는 거의 도시 전체가 유네스코 세계유산이라는 말을 얼핏 듣긴 했지만, 우리가 격한 환호성을 지른 이곳까지 문화유산일지는 꿈에도 몰랐다. 모두가 울상을 지으며 처음 그 자리로 다시 돌아왔다. 시간은 흐를 대로 흘러 배가 고파진 우리는 식어 버린 바비큐로 허기진 배를 달래었다. 조금이나마 속을 채우고 나니 하나둘씩 술을 찾아 대고 몇 잔씩 들이켜더니 신나게 노래를 불렀다. 하나둘씩 낮술로 용감해진 목소리가 가세되어 급기야 떼창이 된 노래를 듣는 구경꾼도 점점 늘어갔다. 이동하면서 가라앉은 분위기는 금세 알콜 구령에 맞춘 그들만의 노래로 살아나기 시작했다. 그때 노래에 맞춰 춤을 추던 이란 친구 나비드가 이동에 지쳐

널브러져 있는 친구들의 입에 술병째로 들이대며 마시길 권하고 있었다. 한사코 사양을 해도 떠나질 않는 그 친구 때문에 모두가 울며 겨자 먹기로 보드카를 꿀꺽 꿀꺽 들이켰다. 알콜 순회가 끝나자 나비드는 맥주와 술을 담고 있던 빨간 플라스틱 통을 뒤집어 놓고 퍼커션처럼 두들겨가며 다시 노래를 불렀다. "알코올~알코올~알코올~" 그의 노래를 필두로 남자들은 더 거세진 알코올 구령에 맞춰 손을 흔들고 허리를 돌리며 시선을 모았다. 그리고 언제부터 시작되었는지 친구를 한 명씩 업어 바다에 내동댕이쳤다. 서로 밀치고 빠지며 물기를 털어 내는 그 순간 다시 함께 빠지는 웃지 못할 이 상황은 갈수록 점입가경이었다.

누가 더 맑고 푸른지 알 수 없는 하늘과 지중해. 그 사이에서 거나하게 취해 춤을 추는 친구들이 시선을 사로잡는다. 탈의를 한 남자들의 구릿빛 피부와 한껏 부른 술배 그리고 온몸을 감싸고 있는 털들이 꽤나 이국적이었다. 이러한 진풍경을 구경하는 재미는 은근히 쏠쏠했다. 편안하게 널브러져 있는 사람보다 이 돌바닥을 무대 삼아 온몸을 주체 못하고 춤추는 사람들이 오늘은 더 많아 보였다. 몸치마저도 춤추게 할 자유로운 분위기였다. 오늘을 즐기는 것이 최선이라고 모두가 몸으로 말하고 있었다. 그래 오직 미래만을 위해 사는 것은 너무 허무하지 않은가? 카르페디엠! 나도 흥으로 도색된 오늘에 취해 손벽을 치며 알코올을 흥얼거리고 어깨를 흔들며 내일은 생각하지 않기로 했다. 그동안 곤히 잠자고 있던 내 본능이 기지개를 켜는 순간이 다가왔나 보다. 이 즐거움을 바라보는 것도 좋지만 함께 하니 정신을 차릴 수 없이 행복해지는 것 같았다.

"수지!"

그때 갑자기 내 이름을 부르는 무리들이 나타났다.

"아아아아악!"

이제 내 순서가 되었는지 평화롭게 그들을 처다보던 나를 물속으로 던지려 한다.

아, 이제 제대로 젖을 때가 된 건가?

세계문화유산 속 몰타

몰타에는 5,000년이 넘는 세월을 버텨 준 유적들이 (거석과 신전 등) 세계적인 문화유산으로 가치를 인정받고 있다. 특히 중세시대를 그대로 반영한 건축물이 돋보이는 발레타는 도시 전체가 세계문화 유산으로 지정되어 있다. 몰타의 유적들은 수천 년간 지속되어 온 침입과 전쟁 속에서도 현대적인 과학기술이 아닌 시간과 자연이라는 천연 작용을 이용해 오늘날까지 유적을 정성스레 보존해왔다. 하지만 개인적으로 몰타의 세계문화유산보다도 더 보호되어야 할 가치를 느끼는 것이 몰타의 자연경관이다. 오래된 역사와 아름다운 자연이 공존하는 몰타의 경치는 신의 영역과 같은 청정의 모습을 지니고 있다. 고작 제주도의 6분의 1밖에 되지 않는 지중해의 숨어있는 보물섬, 몰타의 숨어있는 또 다른 가치가 궁금해진다.

자, 이제는 네 차례야.

태양은 조명, 암석해안은 무대가 되는 곳.

4. 좋은 사람

몸을 움직일 수 없어 계속 침대에 누워 있었다. 목 안에는 질컥한 진흙 덩어리가 끼인 것 같았다. 말을 하려면 비명을 지를 정도로 아팠지만 아무 소리가 나오질 않았다. 큰 소리를 내려고 힘을 줄수록 갈비뼈가 으스러지는 느낌이었다. 갑자기 무서워졌다. 침대에 누워서 엉엉 소리 내어 울었다. 하지만 방안에서는 희미한 입김 소리만 울려 퍼질 뿐이었다.

미영이의 도움을 받아 힘겹게 거실로 나갔다. 노부코는 꿀을 넣은 차를 끓여 주며 일교차로 인한 감기 몸살 같다고 말했다. 그리고 일본에서 가져온 약을 챙겨 주며 이걸 먹고도 상태가 호전되지 않으면 병원에 가 보는 것이 좋겠다고 걱정했다(노부코의 직업은 간호사이다).

미영이는 내가 차를 마시는 사이에 방안에 있던 루시아를 불러왔다. 슬로바키아 출신으로 3일 전 우리 플랫으로 온 그녀의 직업은 의사였다. 루시아는 구체적으로 어디가 아픈지 물어 보았지만 나는 말을 제대로 할 수가 없었다. 모든 기운을 모아 겨우 한마디 내뱉으면 금방이라도 쓰러질 것 같았다. 사실 병원도 가기 싫었다. 돈도 너무 아까웠고 이러다 시간이 지나면 괜찮아질 거라 믿고 싶었다. 하지만 나를 걱정해 주는 세 친구 앞에서 단지 돈 때문에 병원을 못 간다는 말은 할 수 없었다.

"어디가 아픈지 손으로 짚어 봐 줄 수 있어?"

나는 루시아의 말에 목을 가리킨 다음 숨 쉬는 시늉을 하며 갈비뼈를 중지로 여러 번 찔렀다.

"내가 함께 병원을 가 줄게, 같이 가자."

루시아는 뼈가 아프다는 것이 신경 쓰인다고 했다. 그리고 현지 약을 먹는 것도 중요한 처방이 될 수 있다며 병원에 가자고 재촉했다. 약속이 있었던 노부코는 함께 가지 못했고 대신 1층에 살고 있는 일본인 유카가 병원 가는 길을 안내해 주었다. 그렇게 나는 유카, 미영, 루시아와 함께 걸어서 20분 정도 떨어져 있는 동네 병원을 찾아갔다. 언뜻 보기엔 약국 같았지만 내부는 약국과 병원이 함께 운영되는 곳이었다.

나는 수기로 적어 주는 대기번호를 받고 기다렸다. 사람이 많아서 앉을 곳이 없었지만 루시아와 미영이는 빈자리가 생기자 얼른 나를 앉혀 주었다. 혼자 있을 수 있다고 말하면서도 나를 떠나지 않고 곁을 지켜 주는 두 친구에게 고마웠다. 아플때 누군가 있어 주는 것만큼 다행스러운 일도 없을 테다. 사실 내 아픔에 마음을 써 가며 걱정해 주는 모습에서 나는 서서히 안정을 찾아 갔는지도 모르겠다. 한 시간을 기다린 후에야 진찰실로 들어갔고 루시아는 의사에게 내 대신 상태를 말해 주었다. 의사가 다시 나에게 아픈 곳을 물었고 나는 손으로 목과 왼쪽 갈비뼈를 가리켰다. 내 말을 듣고 의사는 청진기 한 번 대지 않고 종이에 자신의 이름과 처방받을 약을 적어 주었다.

루시아는 다시 의사의 설명을 듣고 그가 진단한 종이를 받아 냈다. 조금 허무했지만 받은 종이를 들고 약을 처방 받았다. 돈이 부족해 미영이에게 현금을 빌려 진료비 15유로와 약값 45유로를 지불했다. 루시아도 약국에서 자신의 약을 샀다. 그런데 갑자기 그 약을 몽땅 나에게 주었다.

"이건 비타민 C고, 이건 내가 아는 약인데 감기 걸리면 챙겨 먹어."

플랫으로 돌아온 뒤 나는 약을 먹고서 곧장 잠이 들었다. 내가 일어나서 시간을 확인했을 땐 저녁 9시였다. 숙면을 취한 탓인지 몸은 가벼워졌지만 통증은 그대로 남아 있었다. 거실에는 아무도 없었다. 대신 귀에서 맴도는 시끄러운 소리를 따라 계단을 올라가자 건물 옥탑에서는 파티를 하고 있었다.

나는 루시아와 미영이를 찾았지만 보이지 않았다. 다시 플랫으로 돌아가려고 계단을 내려가는데 옥상으로 올라오는 루시아와 마주치게 되었다. 그녀는 혹시 내가 일어났을까 걱정이 되어 플랫을 다녀왔다고 말했다. 나도 루시아를 찾고 있었다고 말하자 그녀는 말없이 나를 꼭 안아 주며 내 이마에 열이 나는지 확인했다. 나는 그 따스한 친절을 느끼며 잠시 그 친구의 어깨에 기대었다. 포근하고 정다운 사람의 품이었다.

루시아와는 같은 집에 살면서도 자주 마주치지 못했다. 그녀는 학교가 끝난 뒤 늘 혼자서 여행을 다녔고 늦은 저녁이 되어서야 집으로 돌아왔다. 그래서 함께 식사를 할 기회가 없었다. 나는 루시아가 먹을 수 있도록 가끔 음식을 만들었는데 다음 날이라도 다 식은 음식을 남김없이 먹어 주는 루시아가 참 예쁘고 고마웠다. 정말 맛있었다고 인사하며 물에 녹여 먹는 비타민을 내 손에 쥐어 주는 마음 씀씀이까지도 정말 루시아가 어떤 사람인지 나는 알 수 있었다.

루시아는 3주간의 짧은 일정으로 몰타에 머물렀다. 떠나기 전날에는 나에게 선물이라며 책과 약을 주었는데 항상 자신이 챙겨 먹던 비타민과 몰타 가이드 북이었다.

"혹시 수지가 필요하면 가지고 아니면 다른 사람 전해 줘."

루시아는 내일 새벽 비행기로 떠난다며 혼자 조용히 나가고 싶었는지 정확한 시간을 가르쳐 주지 않았다. 부담스러울 수 있으니 그냥 자버릴까도 했지만 내 마음은 그럴 수가 없었다. 이대로 보내면 분명 아쉬움이 남는 생각만으로도 당연한 후회였다. 나는 알람을 3시에 맞춰 놓고 일어나 거실에서 그녀를 기다렸다. 새벽 4시가 되자 루시아의 방문이 열렸다. 나를 보고선 깜짝 놀랐는지 "지금 이 시간에 뭐하고 있는 거야?" 조용히 다그치며 말했다.

나는 살며시 웃으며 루시아에게 자기 전에 적은 편지를 건네주었다. 잠시 입을 막고서 무언가를 지그시 생각하던 루시아는 고맙다며 나를 깊게 끌어안아 주었다. 루시아를 태운 택시가 출발하자 나는 천천히 손을 흔들었다. 점점 멀어지는 차 안에서도 루시아는 고개를 돌리지 않았다. 나는 차가 사라질 때까지 손을 내리지 않았다.

확실히 이유를 설명할 수 없지만 느낌이 좋은 사람이 있다. 유독 마음이 가는 사람이 있다. 루시아는 그런 내 마음이 먼저 좋아했던 사람이었다. 서로를 알아가는 데 필요한 건 시간이라고 생각했지만 때로는 그 사람의 작은 행동으로도 알 수가 있었다. 언젠가 만날 수 있겠지 애써 이별에 담담해지다가도 어쩌면 그게 마지막일지도 모른다는 생각에 묘한 서운함과 허무함이 뒤섞였다. 가끔 루시아를 떠올리면서 함께 생각나는 것이 있다. 따뜻한 포옹, 친절한 목소리, 웃는 얼굴, 비타민...

참 좋은 사람이라는 증거.

5. 오후의 발견

학교 쉬는 시간, 항상 똑같은 핫도그를 먹고 있는 우크라이나 친구에게 물어 보았다.

"핫도그 맛있어? 항상 그것만 사먹더라."

"그냥 근처에 파는 게 이것밖에 없어."

나는 아침을 거르면 사과나 빵을 가져와 끼니를 때웠다. 아침마저 사 먹는다면 생활비에 지장이 컸기에 귀찮아도 음식을 챙겨 왔다. 나 같은 친구가 없지도 않았지만, 웬만한 친구들은 학교 옆 슈퍼에서 핫도그나 스낵을 사먹었다. 항상 슈퍼는 수업 쉬는 시간에 열어 오후 2시에 문을 닫았다. 처음엔 일찍 문을 닫는 이유가 오전만으로 하루치 장사를 거뜬히 해내기 때문이라 생각했지만 이유는 전혀 달랐다.

"시에스타(siesta) 때문이잖아."

세상에! 낮잠을 위한 시간이 실제로 존재한단 말인가? 물론 정해지지 않은 오후 시간에 다시 문을 열지만 이것조차 약속된 일은 아니라고 말하니... 한국에서는 상상도 못할 일인데, 참 세상은 알수록 신기하단 말이지.

동네 사정이 이렇다 보니 늘 시간에 맞춰 물건을 사야 했다. 다행히 대형 마트는 시에스타와 상관 없이 영업을 했기에 일주일에 한 번은 꼭 들렀다. 오늘은 미영이와 장을 보기로 했는데 왕복 한 시간 넘게 걸렸지만 버스를 타지 않고 그냥 걸어갔다. 생각해 보니 이제는 걷는 일이 아주 자연스럽고 당연해졌다. 미영이는 치즈와 독특한 향신료를 샀고 나는 닭다리 두 개와 150g정도 되는 돼지고기 두 팩을 집었다. 둘이 동시에 관심을 보인 것은 맥주였다. 워낙 종류가 다양했지만 나는 주저 없이 가장 저렴한 것을, 미영이는 생산 국가를 확인해 바구니에 넣었다. 우리는 슈퍼에서 나온 뒤 해안을 따라 천천히 걸어갔고 잠시 쉬어갈 겸 가까운 벤치에 앉았다.

"언니, 우리 그냥 맥주 마실래?"

"좋지!"

나는 흔쾌히 봉지 안에 있던 맥주를 꺼내어 옷으로 캔 주위를 꼼꼼히 닦은 뒤 입구를 땄다.

"맛 특이하다. 싸서 그런가 뭔가 좀 부족한데?"

"이 맥주도 정말 신기하네. 언니 맥주 한번 마셔 봐도 돼?"

오묘한 맥주의 맛이 천천히 식도를 적셔갔다. 우리는 아예 신발을 벗고서 엉덩이를 벤치 안쪽으로 밀어 넣었다.

'따스한 햇살을 안주 삼아 마시는 낮술은 심신을 여유롭게 만드는 명약일 테지. 게다가 명화 같은 발레타를 바라보면서는 나도 모르게 행복하다는 생각을 주체할 수 없고 말이야.'

살짝 접혀진 뱃살을 두들겨가면서도 나중에 빼면 된다는, 평소와는 다른 긍정적인 생각까지. 오늘 만큼은 무슨 이유에서인지 내 마음 속 여유 잔고가 넉넉하게 채워져 있었다.

우리는 맥주를 마시며 길을 지나가는 사람들도 구경하기 시작했다. 조깅을 하는 근육남, 발레타를 배경으로 사진을 찍는 관광객, 산책을 하고 있는 노부부가 보였다. 내 시선은 주위를 둘러보며 더욱 편안해졌다.

그동안 넋을 잃고 바라보던 발레타가 익숙하게 느껴졌는데 사진을 찍고 SNS에 올리기 바빴던 몇 주 전과는 사뭇 다른 느낌이었다. 집을 구하지 못해 혼자서 울먹거리며 앉았던 벤치도 여기 어디쯤이었고, 생각해 보니 미영이와는 반말을 하고 있었다. 모르는 사람과 어쩌다 눈이 마주쳐도 가볍게 미소를 건네고 발레타 가는 길을 묻는 관광객에게는 버스를 알려 주고 시간이 된다면 배를 타라고 추천도 했다. 우연히 마주친 스페인 친구들과는 손을 흔들며 인사를 나누는데 그들은 시에스타 후 헬스장에 운동을 하러 가는 길이라고 말했다.

나는 익숙하면서도 갑자기 무언가 낯설게 느껴졌다. 특별했던 주위가 평범하게 느껴지고 아직도 물을 것이 많았지만 대답을 할 수도 있었다. 낯선 여행지가 우리 동네가 된 것도, 노래 제목인 줄이나 알았던 시에스타가 일상이 된 것도 신기했지만 내 생활이었다. 분명 내가 살던 곳은 아니었지만 몰타의 생활자가 된 나는 이미 이곳의 사람이 되어 있었다.

이제는 화장한 얼굴보다 기미가 보이는 민낯이 더 편해졌다. 내 얼굴이지만 볼 때마다 참 새삼스럽다. 트레이닝복에 슬리퍼를 질질 끌고 나왔지만 누군가의 시선이 느껴지지도 않았다.

매주 일요일 오후만 되면 우울함이 밀려오고 다가올 휴일을 미리 생각하던 내가 몰타에서 남의 낮잠을 피해 장이나 보고 한낮에 맥주나 마시며 사람 구경에 시간을 보내고 있었다. 때때로 순간의 선택이 인생 전체를 바꿔 놓는다더니 대한민국의 개미가 어느새 몰타의 베짱이가 되어 있는 셈이었다. 넘치는 여유를 즐기고 있는 이틀 같은 24시간과 숨 가쁘게 달려가도 여전히 부족했던 24시간. 내가 지내왔던 한국에서의 시간들이 이제는 오래된 꿈처럼 느껴졌다.

곰곰이 생각해 보면 불안한 게 정상일 텐데 내 마음은 편안했다. 가족과 직장을 벗어나 무방비상태임에도 불구하고 초조할 것이 없었다. 속으로 이해가 되지 않는 상황에서 애써 웃어넘기고 참아야 했던, 착한 척하는 사람은 어디에도 없었다. 많은 상황들 속에 맞춰 살아왔지만 원하는 것을 하고 있는 지금이 진짜 나를 살고 있는 중이었다. 내 안에는 겉과 다르게 감추어야 하는 것이 없었다. 특정한 모습으로 꾸며질 필요가 없는 내 자신이 정말 좋았다.

그러고 보면 특별히 잘하는 것은 없었지만 하고 싶은 것은 무조건 해야 하는 고집은 여간해서 보통이 아니었던 것 같다. 공부도 별로였고 두각을 나타내는 재능도 없어서인지 학교에서 특기를 적을 때면 제대로 채워 넣질 못했다. 사실 빈칸을 보면서 내가 무엇을 잘하나? 고민한 적도 있었지만, 생각해 보면 그때 하고 싶은 걸 꼭 해야 하는 아이였다. 그러니 차마 적지는 못했지만 "하고 싶은 것을 하는 것"이 나의 특기가 아니었을까? 지금은 생각나는 대로 해 버리고 마는 그 고집을 진정 내 특기로 받아들일 수도 있을 것 같았다. 그 지독한 고집 덕분에 내가 여기까지 오게 되었으니 말이다.

언젠가 돌아가게 될 나를 위해 무언가 안전한 인생의 방편을 생각해야 했지만, 무슨 고민을 하려 해도 지금 당장은 필요치 않았다. 사회가 원하는 경력을 쌓을 때보다 지금이 훨씬 더 가치 있는 시간처럼 느껴졌다. 예전과는 전혀 다른 이 낯선 세계는 나를 더 알아가기 위해 존재하는 것만 같았다. 그동안 고단했던 생활뿐만 아니라 얽매여 왔던 고민, 걱정들이 신기하게 내 마음속에서 사라져 있었다. 이 상태를 유지하고 싶었다. 꽤 마음에 들어서인지 오래도록 간직하고 싶었다.

미영이와 집으로 돌아가던 중 문을 닫고 있는 주류판매소를 보았다. 시간을 확인하니 오후 4시다. 순간적으로 괜스레 '나한테 맥주가 남아있나? 미리 술을 사야 하나?' 하는 생각에 급하게 망설여졌다. 한국의 편의점을 생각한다면 말도 안 되는 상황이지만 그런 생각은 잠시 접어두자고 마음먹었다. 왜냐하면 여기는 몰타이니까.

확실한 자유를 챙긴 만큼 특별히 보장된 즐거움을 예상했지만 이곳
은 나에게 또 다른 현실인 것 같기도 하다. 낯설고 신기했던 세상. 지금
은 편안한 우리 동네.

왜 한국에는 시에스타가 없는 겁니까?

6. 구면의 여인

미영이는 약속시간이 되어도 오질 않았다. 답답한 마음에 미영이가 놀러간 플랫을 찾아갔다. 그곳에는 한국인 미라 언니와 다른 외국인 친구들이 함께 저녁식사를 하고 있었다. 문을 열고 빤히 쳐다보던 나에게 미영이는 금방 내려간다고 말했다. 미라 언니는 아무런 인사를 하지 않았고 머쓱해진 나는 곧바로 문을 닫았다. 미영이는 플랫으로 돌아와 늦어서 미안하다고 말했지만 나는 괜찮다고 했다. 그러나 사실 다른 이유로 기분이 좋지 않았다.

"미라 언니가 낯을 많이 가려서 아는 사람들만 불러서 밥 먹었어."

나를 부르지 않은 것이 화가 나는 것은 아니었다. 하지만 애써 나와 거리를 두려는 언니의 태도가 느껴져 싫었다. 하지만 시간이 지나면서 인사도 하고 함께 산책을 하며 조금씩 언니를 알아가게 되었다. 언니는 누군가와 가까워지는데 시간이 아주 많이 필요한 사람, 여전히 조심스럽고 나에게는 이해하기 어려운 사람이었다.

그러던 중 하루는 언니가 나에게 물어 볼 것이 있다며 찾아왔다. 차근하게 나에 대해 묻는 질문이 갑작스러웠지만 그 이유가 궁금해졌다. 왜?

생각해 보니 우리는 서로의 나이도 몰랐고 어디에서 왔는지 사는 곳조차 모르고 있었다. 내 대답이 끝나자 언니는 노트북에서 자신의 SNS 페이지를 띄웠다. 화면에는 나와 함께 산책을 가서 찍은 사진이 있었고 누군가가 그 사진에 댓글을 남겨 놓았다.

"두 사람 도대체 어떻게 함께 있는 거예요?"

자세히 이름을 살펴보니 내가 알고 지낸 대학 선배였다. 그 순간 온 몸에 찌릿한 전기가 퍼졌다. 그 선배의 벨리댄스 공연을 동아리에서 촬영 나간 적이 있었는데, 그때 소개받았던 벨리댄스 선생님이 불현듯 생각났다. 6년이 지난 일이었지만 나는 그 선생님과 차도 마시고 이야기를 나누었던 기억이 났다. 고상한 목소리, 긴 생머리와 하이힐이 떠올랐다. 다시 언니 얼굴을 빤히 쳐다보자 그때 만났던 벨리댄스 선생님과 언니가 같은 사람이란 것을 알게 되었다.

우리는 마침 메신저에 있던 선배에게 말을 걸었다. 벨리댄스 선생님과 함께 살고 있다는 것을 알리니 그 선배는 내 말을 듣고도 믿을 수 없다는 반응이었다. 게다가 자기의 선생님을 어떻게 언니라 부를 수 있냐며 더욱 황당해했다.

언니와 나는 6년 전으로 돌아가 당시를 회상했다. 그때 가까이 지냈던 나의 동기와 후배의 안부를 궁금해하며 언니도 나처럼 신기해했다. 그리고 몰타까지 오게 된 이유를 말하던 중 우리는 새로운 사실을 하나 더 알게 되었다.

"너무 질문을 많이 해서 기억에 남았지. 세상에 그것도 너였어?"

"본인 얼굴은 한 장도 없으니 언니인 줄 어떻게 알아."

내가 몰타에 오기 전 그동안 궁금했던 많은 질문을 물어 보았던 어느 블로거도 바로 언니였던 것이다. 잔뜩 들떠 있던 내 마음과는 달리 현실적인 대답으로 몰타에 대한 기대를 반쯤 줄여 주었던 장본인이기도 했다. 지금 생각해 보니 딱 언니답게 솔직히 답변을 해 준 것 같아 괜스레 웃음이 나왔다. (학생들 국적 비율이 생각보다 안 좋다. 몰타 사람들 발음이 좋은 편은 아니다. 낮은 따뜻하지만 밤은 꽤 쌀쌀하다.)

언니와 대화를 나눌수록 둘 사이에 존재했던 벽이 조금은 허물어진 느낌을 받았다. 여전히 서로에 대해 잘 몰랐지만 전보다는 호감을 느끼며 대하고 있었다. 그럴 수 있었던 이유도 상대에 대한 불편한 기억이 존재하지 않아서가 아니었을까 생각했다. 예전에 만났던 일이 이리도 남다른 인연이 될 수 있었나 신기해졌다. 6년 전의 첫 만남, 사실 그 당시는 평범한 일상이었지만 몰타에서 다시 만나게 된 것은 반복을 거듭하여 말해도 변함없이 놀라운 일이었다.

어쩌면 인연은 내가 지금껏 알고 있던 어떤 특별한 존재와는 달리 누구 하나 소홀히 넘길 관계가 없다는 것을 의미하는 것 같았다. 오늘은 그 인연이 내 평범했던 일상을 다시금 환히 비추어 주는 조명이 되었는지도 모르겠다. 얼마나 많은 사람들이 내가 모르는 사이에 인연으로 스쳐 지나갔을까? 나는 그 사람들에게 어떤 사람이었을까? 아주 친절한 성격은 아니지만 되도록이면 누군가와 함께 있는 동안은 좋은 사람이고 싶었다. 이렇게 다시 만났을 때 무척 반갑고 또 활짝 웃을 수 있으니까. 사람과 사람이 만나는 일, 참으로 소중하구나.

그래도 인연이란?

한국에서 9,000킬로미터 이상 떨어진 인구 40만의 작은 섬나라, 한국인은 드물고 한국 음식점은 찾아볼 수도 없는 만리타국의 기숙사에서 우연히 동거하고 있는 상황 정도라면 설명이 가능할지도.

언니는 왜 결혼 안 해?
.
.

내가 만약 결혼을 했다면 이렇게
아름다운 곳을 올 수 있을 거라 생각하니?
난 지금이 좋아. 정말 좋아.

7. 한국인이 좋은 점

처음에는 반가웠다. 하지만 곧 거리감도 생기고 조심스러웠다. 여기까지 영어를 배우러 왔는데 내가 왜 한국어를 말하나 고민도 했다. 먼저 유학을 다녀온 친구들도 항상 조언했다.

"한국인 많은 곳에 가지 말고... 한국인과 어울리면 영어도 안 늘어."

그러면서도 가장 먼저 찾게 되었다. 새 집을 찾는다니 미영이는 말리면서도 부동산 위치를 알려 줬다. 냄비에 밥을 다 태우니 자기 밥솥을 마음껏 사용하라고 말했다. 내가 아팠을 때 병원을 데려가 주고 흰죽을 끓여 줬다. 일교차가 심한 날씨에 추위를 타니 전기장판이 깔려 있는 자기 침대를 내어 주었다. 항상 한국 음식을 만들면 내 몫까지 남겨 두었다. 재미있는 미국드라마와 영화를 추천해 주며 외장하드를 건네주었다. 존댓말 좀 그만하라며 편하게 반말을 권했다.

내가 김치가 먹고 싶다고 말하자 미라 언니는 양배추로 김치를 만들어 주었다. 내가 마른 오징어 좋아하는 걸 들었다며 지인이 한국에서 보내 준 오징어를 구워 주었다. 그 오징어를 아껴가며 꼭꼭 씹어 먹으니 언니는 뿌듯해했다. 술 먹은 다음 날 언니에게 찾아가면 항상 국을 끓여 줄까 물어 봐 준다. "밥 먹었어?" 만날 때마다 묻던 그 말은 들을 때마다 마음을 따뜻하게 했다.

처음으로 셋이서 술을 마셨을 때 문법과 단어를 신경 쓰지 않고 자유롭게 대화를 나눴다. 역시 한국어는 쉽게 이해가 되고 공감 가는 우리들의 언어였다. 서로가 가진 고민도 비슷했다. 주위의 고답적인 시선에 지쳐 있었다. 돌아가면 무엇을 할 것인가? 여기서 이렇게 행복해도 되는 것인가? 결국엔 지금 인생을 신나게 즐기자며 술잔을 치켜들었다. 셋다 노래방 생각이 났다. 취기에 노래를 부르고 춤도 췄다. 프라이팬을 들고 대걸레를 붙잡고 신나게 흔들었다. 다음 날 깨어났을 때 언제 찍었는지 몸을 처절하게 흔들고 있는 영상을 보고서 데굴데굴 구르며 미친 듯이 웃었다. 우리는 어제보다 훨씬 가까워져 있었다. 그날 이후론 누군가 고민이 생기면 이따금 셋이서만 술을 마셨다.

몰타에서 만난 두 사람은 나에게 결정적인 역할을 했다. 우리는 정말 다르지 않았다. 잠시 떠나 온 동안 즐겁고 행복하고 싶었다. 외롭고 싶지 않았다. 한국이라는 우리의 공통적인 범주는 낯선 땅에서 나에게 엄마 같은 존재였다. 그래서 혹시 누군가 한국을 떠난다면 꼭 조언해 주고 싶다.

"굳이 한국인 없는 곳에 가지 말고 구태여 멀리하지는 마세요."

분명 서로에게 큰 힘이 될 테니까요.

8. 몰타 속의 작은 스페인

"Bareca~~~ come on people!"

익숙한 목소리가 건물 전체에 울려 퍼졌다. 나비드(이란 출신이지만 스페인 바르셀로나 10년 거주)가 시끄럽게 기숙사 계단을 내려오며 사람들을 부르고 있었다. 뭔가 웅성거리는 소리도 점점 크게 들리고 밖을 내다 보니 축구 유니폼을 입은 사람들로 가득했다. 파란색 바탕의 붉은 줄무늬 티셔츠를 입거나 '레알 마드리드(Real Madrid)'라고 새겨진 분홍색 수건을 높이 치켜들고 있는 친구들이었다.

"바르샤, 바르샤, 바~~르샤!"

"마드리드! 마드리드! 마드리드!"

절도 있게 박자에 맞춰 내뱉는 단어들은 내 귀를 자극시켰다.

"빨리 와! 안 내려와?"

베란다에서 구경을 하는 나에게 어서 오라고 손짓을 하는 친구들의 부름에 나는 아래로 내려갔다. 레오(스페인 톨레도 출신으로 수도 마드리드와 가깝다)는 나를 보자마자 쏜살같이 다가와 절대 하지 말아야 할 행동이 있다며 귓속말로 속삭였다.

"No Barcelona ! only Madrid !"

나는 유치하면서도 진지함이 묻어나는 편 가르기에 장난삼아 "바르샤!"라고 외쳐 보지만 정색하며 "NO!"라고 대답하는 레오에게 두 번은 못할 말이었다. 학교 수업 때 이 두 팀의 경기에 대해서 들은 적이 있었다. 늘 FC 바르셀로나 유니폼을 입고 다니던 루벤(바르셀로나 출신)이 바르셀로나에 대해 소개를 한다며 온통 축구 이야기만 했었다. 그는 이렇게 말하며 흥분을 했었다.

"FC 바르셀로나는 카탈루냐 국민의 모든 것이다. 세계 최고의 팀이다. 심지어 선거보다 엘 클라시코(El Clasico)*가 더 중요한데 시합 날이 되면 길거리에 사람이 한 명도 없을 정도이다."

---

* 스페인의 바르셀로나 카탈루냐 지방과 마드리드 카스티야 지방의 자존심 대결. 지역 감정이 다분한 이 경기는 스페인 프리메라리가의 최대 라이벌인 레알 마드리드와 FC 바르셀로나의 경기를 이르는 용어이다. 원래는 '전통의 경기'라는 뜻으로, 매년 국제적으로 시청률이 가장 높은 축구 경기 중 하나인데 대한민국과 일본의 월드컵 맞대결과 같은 온 국민의 응원과 성원이 집중되는 범국민적인 경기이다.

"엘 클라시코는 대체 뭐지? FC 바르셀로나는 축구 팀 이름 같긴 한데…"

월드컵처럼 국가를 향한 응원이 아닌 자신의 지역팀 경기 승패에 상당히 열정적으로 관여하는 것 같았다. 한 스페인 친구는 바르셀로나가 속해 있는 카탈루냐 지역을 제외한 모든 시합은 국가 간의 경쟁처럼 간주된다고 말했다.

"그럼, 롯데랑 삼성이 붙는 지역 감정이랑 비슷한 건가?"

나는 대충 그렇게 이해를 했다. 갑자기 세고비아(마드리드와 가깝다) 출신 친구가 도발적으로 마드리드 팀에 대한 지지를 드러내며 잠시 스페인어로 말싸움이 벌어지는 웃지 못할 상황이 벌어진 교실은 한참이 지나서야 잠잠해졌다.

챔피언스 리그(유럽 각국의 가장 우수한 팀을 대상으로 열리는 축구대회) 4강전에서 맞붙게 된 레알 마드리드와 FC 바르셀로나의 이 대단한 경기는 몰타에 오기 전까진 그 존재조차 알지 못했다. 하지만 스페인 사람들이 유난히도 많은 몰타에서 자연스럽게 축구에 대한 열기를 전해 받게 되었다. 한일전을 방불케 하는 열띤 친구들의 응원에 어느 팀이라도 지지를 해야지 내가 살아남을 분위기였다.

두 팀의 대결은 스페인 국민뿐만 아니라 축구를 좋아하는 사람이라면 누구나 알고 있는 아주 중요한 명승부였다. 단체로 버스까지 타고 가며 응원을 위해 도착한 곳은 파처빌의 NATIVE 클럽. 클럽 내부를 들어서자 이마에 동여맨 FC 바르셀로나 두건, 목에 두른 레알 마드리드 수건까지 오늘은 두 팀을 위한 날이었다. 사람들은 쿵쾅 거리는 음악과 함께 마드리드와 바르셀로나를 번갈아가며 외쳐 댔다.

　"바르샤~~~~~~~~~~~~~~!"

　누군가 크게 소리치는 바람에 놀라 뒤돌아보니 한껏 상기되어 있는
나비드였다. 그는 파란 유니폼을 입은 사람들과 어깨동무를 하고선 응
원가를 열창하고 있었다. 그에 질세라 "마드리드!"라고 목이 터져라 외
치는 사람들도 여럿 보이고 클럽 전체가 응원의 목소리로 가득 메워졌
다. DJ 부스와 클럽 천장에는 못 보던 스페인 국기까지 줄지어 매달려

있었다. 여기가 도대체 어디인가? 헷갈릴 정도로 도배가 된 스페인 국기를 보느라 내 눈은 줄곧 천장을 향해 있었다. 그 사이에 대형 맥주 기계가 테이블 위에 등장했고 맥주를 들어올리며 나비드는 짤막한 구호를 스페인어로 크게 외쳤다.

"Arriba!! abajo!! al centro!! para dentro!!(위로, 아래로, 중간, 입으로)"

그의 구호에 맞춰 다들 술잔을 위로 아래로 다시 중간에서 크게 부딪친 후 환호성과 함께 맥주를 들이켰다. 경기 시작을 기다리는 가운데 선수들이 모습을 드러내자 모두가 화면에 집중했다. 사람들은 진지한 표정으로 응원가를 따라 부르고, 나는 맥주를 마시며 화면을 응시했다.

특별히 응원하는 팀도 없고 스페인어도 이해할 수 없어 큰 기대 없이 보고 있었는데 이상하게도 점점 화면에서 시선을 뗄 수 없게 되었다.

우선 빠른 속도임에도 공은 자로 잰 듯 움직였다. 무슨 게임 조종처럼 끊어지지 않는 선을 그려가며 같은 편 선수에게 공을 넘겨주었다. 공을 몰고 달려가면서도 춤을 추듯 가볍게 수비를 제치는 모습은 스포츠 광고의 한 장면을 연상시키기도 했다. 상대 선수가 서너 명 이상 모여 있는 상황에서도 주인을 찾아 배달되듯 같은 편 선수의 발밑에 떡하니 공은 떨어졌다. 보이지 않는 실이 연결된 것처럼 힘차게 달려가는 공은 선수의 발에서 좀처럼 떨어지질 않았다.

고무줄놀이처럼 뒷발로 공을 들어 올려 상대를 교란시키는 묘기 대행진에 혼자서 감격하며 물개박수를 쳤다. 4년에 한 번씩 월드컵만 응원하는 축구 문외한이지만, 오늘 두 팀의 경기는 정말이지 신세계였다. 엉덩이까지 여러 번 들썩여가며 열광하던 나는 축구를 좋아하던 사람이 아니었지만, 어느새 즐기고 있었다. 왜 이제껏 이 재미를 몰랐을까? 반복되는 응원가와 특이한 발음의 스페인어 중계는 듣는 내내 웃음을 선사하며 나를 다른 사람으로 만들어 버렸다.

"진짜 재밌어! 또 언제 경기를 하는데?"

스페인 친구들에게 물어 보자 우선 어느 팀을 응원할 것인지 대답을 독촉하기 시작했다.

"Spanish People!!"

FC 바르셀로나의 승리로 경기가 끝나고 DJ는 모든 스페인 사람들을 불러 모았다.

"Spanish people hands up!(스페인 사람은 손들어!)"

그러자 정말 클럽 안에 있는 대다수가 손을 번쩍 들어올렸다. 그리고 이어지는 스페인 음악에 맞춰 열광적으로 춤을 추기 시작하는데, 정말 "나 춤 좀 춰요" 대회라도 열린 듯 대단한 몸부림들로 내부의 공기는 뜨거워졌다. 스페인 사람들이 원래 잘 노는 건지 여기 모여 있는 사람들의 흥이 유난스러운지 신명 나는 춤사위가 펼쳐졌다. 승패를 떠나 사람들의 움직임은 어느새 즐거움으로 버무려져 있었다.

음악에 따른 안무는 스페인 친구들이 하나씩 친절하게 가르쳐 주는데, 음악은 흥겹고 춤 동작은 쉽고 재미났다. 무조건 허리만 잘 쓰면 된다며 연신 내 허리를 돌려 주는데 민망하면서도 움직일수록 골반이 시원해지는 그 춤을 위해 허리를 흔들고 또 흔들었다. 신나게 사람들과 섞이다보니 갑자기 이곳이 몰타가 아닌 스페인 같이 느껴지기도 했다.

어색함 없이 이제는 자연스럽게 춤을 따라 추자 나더러 진짜 스페인 사람 같다며 손을 모아 박수까지 쳐 준다. 왠지 막 걸음마를 뗀 아기를

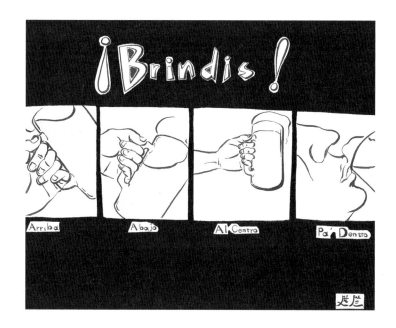

바라보는 과열된 칭찬 같았지만 그들의 환호에 힘입어 허리를 더 마구 흔들었다. 그런데 갑자기 궁금해져 레오에게 물었다.

"왜 이렇게 몰타에 스페인 사람이 많을까?"

그는 음악 소리에 혹여 들리지 않을까 큰 소리로 대답해 준다.

"그야, 스페인보다 더 재밌으니까."

9. 이런 게 여행

"오늘 마르세유(프랑스의 남부 도시) 티켓 얼마야?"

여행을 가기 위해 2주 전부터 저가 항공사 사이트를 뒤지는 중이었다. 여행 동반자는 건물에서 함께 동고동락해 오던 스페인 청년 레오와 한국 동생 미영이. 사실 갑작스럽게 티켓을 찾아보게 된 이유는 이들의 여행에 꼽사리를 끼게 되면서였다. 넉넉지 않은 여비로 여행을 할 참이라고 하니 눈치 볼 것 없이 함께하기로 결정하였다.

우리 셋은 '몰타에서 가장 저렴하게 갈 수 있는 나라'를 찾아 나섰다. 대부분 티켓 가격이 왕복 70유로에서 조금 먼 곳은 100유로를 넘어섰다. 레오는 더 저렴하게 비행기를 탈 수 있다며 기다려보자고 했고 미영이도 운이 좋으면 완전 싸게 살 수 있다며 왕복 7만 원을 주고 떠난 지난 달 로마 여행을 이야기했다.

하지만 몰타 이외에 유럽은 처음이었던 내게 그런 티켓이 존재할지부터가 의문이었다. 티켓을 찾아보면서 유독 눈에 띄는 광고들이 많았다. 친구들 말대로 사이트의 첫 화면을 장식하는 팝업창에는 베를린 1유로부터 런던 5유로라는 가격들이 깜빡거렸다. 확인한 티켓들은 거의 세금을 뺀 가격의 허위 광고들이었다. 저렴한 티켓 가격도 클릭해 보면 비싼 세금이 '불포함'으로 되어 있는 가격이니 친구들이 말하는 기회가 흔치는 않은 것 같았다.

검색을 하며 알게 된 새로운 사실도 있었는데, 몰타에서 갈 수 있는 나라가 많다는 것이었다. 저가 동유럽 노선이 많이 없다뿐이지 노르웨이나 스웨덴과 같은 북유럽은 생각보다 저렴하였다. 물론 몰타에 근접

한 이탈리아나 스페인 등 남유럽 노선은 정말 싸고 조금 더 비용을 들인다면 모로코나 터키 같은 나라도 여행할 수 있었다. 정말 얼떨결에 셋이 모였지만 여행 경비가 허락되는 처지마저 비슷하여 동질감은 남달라졌다. 그리하여 이번 초저가 여행은 가장 먼저 몰타를 떠나는 레오의 귀국 앞날까지 알아보며 무조건 떠나자는 심정으로 꾸준히 살펴보았다. 그러던 어느 날 무한 클릭 2주 만에 아주 반가운 숫자를 만나게 되었다.

"지금 몰타에서 이탈리아 피사 가는 거 편도 7유로다!"

가격을 보고서 신이 난 우리는 빛의 속도로 신용카드를 챙겨 왔다. 세금을 포함해도 다시 확인을 해 봐도 숫자는 그대로였다. 진짜 이런 티켓이 있긴 하구나. 왕복 15유로 말도 안 되는 가격이다. 이 티켓은 빨리 사지 않으면 없어진다며 레오는 서두르자고 재촉하였다. 서로 번거롭지 않게 미영이가 맨 처음 티켓 값을 지불하기로 했다. 구매는 한국에서 고속버스 차량 예약하는 것처럼 큰 어려움이 없었다. 카드번호와 유효기간, 여권상의 이름 등을 작성하며 결제를 간단히 마쳤다. 두 번째는 레오가 항공사 사이트에 접속하였다. 결제에 필요한 항목을 다 작성하고 비용을 지불하려고 하는데 그때 레오가 뭔가 이상하다며 우리를 불러 댔다.

"이상해, 가격이 방금 전 티켓과는 많이 차이 나."

아니나 다를까, 정말 그의 말대로 5분도 채 지나지 않아 오른 티켓 가격은 왕복 40유로가 조금 넘는 가격이었다. 방금 전 왕복 15유로에 티켓을 구입한 미영이는 혹시 날짜 설정 잘못한 것 아니냐며 다시 창을 띄워 보기도 했다. 하지만 5분 사이에 정말로 가격이 올랐다. 무슨 주가

도 아니고 비행기 티켓이 이런 식으로 기복이 심한 건지 알 수가 없다. 결국 이것도 절대 비싼 가격은 아니라며 왕복 40유로 티켓을 레오가 두 번째로 구입하였다.

그리고 드디어 내 차례. 여기서 더 오르면 큰일 나겠단 생각에 서둘러 홈페이지 화면을 띄웠다. 꼼꼼하게 날짜 설정을 하여 목적지 피사를 누르고 설정을 완료하였는데, 세상에 내 눈 앞에 있는 숫자가 뭔가 싶었다. 불과 10분도 지나지 않아 가격은 편도 7유로에서 왕복 78유로가 되어 버린 것이다. 사실 환율을 따져 보면 그리 비싼 금액은 아니었지만 아무리 생각해도 방금 전 친구들이 끊은 티켓 가격과는 크게 차이가 났다. 나는 시무룩한 표정을 숨길 수가 없었다. 이 상황을 어떻게 설명해야 하지? "나만 비싸잖아"라고 투덜대다 혹여 이 좋은 분위기를 깨트리지는 않을까 걱정도 되었다.

그때 레오는 먼저 우리 세 사람 티켓의 합을 n분의 1로 나누어 평균값을 내자는 새로운 제안을 내놓았다. 내 입장을 먼저 이해해 준 레오가 정말로 고마웠다. 사실 여행 중 의사소통으로 문제가 생기진 않을까 고민도 했었지만, 그 모든 걱정은 이미 좋은 예감으로 바뀌어 버렸다. 티켓 문제는 복잡한 계산 대신 레오는 그대로 본인 티켓을 부담하고 미영이가 나에게 35유로를 주는 걸로 훈훈하게 마무리되었다.

그렇게 시작된 피사, 피렌체 여행. 두 도시는 버스로 오고 갔는데, 5유로 안팎의 비용으로 1~2시간 거리에 위치해 있어 쉽게 이동이 가능했다. 숙소는 저렴한 남녀혼숙 호스텔 12인실. 온갖 코고는 소리에 밤을 지샜고, 아침에는 나체로 옆 침대에 누워 있는 노르웨이 총각을 보고서 놀란 가슴을 쓸어내렸다.

산 미켈레 성당은 입장과 동시에 쫓겨나고(신부는 시에스타라 말했다), 피렌체 시내에서는 화장실을 못 찾아 노상에 실례를 범했다. 밤에는 피렌체 광장 계단에 앉아 달밤을 안주 삼아 와인과 맥주를 마셨다. 술에 잔뜩 취해 패션쇼 모델인 척 워킹을 하고 춤을 추며 거리를 누볐다는 사실은 다음 날 레오가 찍은 동영상을 보고서야 알게 되었다.

버스 티켓이 저렴하다는 이유로 일정에도 없던 루카행 티켓을 사며 "이런 게 바로 여행"이라고 말하던 레오. '그래, 이런 게 바로 여행이지' 나와 미영이는 기꺼이 그를 따라 나섰다. 함께 떠난 여행이었지만 우리는 개인의 시간도 존중해 주었다. 레오는 점심만 먹고 나면 호스텔로 돌아가 낮잠을 잤고, 미영이는 레오에게 줄 깜짝 선물을 사느라 정신이 없었다. 나는 혼자서 산책을 하다가 우연히 알게 된 루카 뮤직 페스티벌의 자원봉사자 신청을 문의했다.

여행은 기대 이상이었다. 우리가 정한 것은 도시뿐이었지만, 여정은 생각보다 단순했다. 우선 지도를 챙기고, 길을 모르면 현지인에게 묻는 방식이었다. 길 위에서 누군가에게 계속 말을 걸어가며 목적지를 찾는 일은 내게 큰 의미가 있었다. 말이 통하진 않아도 펜을 꺼내어 지도에 표시해 주는 사람부터 잠시나마 함께 길을 걸어 주는 사람까지 많은 도움을 받게 되었다. 물론 모른다고 지나쳐 버리는 사람도 있었지만, 그럴 때면 자연스레 주위 분위기를 따라 걸었다.

서툴고 진전 없는 행보가 이어지면서도 설렘과 즐거움은 사라지지 않았다. 나와 다른 생김새, 패션 잡지를 찢고 나온 듯한 옷차림, 의미 모를 이탈리아어 표지판, 붉은 석양이 깔린 지붕들, 생각보다 단조로운 토핑의 피자, 낭만적인 두오모, 문양마저 클래식한 보도블록까지 내 눈에 하나 둘씩 행복하게 담아갔다.

　그럴수록 내 마음 속에는 모든 것을 진심으로 바라보는 신기한 에너지가 생겨났다. 뭔가에 홀린 듯 무엇을 먹어도 어디를 바라보아도 마음을 다해 현재를 즐기고 있었다. 티켓을 살 때부터 4일 동안의 즐거웠던 추억까지 넘치는 이야기를 곱씹으며 우리는 다시 몰타로 돌아갔다. 짐이 거의 없었던 두 사람에 비해 신발 두 켤레, 옷만 다섯 벌을 들고 온 나는 배낭에 짐을 욱여넣느라 혼이 났다. '다음 번엔 정말 가볍게 짐을 꾸려야지.' 다시 이탈리아를 돌아볼까? 어디로 가지? 몰타로 돌아가는 내내 다시 여행을 떠날 생각에 빠져 헤어 나오지 못하고 있었다. 아마이게 그토록 사람들이 말하던 '여행'인가 보다. 다시 떠나지 않으면 안되는 '여행'.

악사가 영화 〈여인의 향기〉 주제곡을 연주하는 순간, 거리에 낭만이 흐르기 시작했다.

이렇게 낮술 파는 가게 한번 차려 보고 싶다.

누군가를 따라간 길과 스스로 도착한 길은 다르다.

지붕에 붉은 석양이 깔린 듯한 루카의 전경

막상 사고 나면 후회할 것 같은 피노키오

10. 거지가 없는 나라

　친구들과 함께 저녁식사를 준비하는 중이었다. 일본인 친구 에미는 혹시 한 명 더 초대해도 될까 물었다. 우리는 당연히 새로운 친구를 반겼다. 그녀가 데려 온 친구는 학교에서 인턴 활동을 하고 있는 몰타인 주리아. 주리아의 첫인상은 머리숱이 워낙 많아 헤어스타일만 봐서는 〈해리포터〉의 해그리드를 연상케 했다. 물론 그 친구를 한두 번 본 적은 있어 낯은 익었지만, 다들 나처럼 인사를 나눈 적은 없었다. 나는 그녀와 함께 식사를 하면서 평소 궁금했던 몰타에 대해 물어 보았다.

　몰타는 대학이 하나뿐인데 고등학교를 졸업하면 다 같은 대학에 가냐고 물으니 공부에 관심이 있는 친구들은 몰타보다는 해외 진학을 꿈꾸지만(보통 이탈리아와 영국을 많이 선호한다고 한다), 무엇보다 학생 전부가 대학을 원하진 않는다고 자신을 가리키며 웃었다. 오히려 지금처럼 다른 나라 사람들과 소통하며 인턴을 하는 것이 본인의 적성에 맞다는 것이다.

　그녀는 나의 몰타 생활에 대해서 궁금해했다. 몰타에서 무엇이 가장 좋으냐는 질문에 나는 날씨가 좋고 모든 것이 여유롭다고 대답했다. 무엇보다 영어공부를 할 수 있어 좋다고 하자 주리아는 한국에서 영어가 어느 정도로 중요하냐고 물었다. 나는 한국의 영어 조기 교육, 어학연수 그리고 취업을 위한 토익과 같은 필수적인 시험 성적을 늘어놓으며 나조차도 한국에 돌아간다면 쌓다만 영어 스펙을 다시 채워야 할지도 모른다고 말했다.

　옆에 앉아 있던 스페인 친구는 기다렸다는 듯이 자신은 몰타에 거지가 없어서 좋다고 했다. 다들 그의 말에 의아해하며 정말이냐 물었지만 진짜라며 눈을 동그랗게 뜨고 "스페인 길거리를 본다면 놀랄 것이다. 얼마나 거지가 많은 줄 아냐?"며 취업난에 지친 스페인 사람들과 비교했을 때 한마디로 몰타 사람들은 다들 문제가 없어 보인다고 말했다. 속박 없이 편안해 보이는 몰타 사람들의 모습이 이상적이라는 말이었다.

리비아 친구는 어떻게 몰타에서 거지를 본 적이 없냐며 새벽에 파처 빌에서 집으로 돌아가는 사람들이 전부 거지같다는 농담을 했다. 다들 리비아 친구의 말에 공감을 하며 웃었지만 나는 언제 거지를 본 적이 없었는지 몰타 곳곳을 머릿속으로 누벼 보았다. 하지만 실제로 구걸을 하거나 노숙을 하는 사람은 지금까지 정말 본 적이 없었다.

주리아는 몰타 사람들은 근무 시간이 짧고 그 안에서도 꼭 시에스타를 챙겨야 하는 성향이 있지만 그만큼 개인적인 여가를 중요시 여긴다고 말했다. 그러니 바다에서 수영을 하고 해안가에서 소풍을 하고 따뜻한 날씨에 산책을 즐기는 사람들이 많을 수밖에 없다는 것이다. 바다, 햇빛, 산책은 누구나 누릴 수 있는 것인데 삶을 포기한 채 살아가는 사람이 설사 있더라도 분명 그 행복은 즐길 것이라는 의미였다. 하지만 생각해 보니 정말 게으른 것 같다며 "날씨가 너무 더워서 그런가?" 하고 씨익 웃어 댄다.

막 스무 살이 되었을 때 10년 후 자신의 꿈을 구체적으로 적어 보라는 과제가 주어진 적이 있었다. 나는 유명 패션 에이전시에 취직하여 패션쇼 기획자가 된다. 연봉 1억을 받고 폭스바겐을 몰고 다니는 멋진 커리어우먼이 되고 싶다고 적었다. 만약 정말 그렇게만 된다면 행복할 것 같았다. 사실 8년이 지난 지금 그 시간은 가까워져 가지만 그 시절 꿈과

몰타의 흔한 수영장 풍경

는 이미 멀어져 있었다. 그저 게으른 몰타 사람들처럼 여가로 하루를 충족하며 가끔 새로운 곳을 유랑하는 것이 현재 나의 모습이다.

하지만 이상하게도 몰타에서의 나는 만족스러웠다. 바다에서 수영을 하고 매일 산책을 즐기며 사는 난 정말 행복한 사람이구나 하루하루가 즐겁고 감사했다. 어떤 번듯한 결과는 없었지만 지금 이대로도 좋았다. 꿈꾸던 행복에는 도달하지 못했지만, 원래 내 안에 있었던 행복을 꺼내어 만난 기분이었다. 몰타의 무엇이 가장 좋았냐는 주리아의 물음에서 자격증을 줄줄 대답하던 나는 어쩌면 예전의 행복을 여전히 쫓고 있는지도 몰랐지만, 거지의 존재에서 시작된 몰타 사람들의 삶 속에서는 나도 그들처럼 이미 행복한 사람이라는 걸 느꼈다. 내가 바라는 미래와 나를 바라보는 시선으로부터가 아닌 내가 가진 행복을 스스로 깨닫는 것이 진정한 나의 행복이었다. 먼 훗날 많은 노력에 의해서야 만날 수 있을 거라 믿었지만 그것은 가시적인 것이 아니었다. 나는 충분히 행복한 존재였다.

바다, 석양, 맥주 한 잔 누구나 누릴 수 있는 행복의 조화

11. 우등생은 우둔생

"기초 영어회화 2개월 단기로 끝내드립니다."

수많은 광고, 그 속내가 빤히 보이면서도 내 시선을 사로잡는 것이 바로 속성 영어이다. 이거 한다고 영어가 늘까 망설여지지만 광고는 제대로 먹혀든다. 사라졌던 패기가 솟아나고 그 확실한 제안에 이끌려 내 하루의 시작은 한동안 영어 정복으로 살아간다. 하지만 영어가 나에게 많은 것을 요구하는지 내 머리가 문제가 있는지 잘 모르겠다. 그저 나도 모르는 사이에 목표달성이 아닌 또 다른 방법의 시작을 반복할 뿐이었다.

한국을 떠나며 큰 욕심은 없었다. 단지 다시 돌아올 때 지금처럼만 아니길 바랐다. 필리핀+몰타행도 모두가 필리핀에서 공부를 하고 몰타에서는 여행을 한다고 생각했다. 아는 척하며 몰타는 영국에 150년의 지배를 받아서... 겪어 보지도 않은 몰타 영어를 숭배하는 설명도 이어졌다. 가끔 진짜 영어 공부가 가능하긴 한 걸까? 의문을 품기도 했지만, 다행히 친구들의 물음도 나의 의문도 필요 이상의 마음이었다.

대부분의 몰타 사람은 기본적으로 모국어인 몰타어와 이탈리아어 그리고 특유의 억양이 있지만, 엉터리가 아닌 진짜 영어를 구사했다. 아픈 역사의 흔적이라지만, 지금은 나라의 부존자원으로 영국식 영어를 가르치는 어학원들이 이 작은 섬나라 곳곳에 자리하고 있었다. 선생님들은 영국인도 있었지만, 거의 대부분 몰타 사람이 많았다. 다들 발음 때문이라며 영국인을 선호했지만 겪어 보니 크게 상관없었다. 교실에는 가까운 유럽에서 혹은 나처럼 드물게 아시아에서 온 친구들이 가득했다. 수업을 받는 모든 학생들이 영어로 능숙하게 자신의 생각을 표현하길 원했다.

집 근처에는 몰타대학교가 있었다. 항상 부족한 영어를 채우기 위해 앞집에 사는 일본인 마이 언니와 대학 도서관에 자주 다녔다. 3개월간 필리핀에서 하루 12시간 독방에서 홀로 읊조리는 영어가 익숙해진 탓인지 그냥 혼자 책을 보고 내 방법으로 알아가는 영어가 아직은 편안했다. 도서관의 분위기는 자유로운 수군거림 이외에 한국과 크게 다르지도 않았는데 몰대생이 아니면 쓸 수 없는 와이파이조차 우리의 공부에 일조를 해 주었다.

하루는 도서관을 다녀온 뒤 마이 언니 플랫에서 영어 단어를 외우고 있었다. 저녁 8시쯤 되자 철커덕 소리와 함께 새로운 플랫 식구가 도착했다. 우리는 그 친구를 반갑게 맞이하며 인사했지만 그녀의 대답은 우리가 알아듣지 못하는 스페인어였다.

"이 친구 정말 Hello도 모르는 거 아니야?"

엘레나는 예상대로 영어를 하지 못했다. 배정받은 반도 Elementary로 학교에서 두 번째로 낮은 반이었다. 그래도 항상 음식을 같이 먹자며 떠먹는 시늉을 하고 산책을 하자며 팔을 움직여 대는 적극적인 친구였다. 우리는 도서관 가는 시간을 제외하곤 엘레나와 자주 어울렸다. 한데 여기서 참 신기했던 것은 하루가 다르게 느는 엘레나의 영어 실력이었다. 앵무새처럼 엘레나는 누가 했던 말을 따라하고 오늘 수업 때 배웠다며 선생님을 흉내 내었다.

그리고 몰타에 온 지 한 달이 지나자 "같이 밥을 먹자, 나중에 산책 안 갈래?" 몸으로 하던 표현을 자연스럽게 영어로 말하기 시작했다. 틀

리든 말든 멈추지 않고 계속 이야기하는 그 모습이 대단했다. 나는 한 달 전과는 비교할 수 없게 달라진 그녀의 영어 실력에 감탄하며 공부 방법을 물어 보았다.

"내가 몰타에서 할 수 있는 건 무조건 다른 나라 친구들과 영어로 대화하는 것뿐이야."

나는 틀리지 않을까 두려워했지만, 엘레나는 그런 걱정조차 긍정적으로 받아들이며 고쳐 나가는 계기로 만들고 있었다. 오히려 자신이 틀렸다는 사실을 알고서 좋아하는 눈치였다.

언니와 나는 도서관 가는 빈도를 서서히 낮추었다. 그리고 여름이 시작되자 하나둘씩 플랫을 채우는 새로운 친구들과 함께 시간을 보내며 도서관과는 영원한 작별을 고했다. 언젠가부터 공부를 하고 있지 않다는 생각에도 그것은 크게 중요하지 않았다. 스스로 모든 것을 해결하려고 했던 언어에 대한 나의 내성적인 태도는 점점 대화를 시도하며 바뀌어갔다.

"실수해도 괜찮아, 계속 이야기하자."

완벽하진 않지만 의사소통을 위해 끝까지 듣고, 부끄럽지만 틀린 걸 알면서도 말을 멈추지 않았다. 그렇게 우등생만이 영어를 잘 할 수 있으리라 생각했던 우리의 믿음은 '우둔생'이 되기 직전 변화를 꾀하고 있었다.

책상에 앉아 영어의 안정을 찾길 바랐던 내가 조금 불안한 실력으로 겪었던 것은 그토록 원했던 말할 수 있는 즐거움이었다. 공부라기보다 일상생활에 가까웠던 시간 속에서 주고받았던 대화는 책에서는 알 수 없는 사실들로 가득했다. 한국어를 생각해도 의무교육과 환경이 병행

하여 이루어진 자연스러운 습득이기에 지금 내가 영어를 대하는 순서 는 어쩌면 반대일지도 모를 일이었다.

문법에 의존하지 않고 거침없이 말하는 유럽 친구들과 완벽한 문법 을 인지하고 있음에도 입 밖으로 한마디 내뱉지 못하는 공감 순도 100% 한일 영어에서, 너무 많이 준비만 해도 그렇다고 말만 반복해서 도 언어는 완성될 수 없는 것이었다. 어쩌면 유창하지만 정확성이 떨 어지는 유럽 친구들은 가끔은 책상에 앉을 필요가 있었고, 외운 문장 을 반복해서 말하는 동양권 친구들은 실제 살아있는 대화를 시도해야 만 했다.

다시 한국을 돌아간다면 한 달에 한 번 검색어 1위가 되는 토익 점수 에 목을 맬지도 모르겠다. 화상 전화를 하며 식상한 하루를 보고하거나 영어 고득점 수기를 보며 노하우를 공부할 수도 있겠다. 하지만 예전처 럼 영어가 막연하게 어둡진 않았다. 뭣 모르고 장작만 잔뜩 집어넣다가 이제야 불 피우는 방법을 조금 깨달은 기분이랄까? 언젠가 내 영어도 활활 타오르겠지.

꽉 막힌 퇴근길 같은 영어가
아우토반 같은 짜릿함을 만날 그날까지

12. 코미노

내가 코미노에 가기 전이었다. 리비아 친구 자헤르는 작년에 몇 번이고 코미노를 다녀왔다며 떠들썩하게 "Fu**** clear water"라고 말했다. 내가 코미노를 다녀온 후였다. 터키 친구가 집 근처 바다도 근사하고 좋은데 굳이 코미노까지 갈 필요 있냐고 물었다. 나는 예전에 들었던 자헤르의 말을 조금 바꿔 대답했다.

"Fantastically clear water!"

어떠한 표현으로도 그 아름다움이 닿을 수 없는 곳. 세상에서 가장 멋진 비밀을 알게 된 느낌이었다.

신의 영역이 분명했다. 그렇지 않고서야 이런 이상적인 아름다움은 불가능한 일이었다.

다이빙을 하고 이상하게 허전함을 느꼈다. 손을 더듬어 비키니 상의를 확인해 보고 나서야 그것이 사라졌음을 알았다. 그때 스페인 친구 루벤이 헤엄을 쳐서 그것을 찾아왔다. 그는 웃으며 나에게 그것을 건네주었다. 그것을 받으면서 부끄러워 어쩔 줄을 몰랐다. 내 얼굴은 잘 익은 수박처럼 통째로 익어 버렸다. 다 보이는 바닷속에서 수습을 할 수 없어 결국 동굴 안으로 들어갔다. 너무도 날씬한 내 가슴을 원망할 뿐이다.

짐을 이고 지며 헤엄치고 또 걸어서 해안을 이동하는 독특한 이동은 코미노뿐이겠지?

코미노 가는 길은 여러 종류의 배를 탈 수 있다. 다만 내가 이용했던 배는 가장 빠르게 코미노에 갈 수 있는 보트였다. 귀가 멍멍해지고 온몸이 뻐근해지며 엉덩이에 멍이 든 적도 있다. 하지만 롤러코스터를 타고 바다를 가로지르는 듯한 그 짜릿함은 단연 몰타의 국보감이다.

나에게 수영장이 일상이었다면 코미노는 일탈이었다. 물의 맑기는 흡사했지만 통제된 곳이 없는 코미노는 자유 그 자체였다. 바닥의 모래 입자까지 선명하게 비치는 바다는 푸른 사막 아니면 사막을 품은 거대한 오아시스일지도 몰랐다. 힘차게 발길질을 하며 정처 없이 떠돌던 내 주위에는 어느새 귀여운 니모의 친구들이 떼를 지어 몰려다니고 있었다. 이윽고 싱그러운 풀들이 아른거리며 이 푸른 세계의 진면목이 펼쳐졌다. 꿈만 같았다. 헤엄을 치면서도 계속 꿈을 꾸고 있는 것만 같았다.

해가 저물기 시작할 즈음 항구를 떠나는 배가 있다. 코미노를 향하긴 하지만 그렇다고 코미노가 최종 목적지는 아니다. 그저 배는 지중해 여기저기를 돌아다닌다. 한 폭의 그림 같은 석양을 배경으로 배 위에서는 파티가 열린다. 사람들은 술을 마시고 노래를 부르며 정신없이 춤을 춘다. 잠시 배가 멈춰 서면 사람들은 바다로 몸을 던져 물결을 등받이 삼아 둥둥 떠다닌다. 배가 항구로 돌아올 때면 그야말로 무엇으로든 흠뻑 젖어 아수라장이 되어 있다.

13. 빛의 하루

"펑~ 펑~"

벌건 대낮에 이 무슨 날벼락인지 모르겠다. 섬 전체가 흔들릴 정도의 폭음은 멈추질 않는다. 베란다를 나가 보니 동네 주위가 하얀 연기 속에 가려져 잘 보이지 않았다. 어디 불이라도 난건가? 혹시 소독차가 지나가나? 냄새도 나질 않아 무슨 일이 일어났는지 예측하기가 힘들었다. 하지만 그 순간 반짝거리는 빛이 희미하게 보였다.

'에이 설마 이 시간에 불꽃놀이?'

그 정체를 알 수 없는 불빛은 며칠 째 한낮을 밝히며 떠들썩하게 지속되었다.

"오늘은 발레타에서 8시부터 불꽃놀이가 있어."

길거리에 붙어 있는 포스터를 확인했다며 레오가 정보를 말해 주었다. 몇 주째 계속되는 불꽃놀이였지만, 낮과 밤 구분 없이 시간도 엉망진창이라 모두가 "진짜? 정말?" 하고 의심부터 했다. 그는 틀림없다며 발레타에는 사람이 많을 테니 건너편 슬레이마에서 보는 건 어떨까 제안을 했다. 나도 그 편이 나을 것 같았다. 다들 나처럼 버스를 타고 발레타까지 가는 게 귀찮았는지 레오의 의견에 찬성하였다.

한 시간 일찍 슬레이마로 이동하며 바라본 발레타는 고혹적인 황금색을 띠고 있었다. 주황색 가로등 불빛이 미색의 건물과 어우러지니 밤에는 금빛을 자아내는 황홀한 색의 배합을 보여 준다. 그렇게 황금의 성을 바라보며 어둠 속에서 도란도란 대화를 나누고 맥주도 마셔가며 칠흑 같은 하늘이 빛을 토해 내길 기다렸다.

하지만 이상하게도 8시가 훌쩍 넘었지만 불꽃놀이는 시작되질 않았다. 영문을 알 수 없었지만 우리처럼 불꽃을 기다리던 주변 사람들도 원래 불꽃놀이가 8시가 아니었냐며 웅성거리기 시작했다. 30분이 지나도 불꽃은 터지지 않고 찌그러진 맥주 캔만 주위에 쌓여 갔다. 화장실을 간다며 친구들은 하나둘씩 자리를 비우고 분위기는 더욱 어수선해졌다. 조금만 더 기다리자고 한 것이 벌써 한 시간이 다 되어 갔다.

몸도 으슬으슬해지고 더 이상은 못 기다리겠다며 결국 친구들은 자리에서 일어났다. 레오는 혹시 모른다며 벤치에 앉아 더 기다려 보자고 했지만 함께 있던 터키 친구는 잔뜩 짜증을 내며 먼저 떠나 버렸다. 남은 우리들은 늘 시간을 제대로 지키지 않는 몰타의 게으른 처사에 불만을 터트리며 천천히 발길을 돌렸다. 집으로 돌아가고 있는 중에는 멀리서 우리 이름을 부르는 목소리가 들려왔다. 점점 가까워지는 그들은 다름 아닌 한 건물에 살고 있는 일본 친구들이었다. 그들 역시 불꽃놀이를 기다리다 돌아가는 길이라며 이구동성으로 웅성거렸다.

"여기 더 있어 봐야 뭐 하겠어."

"우리끼리 술이나 한잔하자."

결국 모두가 집으로 향하자고 돌아선 그때.

"펑~ 펑~"

우리는 일제히 고개를 돌리며 하늘을 바라보았다. 내 눈앞에는 거대한 불빛들이 쏟아져 내렸다. 그 빛들은 반짝이는 꽃이 되어 만개하고 지기를 반복했다. 사람들의 탄성과 함께 들리는 불꽃 소리에 내 심장 박동 수는 조금씩 빨라져 갔다. 불꽃에 반사되어 유난히 더 빛이 나는 발레타는 화려한 밤하늘보다도 내 눈길을 끌었다. 성대한 연회가 개최되어 축포를 쏘아 올리는 왕궁처럼 발레타는 바라보는 것만으로 설레임이 가득했다. 만인을 위한 축복 같았던 황홀한 빛줄기는 더 이상의 매력을 기대하지 않았던 중세 도시를 빛의 낙원으로 만들어 버렸다. 고풍스러운 도시는 황금으로 뒤덮여 있고 그 위를 빛으로 수놓아 가며 반짝이는 광경은 압도적인 새로움이었다.

사람들은 함성 수준을 넘어서 폭발적인 굉음을 뿜어냈다. 전쟁에서 승리라도 한 것처럼 환희로 도취되어 기뻐했다. 우리는 서둘러 불꽃을 배경으로 추억을 남기고자 카메라를 꺼내들었다. 그런데 사진을 찍으려 모두 포즈를 취하는데 저 멀리서 누군가 소리치며 뛰어오고 있었다.

"Wait-------------!"

아까 떠난 줄 알았던 터키 친구가 빛의 속도로 달려왔다. 그의 귀환과 함께 팡하고 불꽃에 맞춰 찍은 사진은 당연히 멋질 줄 알았는데, 어찌 하나같이 귀신처럼 흔들려 형체를 알아볼 수가 없었다. 몇 번을 다시 찍어도 얼굴이 서너 개씩 달린 유령들이었다. 하지만 그 사진 속에서 더 본연의 모습을 잃은 것은 한낱 쥐불놀이로 전락한 아름다운 불꽃과 발레타의 모습이었다.

실컷 배부르게 포즈를 취했지만 전혀 건질 사진이 없어 아예 셔터 누르는 걸 포기했다. 아무리 찍어도 내가 바라보는 광경을 그대로 담아 낼 수는 없었다. 오히려 답답한 앵글에서 벗어나니 시야가 후련하기까지 했다. 사진을 남겨야 한다는 사명이 있는 것도 아닌데 좋은 사진을 담고 싶어 수시로 바뀌던 내 마음이 이 순간을 가장 방해하고 있는지도 몰랐다.

카메라를 대신한 내 두 눈은 더 넓게 펼쳐진 하늘 속에서 흔들림 없는 불꽃을 담아 냈다. 직접 보고 느끼는 이 감동의 크기를 설명해 낼 재간은 없지만 이 역시 지금 생각할 일은 아니었다. 그냥 바라보고 느끼는 것. 그것이 지금 내가 해야 할 일의 전부였다. 하늘을 바라보다 잠시 주위도 둘러보았다. 조금 쌀쌀해진 탓인지 서로 팔짱을 끼고 어깨도 움츠려 가며 사람들이 불꽃을 구경하고 있었다. 어느새 맥주를 다시 사 와서 마시는 친구도 보이고 꽤 의기양양해진 레오까지 모두가 오늘의 애물단지와 함께 행복한 시간을 보내고 있었다. 줄곧 하늘을 향해 있던 내 목도 살짝 뻐근함이 아려 왔지만 제대로 관람료를 지불한 느낌이다. 비록 멋진 사진 한 장 없지만 꼭 카메라만이 추억의 최선은 아닌가 보다. 지금 내 마음에 새겨진 감동보다 더 좋은 기록은 없다는 것, 그렇게 남겨진 내 마음속 찬연한 빛의 하루.

14. 내면을 지키며 사는 법

고등학교 시절, 나는 매일 교복 치마를 입는 것이 불편하다고 생각했다. 그렇다고 치마 안에 체육복 바지를 입으면 단정하지 못하다며 매번 혼이 났다. 남학생들이 부러워지며 치마보단 바지가 입고 싶어졌다. 결국 주위의 만류에도 불구하고 학교의 오랜 전통을 깨트리고 교복 바지를 직접 만들어 입었다.

친구 미루는 모두가 똑같은 휴대폰을 유행처럼 가지고 다니는 것을 따분하게 생각했다. 미루는 32화음 휴대폰을 낱낱이 분해하여 그 부속에 장난감 레고를 끼워 개폐에 따라 반짝이는 레고 비행기로 만들었다.

물론 그 장난감을 전화기로 사용했다.

분명 각자의 취향은 달랐지만 교복 바지와 장난감 전화기의 의미를 서로는 이해하고 있었다. 그 당시 유행에 관심을 가지기보단 내가 하고 싶었던 일들을 시도하며 흡족해했다. 그것이 나에게 기쁨이라는 것을 알았다. 남들이 보기엔 엉뚱했지만 우리는 그저 소신대로 행동하는 중이었다. 나와 미루는 비슷한 궁리 속에 소소한 일탈을 꿈꾸었다. 그것이 이틀 만에 싱겁게 끝나는 가출일지라도 하루에 만 원을 받는 치킨집 전단지 돌리기라도 상관이 없었다. 하고 싶은 일을 위해 학교 안팎에서 갖은 꼼수와 말썽을 일삼았던 우리는 스스로를 '개악당콤비'라 불렀다. 그리고 그 이름하에 더욱 파란만장한 추억을 10년 넘게 만들어 가며 우정을 주지시키는 중이었다.

미루는 호주로 가겠다는 나에게 몰타를 권유했었다. 당시 몰타를 다녀온 대학 동기에게 (성격 좋은 외국인 친구들과 바다가 보이는 집에 살았다는 지인과 동일 인물) 많은 이야기를 들었다며 꽤 흥미를 내보였다. 미루는 내가 그곳과 잘 맞을 것이라 확신하며 자신이 있는 영국에서도 멀지 않으니 함께 몰타 여행을 하자는 제안을 했다. 미루가 던진 그 짜릿하고 설레는 입김에 나는 언젠가 꼭 그리하겠다고 약속을 했다.

그리고 2년이 지난 뒤 나는 미루의 조언을 듣고 몰타로 떠나게 되었고, 나의 현재를 만들어 준 그녀가 내일이면 몰타에 오게 되었다. 미루는 영국에서 만난 한국인 동생과 함께 몰타에 방문할 예정이었다. 학교 수업 때문에 공항까지 갈 수 없었던 나는 두 사람을 발레타 분수대 앞에서 만나기로 했다. 수업이 끝나자마자 나는 버스 정류장으로 달려갔다. 하지만 약속 장소인 발레타 분수대에 도착했을 때 두 사람은 보이지 않았다.

"야!"

갑자기 어디선가 익숙한 목소리가 들려왔다. 멀리선 동양 여자 두 명이 분수대를 향해 달려오고 있었다. 나는 순간 헤드폰을 벗어 던지고 양팔을 크게 벌렸다. 그리고 반가운 마음에 미루를 와락 끌어안은 채 외쳤다.

"진짜 우리가 몰타에서 만났다!"

우리는 떠들썩하게 분수대 앞에서 사진을 찍은 뒤 근처 레스토랑으로 자리를 옮겼다. 로컬 맥주와 와인을 들이켜며 둘은 새벽부터 겪은 작은 에피소드를 풀어 놓았는데, 미루는 그 모든 일들을 그림으로 그린 메모장을 꺼내어 하나하나 설명해 주었다. 순간순간 절묘하게 현장을 담아 낸 그림은 벌써 다섯 장이나 되었는데, 특히 라이언 에어의 뚱뚱한 승무원을 보자 절로 웃음이 터져 나왔다. (채용 기준이 덩치순이라는 문구가 인상적이었음) 집으로 돌아가는 길. 내리자마자 정거장을 착각했다는 걸 알게 된 나는 왠지 두 사람에게 미안해졌다.

"조금만 더 걸으면 된다. 거의 다 왔어."

무려 네 정거장이나 먼저 내려 40분을 더 걸어야 했던 상황. 노란색 선글라스를 쓰고 걷는 것 같다며 주위를 신기하게 둘러보던 미루. 우리는 그 간의 생활을 업데이트하며 긴 대화를 시작하게 되었다. 오랜만에 만났지만 미루와는 함께 살고 있는 집으로 돌아가는 기분이었다. 고등학교 때부터 교환일기를 쓰며 고민을 나누던 때를 지나 어느덧 우리는 20대 후반에 접어들고 있었다. 그간 많은 일들이 있었지만 성인이 되면서 연락을 자주 했던 것은 아니었다. 하지만 우리는 늘 이랬던 것 같다.

찌그러지고 넘어지는 일이 있었을 때 문득 생각나는 사이. 각자 잃어버리지 않기 위해 애를 쓰고 지켜 왔던 것이 사라지려 할 때 만나는 사이였다. 그럴 때마다 내가 할 수 있는 거라곤 미루를 찾아가는 게 전부였지만, 쓰러져가던 내 마음이 되살아나는 위로를 받을 수 있었다.

한때 친구라는 단어가 내게는 참 중요했다. 많을수록 좋고 없으면 창피하게 생각되던 시절, 아마도 "자주 만나야 하고 같은 걸 좋아하고 많은 걸 함께 해야" 이러한 점들이 당시 내 기준에서 친구였던 것 같다. 그렇게 일상을 공유하던 관계는 환경이 변하면서 이해하기가 점차 힘들어졌다. 나에게 변화가 생긴 것인데 생활의 우선순위가 달라지고 좋아하는 일에 집중하는 내 모습을 친구들은 낯설어했다. 우리는 함께 있을 때 이외에는 서로를 이해하고 교감하는 방법을 몰랐던 것이다.

하지만 어떤 조건이나 상황 때문에 멀어지지 않는 것은 이미 마음이 어울려서일 테다. 잘못을 비판해 주고 내가 바라보는 희망을 함께 기대하는 진심을 이해하며 관계는 더욱 깊어져 갔다. 무엇보다 내가 가지고 있는 것을 향한 신뢰는 보잘것없는 나를 가능성 있는 사람으로 만들어주었다. 그런 의미에서 지금 내 옆에 있는 사람이 고마운것인지도 모르겠다.

10년 전 만난 그때부터 지금까지 쓰는 교환일기 한 권에 적힌 작은 바람은 한 지붕 아래 3층, 4층 집을 얻게 하고(룸메이트는 서로 힘들 것이라 예상하였다), 유럽 어딘가에서 재회를 이루고 함께 여행까지 하는 현실이 되었다. 아마도 백화점보다 황학동 벼룩시장을 좋아하는 비슷한 취향 때문에 잘 맞다는 것도 무시하지 못할 테지만 "부부동반으로 캠핑카 타고 오로라 보기"와 같은 먼 미래도 분명 가능하다는 생각이 든다.

"30이 되기 전에 세계 여행을 해보는 건 어떤데? 아... 너무 불가능한가?"

"하면 되지. 일단 해 보자. 그 전에 우리 시집가지 말자."

저 말에 토를 달거나 미리 철 들면 배신인 것은 말하지 않아도 당연한 사실. 그렇게 다음 주 떠나게 될 스페인 여행에선 각자 인생에서 가장 과한 의상을 입고 돌아다녀 보자며 동시에 콜을 외쳤다. 집에 도착한 후 짐을 풀고 기운을 차린 미루는 본격적인 시동을 걸었다.

"수지야 여기 클럽 재밌나?"

보기만 해도 야시시한 원피스를 입으라고 내게 건네주는 미루. 바깥 시선을 신경 쓰기엔 난 이미 든든한 내 편을 두고 있었다. 며칠은 쉬이 잠을 이루지 못할 듯하다. 그래 우리 마음껏 내면을 따라서 제대로 한 번 놀아 보자. 늘 꿈꿔 왔던 것처럼.

나 자신의 꿈, 생각, 예감에 대한 커 가는 신뢰.
그리고 나 자신 안에 지니고 있는 힘에 대한 늘어나는 앎.
어떤 식으로든 나 자신을 이해할 수 있는 것.

- 데미안 중에서 -

15. 존재하는 천국

나는 블루그라토에 가면서 괜스레 연정이와 미루에게 미안해졌다. 시간과 비용이 부담스러워 고조 대신 추천했기 때문이다. 물론 몰타를 대표하는 관광지이긴 했지만, 고조나 코미노보단 유명하지 않았다. 하지만 내 걱정과는 다르게 여행 자체에 들떠 있던 두 사람은 바다가 보이자 환호성을 지르며 즐거워했다. 그 모습을 보고선 어쩌면 오늘 일정이 그리 나쁘진 않을 것 같다는 생각이 들기도 했다. 우리는 바다 근처로 가는 내리막길에서부터 쉴 새 없이 사진을 찍었다. 다들 자기 모습을 담고 싶어 카메라는 넘겨주기 바빴는데 더 엽기적으로 변하는 서로의 몸가짐을 보고선 혼이 빠지게 웃어 버렸다. 특히 전직 수중발레 선수답게 연정이는 연체동물처럼 다리를 찢어가며 아무도 흉내 낼 수 없는 포즈를 취했는데, 나는 비슷하게라도 따라하려다 포기하고 말았다.

보트를 타고 바다 위에서 보는 기암절벽은 블루그라토만의 특별한 풍경이었다. 좌우로 고개를 돌리지 않고선 담아 낼 수 없는 웅장한 절벽이 산맥처럼 이어져 있고 바다와 맞닿은 절벽 아래에는 크고 작은 동굴들이 있었다. 이 거대한 자연을 바라볼 때는 경이롭다가도 별안간 망망대해를 표류하는 듯한 공포가 느껴지기도 했다. 큰 동굴 입구에 다다르자 보트가 멈춰 서며 사람들의 탄성 소리가 여기저기서 들려왔다. 반짝이는 사파이어를 품은 듯한 바다는 아래가 훤히 들여다보일 정도로 청아하고 푸른빛이 감돌았다.

두 친구는 배가 잠시 서기만 하면 사진기로 풍경을 담아내느라 정신이 없었다. 가이드가 영어로 설명해 주는 동굴의 생성 과정은 잘 알아들을 수 없었지만, 연정이는 유독 귀를 쫑긋 세워 열심히 들었다. 우리는 투어를 마친 뒤 잠시 바다 근처에 앉아 맥주를 마시기로 했다. 슈퍼로 들어가 병맥주 세 개를 사들고서는 적당한 해안에 자리를 잡았다. 바다를 바라보니 사람을 싣고 다시 동굴로 향하는 보트 두 척이 보였다. 그리고 수영을 하는 사람들도 한두 명씩 눈에 띄었다.

"여기서도 수영을 할 수 있어? 비키니 가져올 걸."

두 사람은 못내 아쉬웠는지 속옷을 확인하며 윗옷을 벗을까 말까 고민을 했다.

"아마 여기선 우리가 입고 있는 게 속옷인지 비키니인지 아무도 신경 안 쓸 거야."

내 말을 듣고서 점프수트를 입고 있던 연정이는 상의를 내리기 시작했다. 그 모습이 왜 이리 용기있게 보이는 건지. 돌바닥과 밀착되어 시원하게 등을 내보인 연정이는 참 여유로워 보였다. 미루는 영국과는 정반대인 몰타의 날씨를 굉장히 부러워했다. 날씨 때문에 우울하긴 처음이었다며 잿빛 하늘 아래 사는 고충을 털어놓았다. 몰타는 1년 내내 거의 비가 내리지 않아 화창하다고 하니 하루하루 이렇게 파란 하늘과 바다를 보며 살 수 있다면 진짜 천국이 아니냐고 묻는다.

몰타에 살고 싶다고 말하는 두 사람의 말에 문득 주위를 둘러보니 정말 평화롭고 한적하기 그지없었다. 낮잠을 부르는 따스한 햇살, 언제 봐도 기분 좋아지는 푸른 바다 그리고 웬만해선 울지 않은 하늘까지 왠지 가본 적 없는 천국이지만 정말 이렇게 생기지 않았을까 하는 상상이 번지기도 했다.

미루는 뭔가 떠올랐는지 갑자기 메모장을 꺼내어 펜을 끄적거리기 시작했다. 그리곤 그림을 그리다 문득 아빠가 생각났다며 부모님을 모시고 다시 블루그라토에 와야겠다고 말했다. 연정이는 미래의 남편과 함께 가족 동반으로, 아니 신혼여행으로 올 거라고 벌써부터 기분이 들떠 있었다. 두 친구의 이야기를 듣고선 나도 자연스레 생각나는 사람들이 있었다. 오늘도 일하고 계실 부모님과 언니 그리고 얼마 전 헤어지게 된 남자 친구가 떠올랐다.

순간적으로 내 옆에서 활짝 웃고 있는 그들의 얼굴이 그려졌다. 왜 미안한 마음에 사로잡혔는지 알 수 없었다. 몰타가 어디냐고 들어 본 적 없다고 못마땅해하시던 아버지에게 영국이라고 거짓말을 해 버린 나. 며칠 전 딸의 목소리가 듣고 싶어 통화를 하다가도 별일 없으면 됐다고 서둘러 끊던 엄마의 목소리. 왠지 서로에게 걱정을 덜어 줄 형식적인 안부만 주고받는 사이라는 게 착잡해지기도 했다.

돈 필요할 때만 전화하냐며 화를 내다가도 좋은 곳 많이 구경하라고 용돈을 붙여 주는 언니에게도 용건을 위해서만 찾는 나는 나쁜 동생이었다. 네가 떠나면 우리는 아마 헤어지게 될 거라고 말했던 남자 친구, 아니라고 부정하던 내 목소리까지도 싫지만 생생하게 귓가에 맴돌았다. 왜 내가 떠나고 싶었는지 한 번쯤 제대로 말했다면 좀 나았으려나. 여태껏 말해 봤자라는 생각에 보기 좋게 둘러댄 내 말들과 행동이 이제서야 야속하게 느껴졌다.

생각해 보면 사랑하는 사람들을 떠나와서 보내는 이 시간을 천국이라고 느끼는 나는 분명 이기적인 사람이었다. 곁을 지키는 것이 불행하지는 않았지만, 그렇다고 나 자신을 억누르며까지 함께할 수는 없었다. 우리는 이미 다른 생각을 가지고 살고 있지 않을까? 설명해도 소용없지 않을까? 나를 위해서 왔어요. 내가 있는 힘껏 자유롭고 싶었다는 말을 솔직하게 털어놓았다면 이해를 구할 수 있었을까? 한 번쯤 속 시원히 말해야 했다. 그렇지 않으면 점점 닿을 수 없는 곳까지 멀어질 것 같다는 생각이 들었다. 엄마, 아빠의 딸이 아닌, 언니의 동생이 아닌, 너의 여자 친구가 아닌, 그냥 내 존재 그대로를 보여 주고 싶었다.

지금 내게 필요한 것이 어쩌면 그들과의 대화라는 걸 알면서도 선뜻 다가가기에는 아직까지 어렵고 힘든 일이다. 당장 영국에 사는 줄 아는 내가 몰타에 있다는 걸 안다면 아버지는 화를 내실까? 그래도 나에 대해 말하다 보면, 계속 하다 보면, 언젠가는 나의 천국을 함께 거닐 날도 오겠지. 내가 이렇게 행복하다는데 싫어하시진 않으시겠지. 그 막연한 상상에는 갑자기 기분이 좋아지기도 했다. 아마도 이 블루그라토 같은 곳이라면 더할 나위 없이 행복할 것 같네. 미루는 그림을 다 그렸는지 나에게 메모장을 건네주었다.

미루야 우리 몰타에서 통닭 장사나 할래?
여기서라면 뭘 해도 행복할 것 같다.

아빠, 제가 지금 어디에 있는 줄 아세요?
혹시 천국이 존재한다면 믿으시겠어요?
언젠가는 아빠를 모시고 꼭 거닐고 싶은 곳이에요.

16. Malta-Madrid-Toledo-Barcelona-Ibiza-London.

　무거운 짐을 들고 이동하며 제대로 잠도 못 잔 탓인지 미루와 연정이 는 뻗어 있다. 나는 눈꼽을 떼고 부운 눈을 가리고자 선글라스를 끼고서 10분 만에 나갈 채비를 마쳤다. 막 나가려는 순간 미루가 날 붙잡았다. 5분 만에 준비를 끝낸 미루와 나는 문을 열고 있는 상점들을 구경하며 카탈루나 광장 주위를 걸었다. 그리고 걸음이 멈춰 선 어느 자전거 대여 점 앞에서는 같은 생각을 했다. 1시간 30분 동안 빌려 탄 자전거를 반납 하면서는 또 다시 고민에 빠졌다. 그렇게 사람들에게 물어물어 도착하 게 된 오토바이 가게 앞. 평소 타던 것보다 사이즈가 큰 대형 스쿠터 앞 에서 긴장을 했지만 "천천히 안전하게" 둘은 약속하며 미루는 운전대를 잡고 나는 그녀의 허리를 움켜잡았다. 조금씩 긴장이 풀어지면서 서서 히 바람의 세기도 강해졌다. 바르셀로나는 한 편의 영화가 되어 내 시야 를 스쳐 지나갔다. 행복하다는 말로는 표현이 부족했다. 오늘이 너무 그 리워질까 두려울 정도로 행복했다.

누군가 함께라서 더 좋았던 순간

누군가 함께라서 덜 외로웠던 순간

17. 런던에서 만난 기적의 아일랜드

내가 런던에 있는 동안 날씨는 화창했다. 가끔 소나기가 내리긴 했지만 그것마저 진짜 런던을 느낄 수 있었던 경험이란 생각에 마냥 즐거웠다. 나는 런던을 찬양하며 몰타로 떠날 채비를 마쳤다. 비행기는 아침 7시 출발이었다. 런던 외곽에 있는 루턴 공항까지는 최소 1시간 30분이 걸렸으므로 나는 새벽 4시에 공항버스를 예약했다. 미루는 잠옷 바람으로 나와 다 추억을 위한 일이라며 동영상을 찍었다.

"정말 잊을 수 없는 런던 여행이었습니다. 사랑합니다. 런던!"

미루는 나의 마지막 소감을 끝으로 카메라 전원을 껐다. 심야시간에도 버스를 기다리는 사람들은 많았다. 오전 4시 버스를 예약한 나는 미루와 수다를 떨며 버스를 기다렸다. 버스는 금방 도착했다. 미루와 작별 인사를 하고 차에 올라탔다.

그런데 캐리어를 끌고 버스를 한 계단 오르는 순간 운전기사는 다음 버스를 타라며 내려달라고 부탁했다. 영문을 알 수 없었지만 아직 시간이 남아 있어 버스에서 내렸다. 당황한 건 미루도 마찬가지였지만 금방 다음 버스가 올 것이니 기다려 보자고 말했다. 다음 버스는 15분 뒤에 왔지만 사정은 마찬가지였다. 겨우 한 명을 태우고선 그 다음 차를 기다리라고 말했다. 예약 순서대로 탑승이 가능했기에 새벽 3시에 예약한 사람을 제치고 내가 먼저 탈 수는 없었다. 20명 남짓한 대기 승객들은 일제히 항의를 했지만 자신은 모른다며 버스 문을 닫고 기사는 정류장을 떠나 버렸다.

시간이 지날수록 나는 더 초조해졌다. 급기야 시간은 5시가 가까워졌고 지금 버스를 타지 않으면 비행기 시간에 맞춰 갈 수 없게 되었다. 나는 급한 마음에 캐리어를 들고 먼저 올라탔다. 하지만 버스 기사는 나에게 내리라며 심각한 표정을 지어 보였다. 나는 내릴 수 없다고 서서라도 가겠다며 가방을 버스 안으로 밀어 넣어 버렸다.

"규정상 손님을 서서 가게 할 수는 없습니다. 다음 차를 이용해 주시기 바랍니다."

기다리던 사람들은 너 나 할 것 없이 기사에게 몰려들었다. 다들 두 시간 이상을 기다렸고 나처럼 비행시간이 촉박한 사람들이었다. 나는 울먹거리며 계단에 버티고 서 있었다. 그리고 리무진 버스 티켓을 들이밀며 말했다.

"제 비행기는 7시면 떠납니다. 지금 이 버스를 타지 않으면 비행기를 탈 수 없어요."

하지만 운전기사는 내 말이 끝나자마자 가방을 바깥으로 던져 버렸다. 결국 버스는 야속하게 문을 닫고 떠나 버렸다. 새벽 3시부터 함께 버스를 기다렸던 사람들 중 탑승한 사람은 고작 두 명뿐이었다. 버스가 떠나자 사람들은 하나둘씩 사라지기 시작했다. 울먹거리며 주위를 둘러보니 우르르 짝을 지어 사람들은 택시를 탔다. 미루는 무조건 같이 타야 한다며 택시를 타는 사람들에게 쫓아갔다. 나는 내 옆에서 잠시 대화를 나눴던 아일랜드 사람을 찾아보았다. 그는 다른 사람들과 모여 이야기 중이었다. 그에게 다가가니 일곱 명이 점보택시를 탈 것이라 말했다.

"미안하지만 저도 탈 수 있을까요?"

그는 마침 한 자리가 비었지만 7시 비행기는 무리라고 말했다. 하지만 나에게는 선택의 여지가 없었다. 사실 말하지 못한 더 큰 문제가 있었는데 그것은 돈이었다. 잠옷 바람으로 나온 미루도 현금이 없었고 사실 나는 1파운드도 남아 있지 않았다.

5시 10분. 차를 탔지만 1초, 1초 지날 때마다 불안해서 견딜 수가 없었다. 돈이 없다는 사실을 알면 고속도로에서 나를 버릴지도 모른다는 생각에 무서워졌다. 모두들 잠이 들었고 나도 말을 머뭇거리던 찰나에 깜빡 잠이 들어 버렸다. 그리고 눈을 떴을 때는 루턴 공항이 10킬로미터 정도 남아 있었다. 더 이상은 미룰 수 없다는 생각에 호흡을 가다듬고 아일랜드 친구에게 귓속말로 속삭였다.

"사실 나는 파운드를 가지고 있지 않아. 미리 말하고 싶었는데 지금 말해서 미안해. 대신 30유로 정도가 있어. 내 대신 나머지 차비를 내 주면 내가 송금을 할게."

나는 지갑에서 동전까지 모조리 긁어모으며 실제로 30유로가 되지 않는 돈을 내밀었다. 내 신분증과 여권도 꺼내어 보여 주었다. 그리고 꼭 돈을 보낼 테니 믿어달라고 말했다. 그때 그 친구는 씨익 웃으며 걱정하지 말라고 어깨를 토닥여 주며 모두가 들을 수 있을 정도로 큰소리로 외쳤다.

"이 동양인 친구는 30유로가 전 재산이랍니다. 파운드가 없다고 하네요. 우리 이 친구를 위해 5파운드씩 더 냅시다."

말을 끝낸 아일랜드 친구를 보며 나는 당황스러웠다. 일곱 명의 사람들이 모두 불만 없이 알겠다고 대답하자 이게 정녕 무슨 일인가 싶었다. 1인당 35파운드를 내야 했던 사람들은 나 때문에 40파운드를 내야 했다. 나는 미안하다고 한 명 한 명에게 인사를 했지만, 오히려 불편한 버스 시스템을 미안해하며 영국 사람들은 대신 사과까지 전했다. 공항에 다다르자 갑자기 차가 막히기 시작했다. 아일랜드 친구는 나보고 여기서 내려서 뛰어가는 것이 좋을 것 같다며 문을 열어 주었다. 나는 짐을 챙겨가면서도 급하게 그의 이름과 연락처를 물었다.

"지금 넌 나에 대해 물을 때가 아니야. 넌 뛰어가서 네 비행기를 타는 게 좋을 거야."

나는 울먹거리며 가방을 챙긴 뒤 고마움의 인사를 전하고 전력 질주를 했다. 내가 차에서 본 마지막 시각은 6시 42분이었다. 뛰고 또 뛰었다. 급하게 티케팅을 하고 달려가는데 게이트는 불행하게도 저 멀리 맨끝에 위치해 있었다. 나는 초조함과 짜증을 참지 못하고 육두문자를 질러가며 다시 뛰어갔다. 발이 엉켜 넘어지면서 여권과 티켓도 바닥에 떨어뜨렸다. 너무 급하게 뛰다 사례가 들려 헛구역질까지 나왔다.

겨우 도착한 몰타행 게이트는 이미 문이 닫혀 있었다. 승무원에게 말을 하니 다행히 닫힌 게이트를 열어 주었다. 비행기 계단은 접히는 중이었고 승무원이 어딘가로 연락을 취하자 계단은 제 위치를 잡았다. 나는 부들부들 떨리는 다리를 붙잡으며 겨우 계단을 올랐다. 무사히 착석한 뒤 무엇이 그리도 서러웠는지 나는 펑펑 눈물을 쏟아 냈다. 시간은 6시 54분이었다.

땀과 눈물이 범벅이 된 나에게 승무원은 휴지를 가져다주었다. 그 와중에도 나는 아일랜드 친구의 이름을 떠올리려 애썼다. 옆에서 그 친구의 친구가 그를 부르던 이름. 브라이언 혹은 브라운, Br로 시작되는 이름이었다. 하지만 아무리 생각해도 잘 기억이 나질 않았고 이내 마취제를 투여한 듯 깊이 잠들어 버렸다. 내가 일어났을 땐 이상하게 턱이 무척 아팠는데, 게다가 상의는 흥건히 젖어 있었다. 무슨 일이지? 누가 내 얼굴을 때리고 옷에 물을 쏟았나? 놀랍고 부끄럽게도 내가 턱을 빼고 자면서 흘린 어마어마한 침이었다.

몰타 공항에 도착한 나는 미루에게 무사히 도착했다는 메시지를 보낸 뒤 SNS에서 브라운과 브라이언이라는 이름의 아일랜드 남자를 검색해 보았다. 꼭 찾고 싶은 마음에 Br로 시작되는 이름의 아일랜드 출신 남자 수백 명을 뒤졌지만 불행히도 찾지 못했다. 잠시 고난에 빠졌었지만 그의 한마디로 구출된 나는 안착을 느끼면서도 어안이 벙벙했다. 죽을힘을 다해 뛰었지만 그가 아니었다면 일찌감치 포기했을 나였다. 기대하지 않았던 감동의 여운이 온몸을 휘젓고 있었다. 원래 있어야 할 곳에 서 있었지만 내가 몰타에 있는 것은 기적과도 같은 일이었다.

삽시간에 지나간 이 일은 최악의 순간이기도 했고, 생각해 보면 최고의 순간을 만나게 해 준 과정이기도 했다. 내가 어떻게 돈 없이 차를 탔을까? 비행기고 뭐고 고속도로에 버려졌으면 어쩌려고 그랬어? 모르긴 하지만 내 담력도 두 배 정도 강력하게 성장한 기분이었다. 집에 돌아오자마자 영국 공항버스회사에 항의 메일을 보내며 티켓 값을 청구했다. 답변은 정확히 2주 뒤에 "죄송하지만 변상해드릴 수는 없습니다"로 회신되었다. 두 나라 덕분에 겪게 된 기사회생. 영국의 공항리무진에 저주를, 아일랜드 여행자의 자비로움에 축복을.

Cafe 1001, 91 Brick Lane, Shoreditch, London E1 6SE

기대를 저버리지 않았던 런던의 날씨

나는 시간이 잘못 적혀 있다고 생각했다.

아일랜드에 가고 싶어졌다.
그곳을 더 알고 싶은 마음에
누군가를 우연히라도 만나고 싶은 바람에

18. 공포의 무면허

나는 늘 머리가 묶이면 미용실에 갔다. 보통 사람들은 기분 전환이나 새로운 변화를 위해 간다지만 이상하게도 난 그런 것에는 별 관심이 없었다. 유행하는 헤어스타일에 민감하지도 않고 예전 상태로 되돌리는 일이 아니고서야 디자이너에게 부탁할 일도 없었다. 그러니 레게 머리를 한답시고 남의 머리를 붙인 적 이외에는 불멸의 귀밑 3센티미터를 늘 고수하고 있었다. 가끔 친구들은 본인들이 지겹다며 변화를 권했지만 그런 말들은 그냥 우이독경에 불과했다. 그렇게 몰타에서도 어느새 길어진 뒷머리가 신경 쓰여 친구들에게 미용실을 추천받고자 경험담을 물어 보았다.

"그냥 일본에 돌아가서 자르려고 기르는 중이야."

"나는 염색만 하고 머리는 안 잘랐어."

"저번에 잘랐는데 맘에 안 들어서 다시는 안 가려고."

대답은 몰타 미용실에 대한 불신으로 가득했다. 실제로 기본 20유로를 부르는 가격과 모든 머리를 귀두컷으로 만들어 버리는 무면허 디자이너가 판친다는 것이다. 사실 스스로 머리를 자를 생각은 해 본 적이 없었다. 하지만 당장 없어질 20유로는 생각만으로 아까웠다. 돈을 쓰기만 하는 이곳에서 남이 하던 일을 스스로 해 보는 것은 어떨까. 내친김에 내 손으로 직접 가위를 들게 되었다. 한솥밥을 먹고 지내는 플랫 메이트 미영 양의 D사표 1000냥 숍 가위로 한 번은 그녀의 손을 빌려 그 이후로는 내 스스로 머리를 잘랐다.

"실연을 당한 여자처럼 싹둑은 아니고 살짝 겁에 질린 표정으로 차분히."

머리에 물을 적시고 빗어 가며 거울에 비친 내 모습을 바라보았다. 조금씩 조심스럽게 가위를 머리 가까이 가져갔다. 우선 가위를 열긴 했는데 닫기가 두렵다. 그래도 내질러 보았다.

"싹둑~"

느낌이 이상했다. 눈 밟는 소리가 났다. 1초 전 모습이 그립고 살짝 후회가 밀려왔다. 균형을 맞추기 위해 또 옆을 만지기 시작했다. 잘랐다. 또 잘랐다. 여전히 손길은 조심스러웠지만 몇 분 전과는 다르게 어느새 가위는 적극적으로 내 머리 주변을 움직이고 있었다. 스스로 머리를 자르는 일은 용기 이외엔 필요한 것이 없었다. 거울 속에 비친 모습은 낯설었지만 나는 익숙해지려고 계속 거울을 바라보았다.

나의 미세한 변화를 가까이 지내는 친구들은 금세 알아차렸다. 같은 건물 옥탑에 살고 있는 콜롬비아에서 온 안드레야가 머리가 예쁘다며 어디서 잘랐냐고 물었다. 직접 한 번 잘라 봤다고 말하자 나보고 손재주가 좋다며 자기 머리도 잘라 주면 안 되겠냐고 머리카락을 손에 쥐더니 원하는 길이를 표시해 댔다. 잠시 망설였지만 한 번 해 본 거 두 번 못할까? Okay.

나는 그녀의 옥탑 방에서 무면허 미용을 결의했다. 그 이후 가위가 있다는 이야기를 듣고 빌리거나 잘라달라는 친구들이 속출했다. 이 셀프 미용 사태는 미영이가 가위를 잃어버리면서 종료하게 되었는데, 당장 부엌 가위를 들고서 머리를 자를 수 없어 처치가 곤란해졌다.

그리하여 찾아가게 된 미용실. 시가지에 헤어숍은 많았지만 절대 큰돈을 쓰고 싶지 않아 차근히 가격부터 물어 보았다. 대부분 15~20유로.

괜찮아, 긴장하지 마, 잘 할 수 있을 거야.

"이제까지 내가 40유로 이상은 벌었네."

문을 닫으면서도 뿌듯했다. 가격 때문에 한참 고민을 하다 슬레이마를 지나가면서 항상 눈에 띄었던 미용실로 들어가 보았다. 현대적인 외관 탓에 가격이 비쌀 것 같았는데 생각보다 저렴했다. 나는 10유로에 커트를 결정하고 손으로 길이를 표시하며 조금만 잘라달라고 부탁했다. 남자 디자이너는 고개를 끄덕인 후 내 머리를 자르기 시작했다. 허리에 차고 있는 미용장비들로 봐선 전문가의 냄새가 느껴지는데 이 양반 어제 미용면허를 딴 모양이다. 가위에 손이 잘려나갈 듯 아슬아슬하게 머뭇거리며 자르는 것이 너무도 불안했다.

미용 가운을 어설프게 걸친 탓인지 가운 안으로 머리카락이 잔뜩 들어가고 얼굴도 잔머리 천지였다. 10분이 경과되자 다 됐다고 하는데...

혹시 장난인가? 기가 막혀 말이 안 나왔지만 우선 샴푸를 한 뒤 머리 모양을 제대로 보고 싶었다. 그런데 가운을 벗기더니 끝났다고 계산대를 가리켰다. 머리를 헹궈달라고 말하자 10유로를 더 달라고 요구하는 디자이너. 하는 수 없이 집으로 돌아와 머리를 감고 상태를 확인해 보았다.

거울에 비친 내 모습. 마치 누군가를 웃기기 위해 쓴 가발처럼 머리는 제 위치가 아닌 듯했다. 나는 거울을 보고서 속상한 마음에 울음이 터져 버렸다. 사정없이 머리를 헝클어트리고 보이는 곳은 전부 헛발질해 보지만 현실은 변하지 않았다. 결국 분노 조절에 실패한 나는 방금 전 미용실을 다시 찾아갔다.

"I don't like my hair style."

한 움큼 튀어나온 입은 들어갈 생각이 없었다. 다짜고짜 찾아와 씩씩거리는 내 반응이 당황스러웠는지 다들 가만히 쳐다만 보았다. 자세히 이야기해 보란다. 어디가 어떻게 마음에 안 드는지. 그게 말이지... 아! 당장 설명하려니 잘 모르겠다. 영어 단어가 아무것도 떠오르질 않았다. 결국 다시 미용 체어에 앉아 YES와 STOP을 번갈아 외쳐 가며 머리를 잘랐지만 끝내 마음에 들진 않았다. 정말 이 사람 진짜 미용사가 맞는지 의심마저 들었다. 결국 아까와 비슷한 꼴로 얼굴에 붙은 머리 쪼가리들을 떼어 내며 집으로 돌아왔다.

"내가 너보다 더 잘 자르겠다!"

소리치며 온몸이 달아올랐던 하루가 지나가고 그 미용사 덕분에 한동안 미친 거울 공주가 되어 살았다. 무면허가 사람 잡는 건 꼭 운전만은 아닌 것 같았다.

"수지 혹시 〈요시노 이발관〉이라는 영화 본 적 있어?"

친구들은 애써 귀엽다면서도 폭소를 터뜨리고 난 마음속으로 울고 있었다. 아주 가끔은 기가 막혀 몰래 웃기도 하고 말이다. 생각해 보니 내 머리카락에 희로애락이 다 담겨 있는 것 같다.

19. 순정 마초

둥글 동글 달걀형, 너무 크지도 작지도 않은 아담한 체구는 딱 내 스타일이다. 옆구리에는 자극적인 브랜드 광고 대신 'MALTA'라는 고유명사를 새겨 남다른 소신마저 느낄 수 있다. 몸 전체를 둘러싼 빈티지 오렌지는 보면 볼수록 참 멋스럽다. 장난감 자동차처럼 귀여운 외관은 사라지는 순간까지도 눈을 뗄 수 없게 만든다. 그러나 아기 손바닥만한 이 섬에서 버스를 탈 일은 그리 많지 않았다. 해안도로를 따라 뻗어 있는 도보길과 화창한 날씨는 웬만한 이동을 두 다리로 가능케 했다. 사실 본격적인 버스와의 만남 그 실체를 알게 된 이후는 더욱이 걷는 일을 즐기게 되었다

1. 엉덩이 도장

마샬셜록*행 버스를 기다리는데 한참이 지나도 오지 않았다. 맑은 날씨에 한껏 들뜬 기분은 점점 가라앉아 지쳐가고 있었다. 분명 시간표를 확인했지만 결국 버스는 40분이 지나서야 도착했다. 나는 화를 억누르며 버스에 올랐다. 하지만 막상 어디에 앉아야 할지 더 곤란해졌다. 대부분의 좌석은 처참히 찢기고 닳아졌으며 엉덩이 모양이 도장처럼 쿵

박혀 있었다. 어쩔 수 없이 앉았지만 곧 무너져 내릴 듯한 의자소리는 나를 더 불안하게 만들었다. 그래도 75센트(800원)의 착한 가격에 너그러이 현실을 받아들인다. 몰타 버스는 몰타 날씨만큼은 화창하지 않은 것 같다.

2. 문이 살짝 열린 불가마

모래사장이 그리운 마음에 떠나게 된 골든베이*. 가깝지 않은 위치에 가장 두려웠던 건 역시 버스였다. 그래도 더운 날씨에 하염없이 기다리는 것을 염려했지만 다행히 버스는 제 시간에 도착했다. 나는 빈 좌석에 앉았고 시트는 스티커처럼 살에 찰싹 달라붙었다. 버스는 정류장을 여러 번 거치며 많은 사람들을 태웠다. 나는 열기가 가득해진 버스에서 절반 정도 열린 창문을 활짝 열고 싶었다. 하지만 화석처럼 굳어 버린 창문은 움직이질 않았다. 40분 가량의 여정은 마치 문이 살짝 열린 불가마 속 같았다. 내가 버스에서 내릴 때 기사는 상의를 벗은 채로 앉아 있었다.

3. 순정 마초

블루그라토를 가는 길, 버스는 시내를 벗어나자 무섭게 엔진 소리를 내며 달리기 시작했다. 보통 운전자에 따라서 속력은 다르다고 하지만, 한국에서 익숙한 과속 운전이 이곳에서 상통할 줄은 몰랐다. 주위의 아름다운 풍경은 거의 2배속 재생 속도에 안내 방송이 없어 어디서 내려야 할지 몰랐다. 사람들은 익숙하게 버스 중앙에 매달려 있는 줄을 잡아당겼다. 벨소리가 아닌 쇠가 부딪치는 소리가 들렸다. 잡아당긴 줄은 신기하게도 천장을 타고 운전석까지 닿아 낡은 종을 울렸다. 이내 운전수는 다음 정거장에 차를 세웠다. 나는 언제 줄을 당겨야 할지 몰라 기사에게 블루그라토에서 내리고 싶다고 하자 그는 친절하게 바다가 보인후 네 번째 정거장이라고 말했다. 열심히 정거장을 세고 있을 때 다른 승객이 먼저 줄을 당겨 버렸다. 기사는 승객들에게 막차 시간을 알려 주며 차가 일찍 끊기니 시간을 절대 잊지 말라고 당부하였다. 버스는 다시유턴을 하며 무서운 속도로 사라졌다. 동화 같은 얼굴, 터프한 움직임. 이런 순정마초 같으니라고.

4. 공항 가는 길

공항을 가기 위해 버스를 기다렸다. 시간표대로 움직이지 않는 몰타 버스에 익숙한 나는 예정보다 일찍 정류장에 도착했다. 다행히 20분 만에 차가 왔다. 그런데 탑승을 하자 운전수는 NO!라고 외치며 문을 닫아 버렸다. 분명 공항으로 가는 버스였다. 가방을 들고 물끄러미 떠나가는 버스를 바라보았다. 왜 나를 태워 주지 않았는지 영문을 알 수가 없었다. 그 다음 버스가 20분 뒤에 다시 왔다. 사람이 조금 많이 타고 있었지만 서 있는 사람은 그리 많지도 않았다. 나는 버스비를 내고 올라탔다. 기사는 나를 부르며 75센트를 더 내라고 했다(가방 크기에 따라 차비를 더 지불한다). 나는 5유로를 냈지만 기사는 동전이 없다며 다음 승객들에게 거스름돈을 받길 원했다. 나는 네 명에게서 4.10유로를 받은 후에야 좌석에 앉을 수 있었다. 그 이후 나는 캐리어 대신 배낭을 메고 항상 동전을 준비했다.

갑자기 뜻밖의 소식이 있었다. 몰타 버스가 사라진다는 것이었다. 새로 생긴 버스는 며칠 간 무료 탑승을 시행하며 편리함을 제공했다. 가격이 조금 오르긴 했지만 근사해진 외관과 시원한 내부 그리고 잘 정리된 시간표가 맘에 들었다. 하지만 결정적으로 몰타와는 전혀 어울리지 않았다. 마치 조선시대를 달리고 있는 최신형 세단처럼 느껴졌다. 이제는 기념품 가게의 장난감이 되어 버린 몰타 버스. 다시는 만날 수 없다고 생각하니 내 지난 시간이 특별하게 느껴진다. 몰타에서도 변하는 것이 있구나. 그래도 만날 수 있어 다행이었다.

마살셜록(Marsaxlokk)

전통 어촌 마을로 몰타의 남동쪽에 위치해 있다. 다채로운 해산물, 지역 농산물 및 식료품에서 기념품, 의류, 신발에 이르기까지 모든 것을 판매하는 전통 재래시장. 매주 일요일 장터가 열린다.

골든베이(Golden bay)

몰타에서 가장 인기 있는 해변 중 하나이다. 암석 해안이 많은 몰타에서 모래 사장을 즐길 수 있는 곳으로 늘 관광객이 끊임없다. 7~8월은 비치 파티가 자주 열린다.

몰타의 기념 버스

2011년 7월부터 사라졌던 몰타 버스는 기념용으로 관광객들이 이용할 수 있도록 운영되고 있다.

운전대를 잡은 미소천사

이 버스는 수많은 고난과 역경을 극복한 듯하다.

모든 것이 변치 않을 것 같은 몰타에서도 사라지는 것이 있었다.

Station3_청춘 정거장

오늘밤 우리가 마신 술은 멋진 탑을 쌓기 위한 소모품이었지

1. 릴레이 파티

　기숙사에서는 종종 파티가 열렸다. 오늘은 스페인 친구들이 파에야 (프라이팬에 쌀과 고기, 해산물 등을 함께 볶은 에스파냐의 전통 요리)와 토르티야(감자 오믈렛)를 만든다며 사람들을 불러 모았는데, 무조건 자기가 마실 술만 들고 오면 된다는 말은 파티의 문턱을 낮게 만들어 주었다. 나는 맥주 한 캔을 들고 찾아갔고 플랫 안은 삼삼오오 모여 대화를 나누거나 술을 마시는 친구들로 가득했다.

　"쾅쾅쾅쾅, 쾅쾅쾅쾅"

　한창 파티를 즐기던 중 누군가가 거세게 문을 두들겼다. 그 위협적인 소리는 파티의 소란스러운 분위기를 일순 정지시켰다. 모두가 숨죽이는 가운데 스페인 친구 레오가 다가가 문을 열었고 어떤 중년의 남자가 문 앞에 서 있었다.

　"무슨 일이시죠?"

　"여기 있는 사람들 도대체 제 정신인 거요?"

　그 남자는 다짜고짜 레오에게 큰 소리로 화를 냈다.

　"갑자기 왜 그러시죠?"

　"아니, 지금 시계가 몇 신데 떠들고 난리를 치는 거요! 나에게는 두 살이 채 안 된 아기가 있습니다. 당신들 때문에 잠도 못 자고 아기는 울고 어떻게 할 겁니까?"

　시계는 10시가 조금 넘어 있었다. 자세히 남자의 얼굴을 보니 두어 번 마주친 기억이 났다. 건물 지하에 살고 있는 남자였다. 옥탑에서의 파티가 지하까지 들릴 줄 몰랐지만 우리는 금방 파티를 끝내겠다며 거듭 사과를 하고선 겨우 그를 돌려보냈다.

하지만 그날의 소란은 잊은 채 주말에도 어김없이 파티는 계속 되었다. 그래도 전보다 음악소리도 줄이고 베란다 문도 닫으며 "이 정도면 괜찮겠지?" 이구동성으로 말했다. 1층까지 내려가 소리를 확인하며 더 이상은 엮일 일이 없겠다고 생각했다. 그러나 그는 건물 밖으로 나와 잊을 만하면 살벌한 욕까지 섞어 가며 소리를 질렀다. 매번 화만 내는 그의 민감한 태도에 친구들은 망설이다가도 눈치를 보며 하나 둘씩 자리를 빠져나갔다. 시간 가는 줄 모르고 흠뻑 빠져 있던 이 의미로운 밤이 누군가에게는 정체 모를 소음으로 들렸나 보다. 게다가 나의 기쁨이 누군가에게 몰상식한 행동으로 보이고 있다니 참으로 씁쓸한 기분이었다.

'우리도 할 만큼 했잖아, 그냥 놀면 안 돼?' 하는 마음.

'아기도 있다는데 우리가 이해해 주자. 시끄러울 수도 있잖아.' 하는 마음.

항상 방으로 돌아가던 때와 달리 오늘은 이상하게도 두 자아가 선택의 기로에 서 있었다.

그저 진심은 조금 더 나를 즐거움으로 안내해 준 시간을 따라 계속 존재하고 싶었을 뿐. 그러기엔 다시 내가 어떻게 보여질까 신경이 쓰이기도 했지만 가능하다면 방으로 돌아가고 싶지 않았다. 우리가 이해를 구하고자 시도했던 노력마저 비난받을 일이야? 남은 친구들은 그의 가족 세 명을 제외하고는 건물 전체가 몰타를 여행 온 사람들인데 다수의 우리가 그의 편의를 위해 전부 눈치를 보면서 생활하는 격이라며 불만을 토로했다. 그렇게 불평을 하던 친구들까지 떠나갔지만 나는 그대로 남아 있었다. 결국 마음의 결정을 내리며 마지막 남은 친구들과 함께 밤새도록 술을 마셨다. 철없이 소란을 피우는 비양심적인 사람. 아마도 지하방 남자의 시선을 이러했을 테지. 내 마음을 따르며 나도 모르는 세계에 대해 알아가는 즐거운 시간은 내 시선일 테고.

그러던 어느 날 여느 때와 다름없이 파티를 하던 중, 갑자기 울리는 사이렌 소리에 모두가 우르르 베란다로 나가게 되었다. 밖을 내다보자 경찰차 한 대가 우리 건물 앞에 정차하고 있었다.

"어이! 전부 다 내려와."

지하방 남자가 경찰차 앞에 서서 우리 모두를 불렀다. 막 차에서 내리는 경찰들을 보고선 분위기가 더 어수선해지며 모두가 겁에 질렸다. 다 내려가자는 의견도 있었고 상황을 정리하고 오겠다는 친구들도 있었다. 결국 나비드와 리비아 친구 한 명이 대표로 내려가게 되었고 나머지 사람들은 건물 입구에서 상황을 지켜보았다.

"우리가 시끄럽게 떠든 점에 대해서는 사과합니다."

"사과? 사과하면 다야? 도대체 몇 번째야? 당신들은 여기서 떠나야 해!"

"좀 봐 주세요. 저희가 나쁜 짓 한 것도 아닌데 주의할 게요."

"당장 이 미친 외국인들 쫓아내요. 난 더 이상 못 참아요."

경찰의 등장에 잔뜩 겁먹었지만 이상하게도 경찰은 별다른 말은 하지 않았다. 주민 신고가 들어와 출동했고 우선 상황 파악을 하는 것이 임무라며 각자의 입장을 듣고 있었다.

"우리는 이웃이잖아요. 당신도 얼마든지 파티에 와서 즐길 수 있어요."

"당신도 젊은 시절이 있었잖아요."

두 친구는 'neighbor(이웃)'를 강조하며 주민의 화를 풀기 위해 애썼다. 계속 반응 없는 남자 앞에서 둘은 아랑곳하지 않고 그에게 잠시 머무르는 여행자의 입장을 하소연하기도 했다. 간밤에 싸웠던 여자 친구를 달래 듯 두 손을 모아 애교 섞인 말투로 "please!"를 외치며 남자에게 끝까지 용서를 구했다. 하지만 남자는 자신의 입장은 변함없다며 절대 이 시간 이후 파티를 금지하길 원했다. 경찰도 서로 의견을 잘 조율하여 신고를 마무리하자고 그에게 타일렀지만 왜 자신의 입장은 아무도 알아주질 않느냐며 급기야 경찰에게까지 화를 냈다.

결국 그의 아내가 나서서 중재를 한 후에야 분위기를 진정시킬 수 있었다. 경찰은 앞으로 주민에게 피해를 주지 않고 조용히 지낼 것을 당부하고선 건물을 떠났다. 경찰이 다녀간 후에 우리는 학교로부터 경고를 받게 되었는데, 학교는 파티를 말리지는 않았지만 파티를 하면서 지켜야 될 다소 김빠지는 문장들을 각 플랫마다 붙여 놓았다.

1. Party is prohibited from 10pm. (10시가 되면 일체 파티를 금지한다.)

2. If you host a party it must be without music. (파티에는 음악이 없어야 한다.)

3. If you have party don't open the main door (문을 열고 파티를 하지 않는다.)

4. Please don't sing loudly. (다 함께 노래를 부르는 일은 일체 삼간다.)

이럴 거면 차라리 파티를 금지시키는 게 낫겠다만 그런 조항은 또 없었다.

"몰타에 파티가 없다면 무슨 재미인가요?"

쿨한 직원의 말은 그렇게 꺼질 듯했던 파티의 불씨를 가까스로 살려 두었다. 사실 우리 중에 이 규칙마저도 제대로 지키는 사람이 없었다. 사실 파티는 전보다 뜸해졌지만 지하 방 사건을 모르는 새로운 친구가 오고 잘 아는 정든 친구가 떠나면서 건물의 소란스러움은 계속되었다.

그리고 언제부터인가 지하 방 남자는 우리를 찾지 않았다. 그가 가족과 함께 홀연히 사라지게 된 사실을 알게 된 것도 그가 떠난 지 한 달이나 지나게 된 후였다. 말없이 사라졌지만 그가 우리 건물을 떠나게 된 이유를 모두가 잘 알고 있었다. 그가 가족과 함께 조용하고 단란한 가정생활을 하기엔 이 건물은 적합하지 않았기 때문이다. 파티를 하며 소란을 즐기는 청춘들과 한 가정을 원만하게 돌봐야 하는 평범한 가장. 누군가는 목청이 터져라 건배를 즐겨야 했지만 누군가에게는 타인에게 방해받지 않는 자신만의 공간이 절실했던 것이다.

뽀로로 카페를 좋아하는 어린이의 마음을 부모님은 마냥 신기해한다. 학생일 때가 제일 좋다고 사회인은 말하지만 빨리 성인이 되고 싶어 하는 청소년들은 그 마음을 알 리가 만무하다. 세계 여행을 꿈꾸는 사람과 어서 취업하길 바라는 사람은 서로를 이해하기 힘들 테다. 내게 가정이 있었다면 그를 이해할 수 있었을까? 그에게 우리와 같은 시절이 있었다면 내버려뒀으려나? 우리는 서로를 경험하지 않고서는 알 수 없는 존재들이었다.

그도 어쩔 도리가 없었나 보다. 78명의 할 일 없는 젊은이들을 누가 막을 수 있겠는가?

취기에 한참을 더 들썩거렸다.

2. 파티 다음 날

건물 5층이 대낮부터 시끄러워 찾아갔다. 냉기가 흐르는 분위기 속에 학교 직원과 친구들은 살벌하게 대화 중이었다. 학교 직원은 찢어진 소파를 보고 배상을 요구하고 있었다. 금액도 어마어마했다. 수리비로 200유로를 요구하는 직원은 어제 파티를 하다 분명 찢어졌다며 책임을 추궁했다. 소파 방 남자들은 절대 자신들이 그런 게 아니라며 억울한 듯 펄펄 날뛰었다. 전에 살던 친구들에게 물어 본다며 한 시간만 시간을 달라고 했지만 직원은 견적을 내오겠다며 사라졌다. 친구들은 무죄를 입증하기 위해 열심히 컴퓨터에 있는 사진을 뒤졌다. 구경 왔던 친구들은 다들 무리라며 고개를 내저었지만 그들은 사진 찾기에 집중했다.

그런데 30분 후, 남자들이 소리를 치며 열광을 했다. 결국 증거가 될 만한 사진을 찾은 것이다. 두 달 전 떠났던 이탈리아 친구의 SNS에서 발견된 조금 찢어져 있는 소파 사진. 마치 신대륙이라도 발견한 듯 자랑스럽게 모니터를 보라며 기뻐하고 있는 무리들. 친구의 친구까지 파도를 타며 찾아 낸 귀한 소파 사진이라고 좋아 날뛰고 있다. 200장도 넘게 소파만 찾으며 쳐다봤다고 기쁨에 겨워 어쩔 줄 몰라 했다.

사진을 찾은 친구들은 학교에 이미지를 첨부하여 메일을 보냈다. 당연히 소파 배상은 깨끗하게 없었던 일이 되었다. 이 일을 계기로 각자 플랫으로 돌아가 유심히 집기들을 살펴보았다. 다행히 우리 플랫은 흠집 없이 깨끗했다.

그리고 그날 밤 5층에서는 파티가 열렸다. 혐의를 벗어나게 된 용의자들이 누명을 벗어던지며 자축을 하는 파티였다. 함께 축하하고 기뻐

할 일이 이리도 많구나. 오늘 목숨을 건진 소파가 더 남아나질 않겠네. 대수롭지 않은 일이 대수로워지는 이곳은 살아가는 이유가 파티였다.

그래서 오늘은 또 무슨 일이 일어났느냐 물으신다면? 별일 없이 즐거움만 가득했었지. 파티가 다 그렇지 않나요?

3. 청춘 정거장

"알코오올, 알코오올, 알코오올, 알코오올, 알코ㅇㅇㅇㅇ오올. 엠모스 비니도 엠보르 챠르도 ^%$^#@%$#^ 콰~~알"

곧 끊길지 모르는 마지막 버스를 타기 위해 모두들 급하게 뛰어갔다. 하지만 숨을 헐떡이면서도 노래를 부르는 목소리들은 작아지지 않았다. 이제는 귀에 익숙한 이 노래를 외울 법도 한데 나는 알콜~알콜~만 크게 따라 외쳤다. 아직도 가사를 모르기도 했지만 왠지 따라 부르면서 어색해질 내 입 모양을 누군가에게 들키는 것이 싫었다.

플랫에서는 파티가 있었다. 특별히 누굴 위한 것은 아니었다. 터키 친구들이 음식을 푸짐하게 만들며 건물에 사는 친구들을 불러 모았다. 나는 잠시 음식을 먹기 위해 들렀는데 내가 온 뒤로 순식간에 30명 넘는 사람들이 모여들었다. 처음에는 저녁식사 같은 분위기였지만 음악과 술이 곁들어지니 어느새 다들 취기가 오르는 듯했다. 그리고 친구들은 더 늦기 전에 파처빌에 가자며 소란스럽던 분위기를 일사분란하게 정리해 나갔다. 나는 그 분위기에 휩쓸리며 급하게 화장을 하고 옷까지 갈아입으며 친구들을 따라나섰다.

"알코오올, 알코오올, 알코오오올, 알코오올, 알코ㅇㅇㅇㅇㅇ올."

거리를 활보하며 부르던 노래는 버스를 타면서도 멈추지 않았다. 앞서 탄 친구들이 더 큰 소리로 노래를 부르는 바람에 곧 버스에서 쫓겨날 것 같았다. 하지만 마음을 졸이면서도 이상하게 이 상황이 즐겁게 느껴졌다. 장소 구분 못 할 정도로 취한 것 같진 않았는데 장난인지 기분 탓인지 친구들의 고성방가는 귀가 멍멍할 정도로 커져만 갔다.

서 있는 사람은 없었지만 앉아 있던 승객은 꽤 많았던 버스에서 나는 서서히 주위가 의식되기 시작했다. 다른 승객들도 있는데 이건 취한 게 아니라 단단히 미친 거라고 생각하겠지. 점점 더 걷잡을 수 없이 버스 내부에 번져가는 합창. 이미 말릴 수 없는 그 분위기 속에 난 꼼짝없이 다음 정거장에서 내리겠구나... 아니 쫓겨나겠구나 생각했다. 친구들의 흥분된 눈빛과 진동마저 느껴지는 폭발적인 함성. 나는 간이 떨리면서도 에라이 모르겠다 따라서 알콜을 열창했다.

"Hey, Crazy Guys!"

드디어 올 것이 왔다. 다음 정거장에 도착하자마자 운전기사가 우리를 향해 큰 소리를 외쳤다. 버스가 흔들릴 정도로 소란을 피웠기 때문에 당연히 이번 정거장에서 쫓겨날 것이라 생각했다. 우리는 그의 물음에 아무런 대답을 하지 못했다. 순간 노래를 멈춘 친구들과 나는 서로의 입을 막았다. 두 손을 움켜쥔 채 새어 나오는 웃음을 참으며 침묵을 지켰다. 그런데 그때 버스가 네 번 급브레이크를 밟으며 사람들이 앞으로 넘어졌다.

"쿵! 쿵! 쿵! 쿵!"

나는 사방으로 몸을 움직여 가며 우스꽝스럽게 중심을 잃었다. 그리고 간신히 친구의 어깨를 붙잡아 엎어진 몸을 일으켜 세웠다. 그런데 다시 버스가 타가디스코처럼 무방비 상태에서 흔들리기 시작했다. 앉아 있던 사람들은 앞으로 쏠리며 앞좌석에 부딪치고 서 있던 사람들은 손잡이가 없는 버스에서 옆 좌석을 붙잡거나 앞사람에 기대며 몸을 가누지 못했다. 버스기사의 행동은 의아했지만 넘어지고 꼬꾸라지는 서로의 모습을 보고선 모두 웃음이 터졌다.

"Go to Pacavile!"

운전기사의 행동에서 무언가를 알아차린 듯 리비아 친구 모하메드가 크게 함성을 내질렀다. 그의 함성이 끝나기도 전에 버스는 움직였다. 브레이크를 1초 간격으로 거세게 밟아가며 버스가 심하게 흔들렸다. 버스의 예상치 못한 흔들림에 승객들은 제대로 몸을 가눌 수가 없었지만 사람들은 열광하기 시작했다. 그리고 언젠가부터 끊겼던 알콜송까지 다시 들려왔다

"알코오올, 알코오오올, 알코오올, 알코오올, 알코ㅇㅇㅇㅇㅇ올."

우리보다 앞서 탄 승객들도 함께 알코올 노래를 따라 부르며 급기야 버스기사는 모두가 외치는 노래에 맞춰 다시 브레이크를 밟기 시작했다. 순식간에 버스는 뜨거워진 환호성으로 가득 찬 콘서트 현장이 되었다. 버스 안에 있던 사람들이 자연스럽게 손을 위 아래로 흔들며 노래를 불렀다. 나도 알콜! 알콜! 손을 들고 외치며 모두의 목소리에 맞춰 흥을 가세했다. 사람들은 앉아 있든 서 있든 모두가 발을 신나게 구르며 걷잡을 수 없을 정도로 흥분해 갔다. 나는 이 광란의 진풍경이 어리둥절하면서도 덩달아 신이나 천장에 손을 뻗어 올리고 목이 터져라 알콜을 외쳤

다. 새장을 벗어나고 싶어 이리저리 부딪쳐 가는 새처럼 곧 버스를 부숴 버릴 듯했다. 나뿐만 아니라 모두의 움직임이 신기할 따름이었다. 심지어 이 사태를 말리기보다 점점 대담하게 끌고 가던 버스도 희열을 주체하지 못하고 있었다.

내버려두면 그것이 뭐든지 간에 자유가 되는구나. 시선의 늪에서 탈출한 순간 감당할 수 없는 해방감이 밀려오는 듯했다. 운전기사의 리듬 운전에 힘입어 잊을 수 없는 10분 속에 도착한 파처빌. 모두가 방금 전 광란의 10분이 가시질 않는지 다시 한 번 알콜을 외치며 차례대로 하차했다. 모두가 내리면서 운전기사에게 "Nice drive", "You're the best"," Crazy guy" 등 그를 향한 칭찬의 메시지를 아끼지 않았다. 나는 엄지손가락을 내밀며 그의 센스 넘치는 운전에 짧게 답했다.

모두가 내린 버스는 텅 비어 있었다. 아마 승객 전부가 파처빌에서 내린 것 같았다. 마지막으로 운전기사와 뜨거운 포옹을 나눈 뒤 합류한 모하메드. 그가 운전기사에게 엄청난 반전이 숨어 있었다며 비밀을 알려 주었다.

"오늘 마지막 코스가 파처빌이었대. 자기도 이제부터 놀 거라는데."

만약 우리가 버스에서 쫓겨났거나 크게 혼이 났다면? 만약 부르던 노래를 멈추고 조용히 버스를 탔다면 또 어땠을까? 쫓겨나면서 혹은 누구 하나 분위기 파악 못해서라도 노래를 부르는 장면이 떠올라 웃음이 터져 버렸다. 좌우간, 멀어져 가는 저 버스를 보니 이 아쉬운 마음을 어찌해야 할지 모르겠다.

불과 5분 전이었지만 내가 있던 세상은 현실이 아니었다. 버스에서 발버둥을 치던 나는 스스로 꺼내 보지 않으면 전혀 알 수 없는 사람이었다. 어쩌면 버스가 나를 데려다준 곳은 그토록 내가 원하던 세상일지도 몰랐다. 뭐든지 마음껏 해 보라고 너의 기쁨을 알아가며 살아가라는 이곳은 청춘 정거장이었다. 나는 그 부름을 받들고 친구들과 파처빌 클럽가로 향했다. 막무가내 미친 청춘들을 가득 싣고 그 무모함을 기꺼이 환호해 주던 버스에서처럼 나는 멈추지 않고 계속 외치고 싶었다. 이미 해 봤으니 알고 있었다. 두려울 것이 없었다. 내 안의 에너지를 이 거리에 몽땅 쏟아붓고 싶었다. 당연히 친구들과 함께 모든 사람들이 쳐다볼 정도로 큰 소리로 알콜송을 부르며 신나게 걸어갔다. 나는 어느새 이 노래를 다 외워 열창하고 있었다.

고맙다. 나의 청춘 정거장이여!

Alcohol song
alcohol, alcohol, alcohol, alcohol, alcohooooool:
알콜 알콜 알콜 알콜 알코올
hemos venido a emborracharnos
y el resultado nos da igual
우리 술 취할 것이다.
우리는 그 누구도 신경 쓰지 않을 것이다.

4. 월요병을 극복하는 방법

흔히 성수기라고 불리는 몰타의 여름. 유럽 각지에서 많은 단체 학생들이 방학을 맞이하여 몰타에 오게 되었다. 교실은 넉넉했던 책상 간격이 사라지고 촘촘하게 붙어 앉아 수업을 듣는 학생들로 가득 찼다. 한꺼번에 늘어난 많은 친구들과 정신없이 인사를 나누며 이름을 물었지만 돌아서면 금세 까먹어 버릴 정도로 누가 누군지 알 수가 없었다. 그런 어수선한 분위기 속에서 자연스레 친해지기보다는 오히려 같은 나라 사람들만 모인 다양한 무리가 생겼다.

기숙사 건물도 만원이 되어 학교 측에서는 근처의 다른 건물까지 단기간 임대하며 학생들의 거처를 마련하였다. 하지만 가장 많은 인원을 수용하고 있는 현재 내가 사는 건물에 새로운 학생들이 친구를 만나거나 혹은 파티를 위해 찾아왔다. 그들은 거실에서 시끄럽게 떠들거나 오랫동안 식사를 준비하며 부엌을 사용하기도 했다. 한솥밥을 먹으며 도란도란 지내왔던 날들이 아득해질 정도로 서슴없이 플랫을 드나드는 낯선 이들의 존재가 점점 불편하게 느껴졌다.

학교 게시판에 붙어 있는 "새로운 학생들을 위한 매주 월요일 환영 파티" 포스터를 보고서도 수많은 환영과 이별을 경험한 후여서인지 내 반응은 무덤덤해 갔다. 새로운 사람들과의 만남을 피하는 것은 아니었지만 단조롭게 느껴지는 월요일이라는 날짜도 조금 흥미를 내려놓게 했다. 다음 날 수업을 위해서라도 가벼운 다과 정도의 분위기를 예상해서인지 조금은 시들해진 마음으로 월요일 행사는 참석하지 않았다. 하지만 화요일 교실은 텅텅 비기 일쑤였고 몇 주째 계속되는 빈 교실은 월요일에 도대체 무슨 일이 있을까 궁금하게 만들었다.

　나는 처음으로 파티 장소를 찾게 되었다. 만남의 장소는 파처빌 입구. 스태프들은 이름을 적으라며 연두색 스티커를 나눠 주었다. 이름을 적은 뒤에는 아무 생각 없이 손등에 스티커를 붙였다가 다시 왼쪽 가슴으로 위치를 바꾸었다.

　학생들이 다 모였는지 스태프들은 사진을 찍자며 거리 한복판에 사람들을 불러 모았다. 우르르 몰려든 사람들은 거리 전체를 막아서며 떠들썩하게 사진을 찍었다. 클럽을 통째로 빌린 건지 월요일이라 사람이 없는 건지 학생들은 차례대로 텅 빈 클럽 안으로 입장하게 되었다. 시끄러운 음악 때문에 제대로 대화를 나눌 수는 없었지만 눈이 마주치거나 자리가 가까워지면 이름을 확인한 뒤 인사를 나누었다. 늘 그렇듯 클럽에서야 술을 마시며 춤을 추기 바빴지만 오늘은 만남을 이어 가며 사람에 대해 알아 갔다

　대화를 나누다가 정신없이 건배를 하고, 어색하지만 함께 춤도 췄다. 자신의 스티커를 한 사람에게 돌아가며 몰아붙이거나 남의 엉덩이에 슬쩍 갖다 대기도 했다. 시간가는 줄 몰랐던 파티도 내일을 위해 빨리 귀가하자는 친구들, 이렇게 된 거 더 놀자는 친구들 두 무리로 나뉘며 사람들은 제각각 흩어졌다. 물론 후자의 무리에 남아 다른 클럽을 옮겨 다니며 밤새도록 월요일 밤을 즐긴 친구들이 월등히 많았다. 한 주의 시작에 활력을 심어 주고 몰타가 아직 낯선 사람들에게 당신은 혼자가 아니라는 외로움을 덜어 주는 월요일 밤. 이미 몰타 생활이 익숙한 나 같은 사람들에겐 별일 없는 월요일도 즐거울 수 있다는 새로운 기대가 담겨 있었다.

나는 파티를 즐길 대로 즐겼고 친구도 있었고 현재의 생활에 충분히 적응을 해서인지 특별할 게 없다고 생각했는데 그게 아니었다. 어쩌면 월요일이라는 고정된 의미가 나를 오랫동안 사로잡고 있었는지도 모르는 일이었다. 월요일은 수업을 개시하는 날, 주말의 여파로 항상 피곤한 날. 이처럼 똑같은 생활을 반복하고 있었던 나는 이 고정관념 속에 나를 맞춰 놓고 있었다. 하지만 이 주기가 별안간 일탈을 하며 몰타에서의 새로운 날들이 시작되었다.

몇 년 전 밴드 언니네 이발관의 "월요병 퇴치(를 위한) 콘서트"를 보며 기발한 아이디어라고 생각한 적이 있었다. 무겁고 지친 월요일을 위로해 주는 청량제 같은 공연 문구. 월요일이라 아무도 보지 않는다가 아니라 월요일이기 때문에 지친 자신을 달래고 싶어 하는 사람이 많다는 취지로 시작한 콘서트였다. 상식적으로 떠올리는 월요일은 휴관, 주말=콘서트의 고정관념마저 깨뜨려 버린 셈이다.

늘 나에게는 불변의 피로 같았던 월요일에 대한 생각. 그 단단했던 주관이 흔들거리자 미처 몰랐던 많은 것들이 새로워졌다. 그동안 월요병이 아니라 고착병이었다는 생각, 무작정 알고 있던 것이 새삼스럽게 나를 녹슬게 하고 있는 것은 아닐까? 좁은 시각은 인생에서 많은 것을 놓친다지만 굳어 버린 생각은 모든 세상을 고리타분하게 만들지도 모르는 일이었다. 낯익은 시선에 아무런 의심도 할 수 없었지만, 그 고정된 생각을 마구 흔들어 봐야겠다. 그리고 나서 무슨 일이 일어날지 지켜보는 게 흥미진진해졌다.

월요병 퇴치 성공적

가끔은 또 다른 용도를 기대해 볼 수 있다.

5. 마드리드녀의 〈한강 찬가〉

새로운 룸메이트 에스테는 옷장 앞에서 무언가를 문지르며 닦고 있었다. 뒤에서 보니 반짝반짝 빛이 나는 금관악기였다. 내가 슬쩍 고개를 기울이며 바라보자 에스테는 악기를 내밀며 물어 보았다.

"혹시 이게 무슨 악기인 줄 알아?"

음! 확실히 트럼펫인 건 알겠는데 크기가 어째 좀 작아 보였다. 나는 이렇게 작은 트럼펫은 처음 본다고 신기한 듯 이야기하자 에스테는 여행 중에 가지고 다니는 소형 트럼펫이라고 말했다. 그리고 "트럼펫 크기도 알아?" 하며 뜻밖이라는 표정을 지어 보였다.

나는 에스테가 들고 있는 그 작은 트럼펫을 바라보며 추억에 사로잡혔다. 영화 〈괴물〉 OST 수록곡인 〈한강 찬가〉 트럼펫 소리에 매료되어 음반을 사고 그 트럼펫 소리를 직접 듣고 싶어 이병우 콘서트까지 갈 정도로 빠졌던 적이 있었다. 전체적인 음색은 구슬프지만 박자는 흥이 나고 마음은 시원해지는 묘한 울림. 이상하리만큼 많은 감정들이 한꺼번에 느껴지며 그 트럼펫 소리는 나를 사로잡았다. 귀가 뻥 뚫릴 정도로 쩌렁한 데다 청명한 기운은 귓가에 퍼지는 순간 심장을 뛰게 만들었다. 그리하여 한동안 인터넷에서 재즈 트럼페터 영상을 보며 열광을 했지만 그래도 〈한강 찬가〉가 제일 좋았다. 호기심에 실용음악 학원을 찾아가 문의를 했지만 트럼펫 선생님께서는 아주 단호하게 말씀하셨다.

"아가씨는 불다가 쓰러집니다."

나는 한때 트럼펫에 관심이 많아 즐겨 듣고 배워도 보고 싶었다고 에스테에게 말했다. 내말을 듣고서 에스테는 트럼펫이 왜 좋은지 궁금해하며 신기해했다. 나는 노트북을 가져와 얼른 〈한강 찬가〉를 찾아 들려 주었다.

"이 곡이 좋아서 처음에 매력을 느꼈어."

곡을 다 들은 후 에스테는 흐뭇한 미소를 지으며 아직도 트럼펫을 배우고 싶냐고 물었다.

"당연히 기회가 된다면 하고 싶지!"

그러자 내 말에 에스테는 뜻밖의 제안을 해 주었다. 마드리드로 돌아갈 때까지 트럼펫을 가르쳐 주면 배워 보겠냐는 말이었다.

"정말이야? 진짜야?"

재차 확인을 하면서도 뜻밖의 소원을 이룬 아이처럼 난 기쁨에 들떠 온몸으로 환호했다.

에스테는 마드리드 콤플루텐서 대학에서 트럼펫을 전공한 재원이었다. 스페인에서도 명문으로 꼽히는 학교의 오케스트라 단원이었는데 해외 공연이 잦았던 탓에 늘 부족한 영어 실력을 고민하였고 잠시 어학연수를 위해 몰타에 오게 되었다. 에스테는 나와 음악에 대한 이야기를 나누던 중 친언니의 연주 영상을 보여 주며 매우 자랑스러워 했다. 그녀의 언니도 같은 오케스트라 단원이자 바이올리니스트였는데 식구들 모두가 음악을 즐기고 사랑하는 타고난 음악가 집안이었다.

자신의 영상을 보여 주면서는 다소 어색해했지만, 화면 속 에스테는 나의 룸메이트에서 멋진 트럼페터로 돌변해 있었다.

트럼펫 외에도 우리는 음악과 함께했던 각자의 시간에 대해 이야기를 나누었다. 에스테는 내게 다룰 수 있는 악기를 물었다.

"시도는 했는데 말이지..."

기타, 첼로 어느 하나 처음 의욕과는 달리 연주할 수 있다고 자신 있게 말할 수 있는 악기는 현재 없었다.

"나는 음악 전공자는 아니지만 관련된 일을 했었어. 공연 기획도 하고 음반 제작도 하는 이 음악이 내가 일했던 곳에서 만든 거야."

불과 작년까지 몸 담아온 레이블 소속 가수들의 음악을 들려주며 한국의 인디신(indie scene)을 소개했다. 문득 일에 대해서 말하는 내가 왜 이리 어색한지 순간 사회인이었다는 사실마저 망각했나 싶었다. 그러고 보니 작년의 내 모습을 들춰본 지가 참으로 오랜만이었다.

역시나 클래식에 관심이 많았던 에스테는 자신이 좋아하는 트럼페터들의 영상을 보여 주며 그들의 매력을 친절히 알려 주었다. 내가 열광하며 제3세계 음악 예찬을 늘어놓을 때는 죄다 처음 들어 보는 곡이라며 꽤 흥미로워 했다. 나는 아스트로 피아졸라(Astor Piazzolla: 아르헨티나 출신의 탱고 연주가)의 앨범 파일을 보여 주며 보물처럼 자랑하기도 했고 백번은 넘게 본 비센트아미고(Vicente Amigo: 스페인 출신의 플라멩고 기타리스트) 콘서트 영상의 제스처를 흉내 내며 팬심을 드러내기도 했다.

20대를 훌쩍 넘겨 배웠던 첼로, 아르헨티나에 가고 싶은 이유가 된 반도네온, 상상으로는 연주할 수 있을 정도로 들었던 플라멩고 기타까지 혼자서 소꿉놀이 하듯 즐겨온 음악 세계가 드디어 함께할 수 있는 친구를 만나며 시간 가는 줄 모르게 떠들었다. 내 세계를 이해해 주고 가치 있게 바라봐 주는 사람이 있어서인지 나도 모르게 오늘만큼은 간직만 했던 것을 거리낌 없이 내보이고 있었다.

"수지는 정말 장르 상관없이 음악을 즐기는 것 같아."

그렇게 어쩌면 늘 음악을 듣고 음악을 하는 사람들과 함께 지내며 꿈꾸었던 내 모습도 꼭 연주나 창작이 아닌 음악을 행복하게 즐기고 싶은 사람이었는지도 모르겠다.

"입술에 너무 힘을 주면 안 돼. 천천히, 네 입술이 깃털이 되었다고 생각해 봐."

나는 먼저 소리 내는 법을 배우기 시작했다. 에스테는 수시로 입술을 떨어 보길 권했지만 붙어 있던 입술만 뒤집어지며 바람소리만 날 뿐이었다. 입술을 부르르 떨면서 진동이 되야 했지만, 연습을 하다 에스테 얼굴에 침도 튀기고 악기도 더러워지는 것 같아 괜스레 미안해졌다. 내가 트럼펫을 잡고 있을 때마다 친구들은 나를 지켜봤다. 내가 끙끙대며 트럼펫을 붙잡고 있을 땐 잠시 자리를 뜨다가도 에스테가 시범 삼아 연주할 땐 어느새 그녀 앞에 옹기종기 모여 있었다.

나는 수업 때마다 〈한강 찬가〉를 듣고 싶다고 조르곤 했었다. 그래서 늘 내가 연습할 때 에스테는 익숙해지면 연주해 보겠다며 반복해서 〈한강 찬가〉를 들었다. 혹시 악보를 구해 줄 수 있는지 물어 볼 때는 냉큼 인터넷에서 악보를 찾아 노트북 화면에 띄워 주었다. 몇 분간 화면에 집중하던 에스테는 악보를 보며 즉흥적으로 연주하기 시작했다.

이미 첫 소절에 내 귀는 시큰해졌다. 조금 느리게 살짝 떨리는 음으로 연주되던 그 곡은 나를 이미 황홀경으로 보내 버렸다. 중간까지 연주를 하다 멈춰 버린 에스테는 곡을 더 연습을 해야 할 것 같다며 머쓱해했지만 감동의 여운은 가시질 않았다. 신기하게 이 곡은 들을수록 스페인 특유의 멜로디가 느껴진다며 연습을 하면서 집안에서는 〈한강 찬가〉가 울려 퍼졌다.

며칠 뒤에는 "오늘은 제대로 연주할 수 있을 것 같아" 말을 내뱉기 무섭게 친구들과 쪼그려 앉아서 거실에 자리를 잡았다. 마룻바닥이 좌석이 되고 거실이 무대가 된 완벽한 하우스콘서트였다. 에스테의 연주가 시작되자 우리는 숨죽이고 그녀를 바라보았다. 내 귓가를 가득 채운 트럼펫 소리는 구슬프지만 쩌렁하게 속을 파고드는 애환이 담겨 있었다. 기쁘다가 슬퍼지는 눈물이 고이다가도 미소를 머금게 하는 마음을 묘하게 만드는 연주였다. 에스테의 입가에 주름이 깊게 패어갈수록 소리는 더욱 웅장해졌다. 천천히 자신의 속도로 불어가며 실수를 하면서도 정성을 다해 연주하는 에스테의 〈한강 찬가〉에는 섬세한 노력이 느껴졌다.

"내가 들었던 〈한강 찬가〉 중에 최고였어."

칭찬을 아끼지 않았지만 말도 안 된다며 부끄러워하던 에스테. 연주가 끝나고서도 마음이 울컥했던 그 트럼펫의 울림은 내 폐부 깊숙이까지 퍼져 있었다.

나는 에스테에게 트럼펫을 배우면서도 결국 쇳소리 나는 도레미밖에 불지 못했다. 동요 정도는 연주할 수 있지 않을까 생각했지만 어림도 없는 소리였다. 제발 제대로 된 소리가 나오길 바라며 힘차게 불 때마다 편두통을 밀려왔고 입술이 얼얼했던 통증은 얼굴 주위까지 확산되어 머릿속을 새하얗게 만들어 버렸다.

도 하나 정확히 소리 내는 것도 여간 힘든 일이 아니었다. 자유자재로 도레미파솔라시도를 왔다갔다 시범 삼아 부는 에스테를 볼 때면 어쩌면 범접할 수 없는 능력이었다. 하지만 음악을 들을 때와는 다르게 침으로 흥건해진 악기를 닦아 가며 불어 보고 만져 보면서 '네가 트럼펫이라는 악기였구나 이렇게 만나게 되어 정말 기뻤어' 하고 생각하니 정말 특별한 인연을 만나게 된 기분이었다. 멀리서 트럼펫 소리가 들린다면 귀를 쫑긋 세울 정도로 반가워지겠지.

내게 행운처럼 다가왔던 트럼펫으로 음악적 자질은 확인할 수는 없었지만, 이 보람으로부터 다른 걸 시도해 봐야겠다는 기운이 생겨났다.

이번 주는 방 식구들끼리 영화를 보자고 말하는데, 난 이미 두 번을 봤지만 괴물로 밀어붙였다.

"〈한강 찬가〉가 나오는 영화 어때?"

옹기종기 모여서 〈괴물〉 트레일러를 보는 지금, 〈한강 찬가〉가 떼창이 가능했던 곡이었던가? 다들 빰빰 빠라바라바라바~를 열창하고 있다. 이마저도 트럼펫 소리처럼 들려 환히 웃어 본다. 행복한 울림이 일순간 번져드는구나.

내가 가장 부러운 사람, 좋아하는 일을 즐기면서 하는 사람.

아르헨티나에 가서 반도네온 배우기
스페인어를 알아듣고 말할 수 있을 정도로 배우기
도쿄에 살아 보기
뉴욕에 살아 보기
오로라를 만나러 가 보기
매년 1년에 50권
전통혼례하기
죽을 때까지 세계 한 바퀴
첼로 연주해 보기
트럼펫 연주해 보기

6. 모두가 별로라는 마샬셜록

스페인 친구 루벤, 엘레나, 에스테 그리고 일본 친구 에미가 해수욕을 하자며 나를 불렀다. 근처로 가겠지 하고 따라 나섰던 그들의 여정은 마샬셜록이었다. 자동으로 눈이 찌푸려지는 바깥 날씨는 섭씨 60도의 한증막을 연상케 했다. 나는 이 날씨에 정말 마샬셜록에 갈 것이냐고 몇 번이나 되물었지만, 아직 마샬셜록을 가 보지 못한 친구들은 수산시장도 들러보고 바비큐를 하며 해수욕을 하고 싶다고 말했다.

"뭐라고? 바비큐를 한다고?"

나는 말도 안 된다며 고개를 내저으며 말렸다. 마샬셜록은 수산시장이 유명하고 해수욕장이 있어 몰타에 온다면 한 번쯤은 들러보는 곳이지만 시내에서 거리가 너무 멀었다. 그러니 수많은 관광지에 밀려 시간이 부족하다면 과감히 패스를 해도 좋다는 게 나의 의견이었다.

게다가 내 귀를 의심했던 것은 섭씨 30도가 넘는 불볕 더위에서의 바비큐. 저녁이라면 이해를 하겠지만 오후 5시면 버스가 끊기는 마샬셜록에서 해질녘 바비큐도 불가능했다. 하지만 이 땡볕 아래 바비큐는 더욱 한심하고 바보처럼 들려왔다.

버스를 기다리면서도 짜증이 났지만 처음 가는 사람들의 설렘을 이겨 낼 재간이 없었다. 마샬셜록에 도착해서 시장을 둘러보는데 세 번째라 그런지 별달리 특별할 것도 없었다. 하지만 대충 고개를 돌리며 시장을 걷고 있는 나와 달리 엘레나는 이동하는 곳마다 사진을 찍으며 엽기적인 포즈로 모두를 웃게 만들었다. 에스테는 어디서 구했는지 번개탄과 작은 그릴을 사들고 왔다며 검은 봉지를 달랑달랑 흔들어 댔다. 정말

에너지가 넘치는 스페인 사람들 못 말리겠다.

루벤은 거의 시장에 있는 모든 해산물 가게를 들르며 새우를 찾아 나섰는데 자신이 원하는 크기를 손가락으로 표시하며 열심히 설명하였다. 결국 진짜 좋은 새우를 찾았다며 만족해하는데 그 행복에 겨운 천진난만한 표정은 찌푸려 있던 내 이맛살마저 펴지게 만들었다.

모든 준비를 마쳤다며 루벤은 어서 바다로 가자고 빠른 걸음으로 재촉했다. 이제껏 시장만 둘러봤던 나는 해수욕장 가는 길을 알지 못했는데 루벤은 이미 와 본 사람 마냥 본능적으로 걷기 시작했다. 항구라도 보일 때는 눈이라도 시원했는데 내가 걷는 길은 신기루가 뿜어져 나오는 아스팔트 길이 전부였다. 그래도 신나게 노래를 흥얼거리는 루벤을 따라 걷자 30분 뒤 작은 해수욕 시설에 도착할 수 있었다.

내가 도착한 곳의 분위기는 바다를 전세낸 것처럼 편안하고 조용했다. 마치 관광객은 잘 모르는 현지인만의 아지트랄까? 진짜 처음 맞아? 물었지만 맹세코 처음이라며 "그냥 걷다가 다들 지쳐 보였고 여기가 나쁘지 않지?"라며 그는 가방을 내려놓았다. 나는 자리를 잡으며 주위를 더 둘러보았지만 사람이 없어서 더 낯설게 느껴지는 장소였다. 내가 알고 있던 마샬셜록과는 전혀 다른 분위기. 역시 느낌대로 걷는 게 중요할 때가 있나 보다. 이런 명소를 발견하다니.

우리가 수영을 하고 쉬는 동안 그는 바비큐를 위해 번개탄을 설치하고 그릴 위에 큼지막한 새우를 올렸다. 그리고 레몬을 얇게 썰어 빈 통에 담아 두었다. 쪼그려 앉아 새우를 굽는 루벤의 민머리는 벌겋게 익어 땀이 송글송글 맺혀 있었다. 내가 멀뚱히 서 있자 그는 조금만 기다리라며 먹음직스럽게 구워진 새우 위에 레몬즙과 소금을 뿌려 주었다. 그런데 나도 모르게 소금을 치는 양에 놀라 그의 손을 잡아당겨 버렸다.

"헉 너무 많아!"

"아니야. 스페인에서는 이렇게 먹어!"

죽어도 다 뿌리고 말겠다는 루벤과 말리는 나를 보고선 친구들은 구경을 하며 웃고 있었다. 결국 그의 레시피대로 잔뜩 소금이 뿌려진 새우를 먹게 되었지만 생각보다 맛이 나쁘진 않았다. 입 속에 넣자마자 오동통한 새우살이 짭짤하게 간이 배어 먹을수록 더 맛있게 느껴졌다. 껍질까지 야무지게 발라먹으며 다들 맛있게도 먹었다. 두 주먹만큼 서비스로 받아온 새우까지 다 해치우고도 배가 고파 결국 에미와 내가 싸 온 샌드위치를 나눠 먹으며 식사를 마쳤다.

타이머를 맞춰 놓고서 사이좋게 기념사진도 찍고 쓰레기를 함께 정리한 뒤 에스테와 엘레나는 다시 수영을 하러 갔다. 에미는 그늘 진 곳을 찾아가 책을 읽었고 나와 루벤은 이어폰을 나눠 낀 채 음악을 들었다. 전혀 가사를 알아들을 수 없는 스페인 음악이었지만 리듬이 흥겨워 어깨가 절로 덩실거렸다. 나는 노래를 따라 부르는 진지한 루벤의 모습에 한참을 배를 잡고 깔깔거리다가 한국 욕같이 들리는 스페인어 발음을 따라하기도 했다.

우리는 우리만의 공간에서 즐거운 시간을 보냈다. 바닷속에서 물개 흉내를 내는 엘레나에게 에스테는 스페인어로 다른 포즈를 요구하는 것 같았다. 고객의 주문에 맞춰 갖가지 희한한 동작을 표현하는 엘레나. 그 모습을 보고서 웃는 우리 네 명의 목소리밖에 들리지 않았다. 아무도 걷지 않는 길과 수영하지 않는 바다. 누구 한 명 다녀간 흔적이 없고 주위에는 우리밖에 없었다. 모든 것이 깨끗했고 평온했다. 마치 지도에서는 찾을 수 없는 곳처럼 인적이 끊겨 있었다.

하지만 어떻게 찾아왔는지 한두 명씩 사람들이 자리를 잡기 시작했고, 트럭 카페 한 대도 우리 쪽으로 다가오고 있었다. 1화음의 〈엘리제를 위하여〉가 점점 크게 들려왔고 트럭은 노골적으로 우리 앞에 차를 세웠다. 트럭에서 내린 중년의 남자는 필요한 것이 없냐고 물으며 얼음물과 음료수를 가져와 우리 앞에 내밀었다. 루벤과 엘레나는 아이스크림 가격을 물었지만 그가 3유로라고 대답하자 비싸다며 사먹지 않겠다고 말했다.

긴 휴식을 끝내고 항구로 돌아가는 길. 급격한 탈수현상을 느낀 우리는 슈퍼마켓이 보이자 얼른 뛰어 들어가 얼음물을 사서 돌려 마셨다. 다들 입술을 떼지 못하고 벌컥벌컥 들이켜며 1.5L 생수통을 금세 비워 냈다. 루벤은 슈퍼마켓에서 사온 아이스크림을 하나씩 건네주며 싸게 샀

어째 새우보다 더 빨갛게 익어 버린 루벤의 머리

다고 뿌듯해한다.

"이거 아까 트럭에서 팔던 거랑 같은 건데 1유로야."

2유로를 벌었다는 이유에 기분이 좋아진 우리는 아이스크림을 맞대며 크게 건배를 외쳤다. 다들 버스 좌석에 앉자마자 깊이 곯아 떨어졌고, 얼마 지나지 않아 여기 저기서 엷게 코고는 소리가 들려왔다. 하루 사이에 더 새까맣게 탄 나를 보고 플랫 식구들이 어딜 다녀왔냐고 물었다. 내가 마샬셜록에 다녀왔다고 하자 이 날씨에 그 먼 시장까지 왜 갔냐고 고개를 저으며 나무랐다. 나는 힘들었지만 새우도 구워 먹고 시장에서 멀리 떨어진 바다도 다녀와 정말 즐거웠다고 말했다. 하지만 내 말을 듣던 친구들은 이 더위에 무슨 바비큐냐는 반응을 보였다.

나도 처음엔 별로인 줄 알았다. 가이드북에 설명된 수산시장과 책에서 추천한 해산물 레스토랑을 들리고 기념품을 살 때는 그랬었다. 다녀왔다는 점 이외에는 특별히 기억에 남는 것이 없었다. 하지만 지금 마샬 셜록을 떠올리면 정체불명의 아스팔트길이 떠올랐다. 루벤 이마에 서려 있던 땀이 먼저 생각났다. 뜨거운 태양 아래 잔뜩 구겨진 인상으로 맛있게 새우를 뜯어 먹던 친구들의 얼굴이 보였다. 조용한 바다, 엘레나의 물개 포즈, 루벤의 스페인 랩 그리고 말없이 조용히 쓰레기를 치우던 에미의 모습까지. 더 이상 마샬셜록에는 새로운 것이 없을 줄 알았다. 하지만 단지 내 추억이 없을 뿐이었다.

7. 뜨겁고 진한 커피 같은

학교 쉬는 시간, 리셉션에서 한 남자가 직원과 이야기를 나누고 있었다. 다듬어지지 않은 수염, 매끈한 반삭발, 다부진 근육까지 마초 같은 모습이 꽤 매력적이었다. 나는 옆에 있던 친구에게 저 남자를 본 적이 있냐고 물어 보았다. 그러자 친구는 J라는 그 남자에 대해서 말해 주었다. 한 건물에 산 지 한 달이 넘었다고 했지만 이상하게도 인사는커녕 얼굴 한 번 스친 기억이 없었다. 그를 학교에서 잠시 마주친 그날 이후 다시 그를 만난 적이 없었다.

그러던 어느 주말, 친구들과 함께 갔던 파처빌의 한 클럽에서 낯익은 얼굴의 남자와 눈을 마주치게 되었다. 그 남자는 바로 J였다. 처음 학교에서 본 이후, 약 2주 만에 그를 다시 만났다. 혼자만의 반가움에 자연스럽게 그를 의식하면서 모른 척하면서도 수시로 그가 있는 쪽을 바라보았다. J도 그런 내 시선이 느껴졌는지 나를 힐끗 쳐다보았다. 두세 번 정도 동시에 눈이 마주치자 이상한 기운이 감돌았다.

J는 성큼성큼 어딘가로 걸어갔다. 설마 나한테 오는 건가? 점점 가까워지는 그의 얼굴을 혹시 내가 잘못 보는 것은 아닌지 당황스러워졌다. 그리고 그가 인파를 비집고 내 앞에 멈춰섰을 때는 심장이 터져 버리는 줄 알았다. 함께 춤을 춰도 되냐고 묻는 그에게 홀린 듯 나는 망설임 없이 고개를 끄덕였다. 그는 곧바로 내 허리를 감싸며 음악에 맞춰 움직이기 시작했다. 순식간에 맞닿은 기분은 낯설긴 했지만 불편하진 않았다. 두 시간 정도 음악에 맞춰 춤을 추었다. 몸은 땀으로 젖어 갔고 그의 끈적끈적한 살갗이 내 몸에 닿을 때마다 찝찝한 열기 같은 것이 느껴졌다.

잠시 지친 우리는 클럽 구석에서 대화를 나누었다. J는 곧 집으로 돌아가겠다며 혹시 함께 돌아가지 않겠냐고 물었다. 나는 열쇠가 하나뿐이라 망설였지만 룸메이트에게 키를 건넨 뒤 그의 플랫까지 따라가게 되었다. 여러 플랫을 방문했지만 J가 살고 있는 플랫은 처음이었다. 내가 살고 있는 곳과 구조는 같았지만 분위기는 전혀 달랐다. 그가 거실 전등을 켜며 작은 상자에 열쇠를 넣는 순간 흠칫 놀랐다. 자세히 보니 그 통은 빈 콘돔 상자였다. 그 상자 옆에는 금발 미녀가 풍선만한 가슴의 유두만을 가린 채 무릎을 꿇고 있는 포스터가 붙어 있었다. 집 안에 배어 있는 담배 냄새는 호흡을 자극시켰다. 너저분하게 흩어져 있는 술병과 담배 재떨이는 눈에 거슬렸다. 사뭇 거칠고 외설적인 내부의 분위기가 온몸을 싸하게 만들었다.

"여기 편히 앉아서 친구 기다려. 차 한 잔 줄게."

J는 나에게 무슨 차를 좋아하는지 물었다. 나는 마실 것은 아무거나 괜찮다고 대답하면서 베란다 문을 조금 열 수 있는지 물었다. 그는 닫혀

있던 문을 절반 정도를 열어 주었다. 우리는 클럽에서 놓쳤던 대화를 다시 정리해 가며 이야기를 주고받았다. 국가, 이름, 전공 따위를 묻는 식상한 질문을 지나 서로의 첫인상에 대해서도 털어놓았다. J는 나를 학교에서 처음 보았고 가끔은 학교에 가는 길이나 건물 앞 계단에서 보았다고 했다. 새까만 머리와 눈동자가 인상적이라며 다시 한 번 내 눈을 지긋이 바라보았다. 나는 그의 눈에서 느껴지는 짙은 기운에 갑자기 시선을 처리하기가 어색해졌다.

내가 말을 하는 동안 J가 가까이 다가오는 것을 알고 있었지만 아무렇지 않게 말을 이어갔다. 자세가 점점 편히 풀어져 간 J는 어느새 내 옆에 붙어 앉아 있었다. 갑자기 크게 들리는 내 심장 소리를 줄이고 싶었다. 그 사이 J는 더 가까이 다가왔다. 우리 사이에 틈이 존재하지 않았다. 내 허벅지 사이를 쓰다듬며 J는 갑작스레 키스를 했다. 나는 당황했지만 그를 밀치진 않았다. 하지만 내 다리 사이로 들어오는 그의 손을 붙잡으며 잠시 입술을 떼어 냈다. 잠시 어색해진 상황에서 베란다 밖으로는 친구들의 목소리가 들려왔다. 나는 다급하게 인사를 하고서 아래층으로 뛰어 내려갔다.

플랫 문은 열려 있었고 금방 들어온 룸메이트는 내게 어디에 있었냐고 물었다.

"아, 잠시 위층에서 차를 마시고 왔어."

친구는 별 반응 없이 방으로 들어갔고 나는 침대에 누워 오늘 밤 일을 생각했다. 방금 전 이상형에 가까운 남자와 키스를 했지만 즉흥적인 그의 행동에 기분이 뒤숭숭했다. 만난 지 몇 시간 만에 키스를 한다는 게 이상한 일은 아니었지만 꼭 내가 좋아서라는 확신은 들지 않았다. 그에게 내가 먼저 시선을 내 준 것을 생각하니 모든 일이 민망하기 그지 없었다. 그의 키스에도 내가 쉽게 동요된 것 같아 마음이 혼란스러웠다.

다음 날 J에게서 SNS 친구 신청이 들어왔다. '그가 보낸 호감일까?'라는 생각에 내심 기분이 나아졌다. 하지만 그는 공개적인 장소에서 나와 마주칠 때는 잘 아는 체를 하지 않았다. 온라인에서 자주 대화를 나눴고 어쩌다 클럽에서 마주칠 때면 나에게 함께 춤을 추자며 손을 내밀었다. 온라인 대화를 나누다가 갑자기 남몰래 도둑처럼 그의 방을 드나들며 밤을 지새우기도 했다. 그렇게 시작된 한밤중 밀회는 잊혀질 만하면 계속되었다. 이런 만남이 지속될수록 아무도 없는 곳에서 나를 안아 주고 좋아해 주는 그의 행동을 이해하기가 힘들었다. 자신이 원할 때만 나를 찾는 그런 사실을 알면서도 그를 만나고 싶어 하는 나조차 싫어졌다.

J의 모든 행동에 신경을 쓰기 시작하며 J가 나에 대해서 어떻게 생각하는지 궁금해졌다. 그가 원할 때면 나는 언제든 그가 있는 곳으로 갔지만 내가 "영화를 보자, 여행을 가자" 메시지를 보낼 때면 항상 핑계를 대며 거절을 했다. 나는 그의 알 수 없는 행동의 진짜 이유를 알고 싶었다.

처음으로 예고 없이 그의 플랫 문을 두드렸다. 마침 문을 열어 준 것은 J였다. 그는 조금 당황한 기색을 보였다. 자신의 노트북으로 뮤직비디오를 보고 있던 J는 앉아서 하던 일을 계속했다. 나도 멀뚱히 앉아 화면을 주시했다. 남녀 듀엣 밴드였는데 여자는 건반을 치고 남자는 스탠드 마이크 앞에 서서 노래를 부르고 있었다. 그들의 퍼포먼스는 검은 새 한 마리가 천천히 날개를 피며 날아오르는 장면을 마지막으로 끝이 났다. 어둡고 스산한 기운이 감돌았던 그 흑백 영상의 끝은 참 슬퍼보였다.

갑자기 집으로 사람들이 들이닥치자 그는 베란다로 자리를 옮기자며 운을 뗐다.

"할 말 있어?"

J가 먼저 말을 걸었지만 긴 무료함을 이기지 못해 던져진 한숨 같았다. 그의 물음에 살짝 기분이 상해 바로 대답을 할 수가 없었다. 최대한 불편하고 무심하게 말을 하고 싶었다. 나는 그를 따라서 툭 건조하게 말을 내뱉었다.

"넌 나를 어떻게 생각하는데?"

"그냥 친구, 한국인 친구."

그의 대답은 간결했고 망설임이 없었다. 내 얼굴 전체가 뻣뻣해졌다. 갑자기 무엇을 기대한 건지 스스로에게 화가 났다. 말장난을 하는 줄 알았다. 그동안 내 생활은 J에게 맞춰져 있었는데 모든 게 허망하게 사라진 느낌이었다. 침착하게 말하고 싶었지만 울면서 격양된 감정을 주체하지 못했다. 나는 주로 둘만 있었을 때 나를 대했던 행동의 의미에 대해 물었다. J는 내가 원하는 대답 대신 자신이 몰타에서 만난 여자들의 이야기를 들려주었다. 굳이 나를 포함한다면 10명도 넘는 여자를 만났다고 하는 그의 대답은 농담이 아닌 진심이었다. 나에게는 '좋다'였던 감정이 그에게는 '즐기다'로 변하는 순간이었다. '나는 감정이 앞섰지만 너는 본능이 먼저였나 보다.' 애써 담담해져야 했다.

"나는 널 좋아했었어."

내 말에 J는 자신의 행동이 경솔했다며 미안하다는 말을 남겼다. 그리고 모든 상황을 종료시키는 허무한 한마디를 덧붙이며 시선을 회피했다.

"여긴 몰타잖아. 모두가 떠날 사람들이야."

대화가 끝난 뒤 나는 베란다를 나섰다. 거실에는 저녁식사를 위해 사람들이 모여 있었다. '혹시 친구들이 내 말을 들었을까?' 유독 신경이 쓰였다. 고개를 푹 숙이고 플랫을 나가려는데 평소 친하게 지내던 터키 친구 H가 어딜 가냐며 함께 밥을 먹자고선 나를 의자에 앉혔다. 나가겠다는 나를 말리며 그녀는 재빨리 터키차를 끓여 왔다. 맞은편에 앉아 있는 J를 보기가 민망했지만 고개를 떨군 채 차를 마셨다. H는 "눈이 왜 그래? 코는 왜 빨간 거야?"라고 물었고 나는 가족 생각이 나서 조금 우울했다고 말을 돌렸다. H는 울지 말라며 휴지를 가져와 내 손에 꼭 쥐어 주었다. 그리고 알 수 없는 터키 말을 속삭이며 나를 꼭 안아 주었다. 나에게 하는 말 같았던 그 말의 의미가 궁금하여 물었지만 그녀는 같은 말만 반복했다.

"아름다운 친구여 울지 마세요."

의미를 알려 주는 목소리가 여기저기서 들려왔다.

며칠 뒤 나는 전 남자 친구에게 충격적인 메일 한 통을 받게 되었다. 자신과 헤어진 이유가 J 때문이었냐며 이제껏 J와의 모든 대화를 확인했다는 내용이 담긴 메일이었다. 글을 읽는 동안 내 영혼이 탈탈 털린 느낌이었다. 언젠가부터 내 계정으로 들어와 모든 걸 지켜본 것 같았다. 그는 헤어진 지 얼마 되지도 않았는데 어떻게 다른 사람을 만날 수 있느냐며 "세상에서 가장 나쁜 년"이라고 나에게 분노를 퍼부었다.

내 욕이 전부였던 그 메일을 다 읽은 후 마음은 다시 심란해졌다. 미안하기도 했지만 "내 행동으로 네가 상처를 받았다면 미안해"라는 말은 하고 싶지 않았다. 그냥 형편없게 보이는 대로 날 내버려두고 싶었다. 내 선택에 의한 행동이었기에 그게 더 나을 것 같았다. 돌이켜보면 내가 J와 보낸 시간은 도저히 설명할 수가 없었다. 겨우 정신을 차려 보니 누군가에게 끌려 다니며 피와 진을 빼는 모습은 나조차도 낯선 내 모습이었다. 내가 나를 이해하기 전에 나는 움직이고 있었다. 다 끝나고 보니 모든 피를 흡혈귀에게 빨려 버린 듯한 창백한 기운만 감돌았다.

　나는 커피만 마시면 늘 가슴이 두근거리고 아침까지 잠을 이루지 못하는 편이다. 그래서 자주 마시진 않고 가끔 원할 때만 즐기는 편이었다. 뜨겁고 진한 커피처럼 J는 내 가슴을 마구 뛰게 하기도 밤잠을 설치게 하며 내 마음 깊은 곳까지 자극시키기도 했다. 나와는 맞지 않기에 더 이상 가까이 하면 안 된다는 점도 알려 주었지만 잊을 수 없는 진한 향기도 남겨 주었다. 요사이 커피를 마신 것도 아닌데 마신 것처럼 가슴이 두근거리고 도통 잠이 오질 않는다. 그저 자꾸 생각나는 것은 망령처럼 떠돌아다니는 두 사람의 목소리뿐이었다.

　"여긴 몰타잖아. 모두가 떠날 사람들이야."

　"아름다운 친구여 울지 마세요."

8. Thanks to him

파티가 한창일 즈음 친구가 나의 새로운 플랫 메이트라며 누군가를 소개했다. 흑발에 볼록한 이마가 예뻤던 줄리아는 자신은 러시아 사람이고 현재 프라하에서 대학을 다니고 있다고 말했다. 나는 반갑게 인사를 나누고서 포크가 없다는 줄리아를 위해 잠시 플랫에 다녀왔다. 그런데 다시 줄리아를 찾았을 때 그녀는 J와 웃으며 이야기를 나누고 있었다. 나는 줄리아에게 포크만 건네고선 자리를 피했다. 파티가 무르익고 다들 파처빌에 가자고 아우성치며 정신없이 흩어졌다. 친구들이 어디에 있는지 알 수 없어 클럽 여기저기를 배회하며 찾아나서던 그때 정신없이 춤을 추고 있는 익숙한 두 남녀가 보였다. 바로 J와 줄리아였다. 예전 내 모습이 떠오르며 기분이 이상해졌다.

새벽 2시가 넘어서자 급격히 피곤함이 밀려왔다. 친구들은 아직 집에 갈 마음이 없어 보였고 나는 클럽 밖에 앉아 그들을 기다렸다. 그런데 누군가 내 어깨를 톡톡 두드렸다. 고개를 돌려 보니 J였다.

"저기 다른 애들 못 봤어?"

나에게 태연하게 말을 거는 그의 자연스런 말투가 놀라웠다. 그의 천연덕스러운 얼굴 뒤에는 줄리아가 보였고 둘은 손을 잡고 있었다.

"모르겠는데..."

나는 그를 지그시 쳐다보며 대답했다. 그는 내 말을 듣고 줄리아를 내버려둔 채 클럽 안으로 들어갔다.

"저기 같이 집에 갈 수 있을까?"

남아 있던 줄리아는 갑작스레 말을 걸어왔다. 플랫 열쇠가 없어 집에 가고 싶어도 갈 수가 없다며 나와 함께 가도 되는지 물었다. 나는 친구들에게 말한 뒤 줄리아를 데리고 택시를 타러 갔다. 하지만 어떻게 알고서 쏜살같이 쫓아온 J, 우연히 택시 승강장에서 만난 리비아 친구와 얼떨결에 합승을 하며 함께 돌아가게 되었다. 차에서 내린 뒤 나는 곧장 집으로 들어가려 했지만 J는 내 앞을 가로막으며 다정하게 말했다.

"잠시만 여기 앉아서 얘기하다 가."

어째 그 눈빛만 쳐다봐도 두드러기가 날 것 같았지만 한밤 중 울려 퍼지는 목소리가 점점 신경 쓰였다. 결국 나는 계단 위쪽에 아무 말 없이 걸터앉았다.

"10분만이야."

그리고 10분이 지난 뒤 일어서자 줄리아는 그런 나를 따라나섰다. 두 남자는 나를 못 가게 붙잡았지만 나는 그들을 밀치고 재빨리 플랫으로 들어왔다. 줄리아도 나를 따라 문을 닫고 잠그는 일까지 도왔다. 밖에서 시끄럽게 문을 두드렸지만 우리는 대답하지 않았다. 그리고 조용해진 문 앞에서 눈이 마주친 나와 줄리아는 안도의 한숨을 내쉬며 동시에 피식 웃어 버렸다.

"정말 피곤하다. 너도 피곤할 텐데 잘 자~."

"잠깐! 할 말이 있는데 혹시 J하고 무슨 일이 있었어?"

머릿속으로 서늘한 바람 한 점이 불어 왔다. 순간 머뭇거렸지만 나는 몇 초 뒤 나지막이 말을 되물었다.

"왜 그렇게 생각해?"

"그냥 느낌이 그랬어. 아까 위에서 처음 만났을 때 내가 J와 이야기 나누고 있을 때도, 방금 계단에서도 불편한 게 느껴졌어. 이렇게."

내 심각한 표정을 따라해 보이는 줄리아를 보고서 나는 그만 헛웃음을 쳤다.

"내가 솔직하게 말하면 넌 날 이상하게 볼지도 몰라."

나는 줄리아에게 지난 나를 보는 것 같다는 이야기를 했다.

"함께 대화를 나누고 춤을 추고 손을 잡고 있는 것이 나 같아서 의식을 했나 보다."

내 말에 의외로 크게 놀란 기색이 없었던 줄리아는 아직도 그를 좋아하냐고 되물었다.

"좋아했었어. 지금은 아니야. 그러니 전혀 신경 쓰지 않아도 돼."

그때 문이 열리며 나머지 플랫 식구들이 들어왔다. 그런데 뒤따라 J가 능청스럽게 인사를 하며 아예 집 안으로 들어왔다. 그리고 들고 있던 머그컵을 줄리아에게 마시라며 건네주었다. 그녀는 살짝 당황한 듯 고맙다고 말하고선 컵을 받았다. 서로 미소를 교환하는 모습을 보고선 왠지 방금 전 실수를 한 것 같다는 후회도 조금 밀려왔다.

"신경 쓰지 말자. 나와는 아무 상관없는 일이잖아."

J는 소파에 앉아 차를 마셨다. 줄리아는 그와 조금 떨어진 부엌 식탁에 앉았다. J는 줄리아의 이름을 계속 불렀지만 그녀는 별다른 반응을 하지 않고 나에게 이런저런 말을 걸었다. 결국 20분 정도 앉아 있던 J는 줄리아가 별다른 반응이 없자 아무 말 없이 나가 버렸다. 문이 완전히 닫히자 우리는 동시에 크게 웃어 보였다. 줄리아는 한 집에 살게 된 나와 대화를 나누고 싶었는데 내 행동은 왠지 모르게 신경이 쓰였다고 말했다. 얼굴에 마음의 상태가 드러나는 건 지나치게 솔직한 걸까? 이상한 기분이 들었다. 아직 잘 모르는 사람에게 진실을 말하는 게 좋다고

생각하진 않았지만 반쪽을 말해 애매한 포장을 하느니 차라리 전부를 말해 솔직해지고 싶었다. 그동안 혼자서 앓았던 속내를 줄리아에게 털어놓고 나니 답답했던 체기가 내려가는 기분이었다.

날은 점점 밝아왔지만 대화는 끝없이 지속되었다. 만난 지 채 하루도 안 된 사이라기엔 우리는 아주 깊은 곳까지 들여다보며 서로를 알아가게 되었다. 대화를 나누기 전에는 내가 믿고 싶은 대로 생각했던 모습이 이 사람의 전부일지도 모른다고 여겼지만 줄리아는 내 예상과는 달랐다. 누구에게도 말하기 싫었던 사실을 털어놓은 뒤 기분이 좋았던 적은 별로 없었는데 나는 거부감 없이 말하고 있었다. 모든 경험은 더 나은 자신을 만들어 준다며 내 치부까지도 다독여 주던 다섯 살 어린 동생이 사랑스러워 해 뜨는 시각을 넘기고도 난 대화를 멈추지 않았다.

이제는 정말 자야겠다며 자리에서 일어섰을 때 줄리아는 혹시 담배를 피우냐고 내게 물어 보았다.

"지금은 끊었는데 가끔 생각날 때가 있더라."

늘 정색하며 아닌 척 부정하던 내숭보단 훨씬 나다운 대답이었다.

"나도 똑같아!"

줄리아는 실소를 터뜨리며 반가워했다. 결국 오래 전부터 누군가 버렸는지 숨겨 두었는지 모를 담배 한 개비를 서랍장에서 꺼내어 사이좋게 나눠 피웠다. 천천히 깊게 한 모금 빨아들인 담배는 신선한 새벽 공기까지 더해져 마음을 한결 개운하게 했다. 어쩌다 우리는 하룻밤 사이에 비밀이 없는 사이가 되어 버렸을까? 한 남자 사이에서 벌어진 해프닝은 어느새 성년 여자 둘의 진솔한 만남으로 대체되어 있었다. 간밤에 무슨 일이 있었는지는 아무도 모른다. 대신 갑자기 하룻밤 사이에 친해진 우리 둘 사이를 친구들은 이상하게 생각할 뿐이었다.

솔직한 게 상자 속 알맹이라면 숨기는 것은 상자를 감싸 버린 포장일 테다. 아마 나에 대한 것을 보이지 않게 싸 버렸다면 나는 이 친구와 대화의 시작도 하지 못했을 거란 생각이 들었다. 솔직하다는 것, 때로는 벌거벗는 기분이 들지만 진짜를 알 수 있는 기회이기도 했다.

이토록 알 수 없는 게 사람의 인연이라 했던가. 그에게 고마울 뿐이다. 덕분에 꽤 오래 함께하고 싶은 친구를 만나게 되었다.

9. 경찰 없는 경찰서

ATM기에서 50유로를 인출했다. 나는 지폐를 지갑 안에 넣고 그 지갑을 가방 속에 넣었다. 클럽은 입구부터 사람이 많아 들어갈 수가 없었다. 에미, 줄리아와 겨우 손에 손을 붙잡고 들어가는데 나는 한 남자와 부딪쳐 잠시 몸을 휘청거렸다. 일어서면서 뒤쪽으로 돌아간 가방을 원위치로 하자 내 가방의 지퍼는 열려 있었다. 가방 안을 확인하자 지갑이 보이질 않았다.

"방금 전 그 남자가 내 지갑을 훔쳐간 건가?"

친구들은 지갑만 버렸을지도 모른다며 화장실도 가보고 바깥의 쓰레기통을 뒤져 주었다. 돈이 얼마나 들어 있냐는 말에 나는 지갑 안에 더 중요한 것이 있다고 울먹였다. 열쇠고리, 신용카드, 신분증. 열쇠를 다시 만들려면 학교에 30유로를 지불해야 했고 카드는 긁으면 바로 사용할 수 있는 신용카드였다. 하지만 그보다 더 생각나는 것은 미루와 여행 중에 나눠 가진 열쇠고리였는데 여러모로 의미가 많은 물건이었다. 나는 기분이 좋지 않아 바로 집으로 돌아가고 싶었다. 나와 한참 지갑을 찾던 줄리아는 클럽에 남았고 에미는 나와 거리의 쓰레기통을 더 뒤진 후에 함께 집으로 돌아왔다.

물건이 사라진 느낌은 애착에 따라 다르겠지만, 누군가의 의도적인 접근이라는 생각은 마음을 더 심란하고 견딜 수 없게 만들었다. 속상함에 마음을 비우고 억지로 잠이라도 자야겠다는 생각에 안대를 쓰고 누웠다.

그런데 새벽녘 누군가 슬프게 우는 소리에 깨어서 거실로 나가 보니 마스카라가 잔뜩 번진 채 서럽게 울고 있는 줄리아가 보였다. 나를 보고선 와락 안기며 더욱 서글프게 우는 줄리아. 무슨 일이 있었냐고 묻자 줄리아는 겁에 질린 목소리로 가방을 통째로 도난당했다고 말했다. 줄리아뿐만 아니라 여러 명이 물건을 소매치기 당했다며 당장 내일 경찰서에 가보자며 웅성거렸다.

다음 날 학교가 끝난 뒤 나와 줄리아는 파처빌 근처에 있는 세인트 줄리앙 경찰서로 향했다. 경찰서라기보다는 너절한 시골의 동네 파출소 같았던 내부는 달랑 책상 두 개에 어수선하게 돌아다니는 경찰 두 명만이 보였다. 우리는 먼저 눈이 마주친 경찰관에게 어제 클럽에서 일어난 일을 설명하며 도난 신고를 하고 싶다고 말했다. 잠시만 기다려달라는 경찰의 말에 우리는 무작정 앉아 기다렸다.

오랜 기다림 속에도 그 경찰서에는 억울함을 호소하는 사람들만 늘어갔지 조서를 작성하거나 피해자를 위해 어떤 조치를 취하는 모습은 볼 수 없었다. 경찰서에는 같은 놈의 소행이 분명할 정도로 어제 지갑과

휴대폰을 잃어버린 사람들로 가득했다.

기다리다 못해 다른 경찰을 붙잡고 어제 일어난 일을 다시 설명했다. 또 다른 경찰관은 종이 두 장을 건네주며 상황을 이 종이에 자세히 적어 제출하라고 말했다. 지금까지 우리가 기다린 것은 뭐였나? 종이 한 장 달랑 내미는 이 황당한 경찰서의 대응에 어이가 없었지만 시키는 대로 상황을 적어 내려가기 시작했다.

진술서를 적고 제출하려니 경찰은 손가락으로 위층을 가리켰다. 우리는 종이를 들고 올라갔다. 2층에는 접수대가 있었다. 버스터미널 매표소처럼 작은 구멍이 뽕뽕 뚫려 있는 부스 안에는 제복을 입은 여자 한 명이 앉아 있었다. 종이를 내밀자 도장을 쾅 찍어 주고선 다시 우리에게 건네주는 여자 경찰. 사건이 잘 접수되었다고 하는데 조금 황당했다. 사실 단번에 범인을 잡아낼 기대를 한 것은 아니지만 엉성하고 허술한 이곳의 방식이 맘에 들지 않았다.

경찰서에 가면 기본적인 해결책은 있을 줄 알았지만 우리처럼 종이만 들고 사건 접수하는 사람들이 더 많았던 경찰서를 나오면서는 한숨만 토해 냈다. 접수증을 받고 연락을 기다렸지만 이틀이 지나도 연락은 오지 않았다. 다시 답답한 마음에 경찰서를 찾아갔을 때도 사건이 많아 접수 중이라고만 알려 주었다. 헛걸음이 아쉬워 나와 줄리아는 서로 지갑을 잃어버렸던 클럽을 다시 방문해 보기로 했다. 아직 오픈 전이라 다들 청소 중이었는데 나는 보안요원에게 이틀 전 상황을 그대로 재연했다. 내 말을 유심히 듣던 보안요원이 물었다.

"당신 지갑 모양을 상세히 설명할 수 있나요?"

그의 질문에 색상은 연두색이고 빨간색 딸기 무늬가 새겨진 천 소재의 지퍼가 달린 파우치형 지갑이라고 설명했다.

"You are lucky."

그는 바(Bar)로 다가가 테이블 아래로 깊게 허리를 숙였다. 그리고 지갑 하나를 꺼내들어 보였다. 보안요원의 말로는 이틀 전 남자 화장실 휴지통에서 지갑 두 개를 주웠는데 그중 하나가 내 것이었다고 한다. 이렇게 찾게 될 줄은 몰랐지만 너무 좋아 펄펄 날뛰며 소리를 질렀다. 지갑을 손에 쥐자 꿈인가 생시인가 눈물까지 핑 돌았다. 당연히 돈은 없었지만 신용카드와 열쇠고리 그리고 학생증까지 그대로 있었다.

나와 줄리아는 가방을 찾을 수 있겠다는 희망을 안고 줄리아가 도난을 당했던 클럽을 찾아갔다. 그쪽 보안요원에게 당시 상황을 설명하니 그는 사무실 안으로 따라와 보라며 우리를 안내했다.

"정확히 어디에서 춤을 췄고 지갑은 어디에 있었습니까? 시간은 몇 시였죠?"

그는 줄리아의 설명에 맞춰 무려 20대 이상이 돌아가는 CCTV를 확인하기 시작했다. 빠르게 돌아가는 CCTV를 보자 넋이 나간 좀비처럼 춤을 추는 사람들이 화면을 가득 채웠다. 그리고 새벽 4시 20분. 줄리아가 잠시 가방을 올려놓고 춤을 출 때 도둑의 얼굴을 확인할 수 있었다. 흰 셔츠를 입고 단추를 가슴까지 풀어헤친 대머리 아랍계 남성으로 30대 초중반쯤으로 보였다. 얼굴을 확대하니 더욱 자세히 보였다. 이목구비를 자세히 들여다보니 꽤 무서웠지만 얼굴을 확인하니 금방이라도 잡을 수 있을 것 같았다. 명백한 증거를 찾았다는 확신에 다시 경찰서로 찾아갔다.

"우리가 범인의 얼굴을 직접 확인했어요! 지금 당장 범인의 영상을 확인하러 클럽에 가지 않을래요?"

경찰이 클럽으로 가서 확인해 주길 부탁했다. 하지만 경찰은 딱 잘라 버리며 말했다.

"그런 단서만을 가지고는 범인을 찾을 수 없어요."

나는 어처구니가 없었다. 대신 영상을 가져와 주면 확인은 해준다는 경찰의 말에 다시 클럽을 찾아갔다.

"내부 영상 유출은 곤란합니다. 직접 경찰이 와서 확인하는 수밖에 요."

갈 수 없다는 경찰과 줄 수 없다는 클럽 사이에서 우리는 정말이지 난감해졌다. 나는 경찰의 태만한 태도에 화가 나 말했다.

"그럼, 어떻게 범인을 찾을 수 있나요?"

임신한 여자처럼 배가 불룩 튀어나온 경찰관은 태연하게 답변을 해 주었다.

"그거야 우리도 모르죠."

"저 사람은 경찰관이 아니야, 말도 안 돼."

줄리아는 대화가 통하질 않는다며 그냥 포기하자고 경찰서를 나와 버렸다. 저 경찰서에 진짜 경찰관이 있기나 한 걸까 무책임함을 떠나 경찰은 한 없이 무력해 보였다. 우리는 무능한 경찰서를 바라보며 원망을 퍼부었지만 아무리 힘주어 말하고 소리를 질러보아도 억울함은 가시질 않았다.

내 지갑이라도 찾아서 다행이라고 말하는 줄리아를 토닥여 주며 함께 버스에 올라탔다. 이번처럼 난처한 일이 생길 때마다 늘 집이 생각나고 그저 한국이 떠올랐다. 그냥 이유 없이 한국에 있는 모든 것이 그리워졌다. 줄리아도 러시아로 돌아가고 싶다며 아무것도 할 수 없는 이 상황이 괴로운지 한숨만 내쉬었다.

집으로 가던 도중에 어떤 아랍 남성이 버스를 타면서 우리 좌석 쪽으로 다가왔다. 나와 줄리아는 동시에 그의 얼굴을 힐끗 쳐다보았지만 가방을 훔쳐 간 남자는 아니었다.

어쩌면 경찰도 도둑도 탓할 필요가 없을 것 같았다. 몰타 사람이 도둑맞은 것도 아니고 몰타 사람이 도둑질을 했다는 증거도 없었다. 나와 줄리아는 잠시 몰타를 머무르는, 곧 떠나게 될 여행자일 뿐이었다. 그들이 나를 지켜 줄 필요가 없다는 것. 여기서 나는 언젠가 떠나게 될 사람이라는 것.

오늘은 그 생각만으로 이 꿈만 같은 몰타에서의 시간조차 허무하게 느껴져 버렸다. 나는 몰타에서 필요 이상에 권리를 요구하고 있는지도 모르는 일이었다. 어쩌면 나를 지켜 주던 보호막을 떠나며 당연히 감내해야 할 일이었지만 한동안은 즐겁게 놀 수 있는 마음은 싹 사라져 버렸다. 결국 여기서 나를 지켜 줄 수 있는 건 나 자신뿐인 것인가? 누군가는 그러더라. 집을 떠나는 순간 마음을 다 비우는 수밖에 없다고. 우리는 여기서 아무것도 할 수 없는 약자일 뿐이다.

10. 누군가와의 마지막

내일이면 떠나게 될 줄리아와 오늘 무얼 할 수 있을지 고민에 빠졌다. 맛있는 음식을 먹고 해안가를 산책하는 것도 나쁘지 않았지만 1%

부족한 느낌을 어떻게든 채우고 싶었다. 서운한 것은 에미도 마찬가지였다. 셋이서 함께 보낸 시간만큼이나 다가올 이별이 아쉽고 크게 느껴졌다. 우리에게 주어진 시간이 얼마 남지 않았다는 걸 알았기에 나는 골똘히 생각했다.

"어떤 기념이 될 만한 의미 있는 단 우리에게 어울릴 만한 무언가를 찾아보자."

그러던 중 나는 옷을 맞춰 입는 건 어떨까 넌지시 물었다. 평소에 못 입어도 그만 입을 수 있다면 더 좋겠다는 말이 떨어지기 무섭게 우리는 슬레이마 쇼핑몰로 향했다. 웬만한 옷가게를 전부 들렀지만 마음에 드는 옷을 찾기는 힘들었다. 차라리 축구팀 유니폼이라도 맞춰 입자는 줄리아의 말에 발레타까지 갔지만 겨우 물어물어 찾아간 곳에선 가짜 유니폼을 팔고 있었다. 우리에게 어울리지도 않았고 다들 어딘가 모르게 허술한 디자인에 실망한 눈치였다.

그런데 잠시 자리를 비웠던 에미가 무작정 따라와 보라고 손짓을 했다. 에미를 따라 들어간 옷가게에서 그녀는 색상이 다른 치마 세 장을 들고 왔다. 몸매가 훤히 드러나는 스판 소재의 비비드 컬러 치마. 우리는 반색하며 각자 색상을 정해 보았다. 나는 핑크색, 줄리아는 파랑색, 에미는 빨강색으로 결정하고선 탈의실로 들어갔다. 스타킹처럼 온몸에 찰싹 달라붙은 스커트는 몸매를 드러내는 조금 부담스러운 착용감이었다. 분명 한 살씩 더 먹을수록 나를 후퇴하게 만드는 디자인, 그래서인지 더 입고 싶은 마음. 내친김에 상의는 흰색 무지 티셔츠가 잘 어울리겠다며 티셔츠까지 갖춰 입고 거울 앞에 나란히 서 보았다. 마치 단체 의상을 입고 대기 중인 백댄서나 치어리더 같아 보였다. 하지만 여전히 채우지 못한 무언가에 다시 흰색 티셔츠를 들여다보던 중 아이디어가 떠올랐다.

"의미 있는 글자를 넣으면 어떨까?"

내 말에 에미는 티셔츠 프린트하는 곳을 알고 있다며 말했다.

"혹시 글자도 새겨 줄지 모르잖아!"

에미는 문을 닫기 전에 가 보자며 발걸음을 재촉했다. 즉흥적이었지만 생각을 즉시 실행해 가는 이 과정은 정말로 흥미로웠다. 오늘은 뭘 해도 될 것 같은 기분. 역시나 원하는 글자와 로고를 새길 수 있다는 말에 내가 말했다.

"각자의 이니셜을 넣으면 어떨까?"

줄리아도 의견을 내놓았다.

"좋아하는 운동 선수의 이름을 I love Messi(FC바르셀로나의 공격수)처럼 넣어 보자!"

그렇게 나는 몰타에 와서부터 팬이 되어 버린 'I love David Villa', 줄리아는 'I love Messi'로 정했다. 하지만 축구에 관심이 없었던 에미는 누굴 선택해야 할지 난감해하자 나와 줄리아는 잘생기고 멋지다는 다소 장황한 설명을 늘어놓으며 선수 한 명을 추천했다. 갑자기 그의 이름 철자를 까먹어 루벤에게 전화까지 하며 새긴 것은 'I love Iniesta'. 그렇게 한 남자를 사랑하는 여인의 티셔츠가 탄생하게 되었다. 물론 티셔츠의 오른쪽 소매 단에는 SJE(SUJI, JUILA, EMI)라는 로고도 새겨 넣었다.

집에 와서 정식으로 공식 유니폼(?)을 갈아입고서 마지막 밤을 기념하며 사진을 찍었다. 같은 건물 친구들이 몰려와 "고 투 파처빌!"을 외치며 흥분하는 바람에 잊고 있었던 파처빌의 클럽이 떠올랐다. 결국 한동안 끊었던 클럽의 유혹을 참지 못하고 우리는 줄리아의 마지막 밤을 위해 클럽으로 향했다. 집 안에서는 몰랐는데 셋이서 똑같은 옷을 입고 거리를 걷자니 꽤 부끄럽고 민망했다. 우리가 지나가자 남자들은 휘파람을 불고 박수를 치며 환호했다. 쑥스럽고 낯설었지만 클럽 안에서는 더 황당한 상황이 벌어지고 말았다. 바로 우리 세 명의 등짝을 보고서 축구팀 응원으로 사람들이 대동단결된 것이다. 우리 등을 세차게 두들기고 지나가거나 비집고 들어와 사진 요청을 했다.

"등이 보이게 뒤돌아서 주세요."

특히 'I love Messi'가 새겨져 있던 줄리아의 인기는 단연 최고였다. 춤을 추려고 하면 사람들에게 둘러싸여 과분한 시선을 받을 정도였으니 정신이 얼떨떨했다. 결국 사람들의 눈길이 부담스러워 클럽을 빠져나왔지만 파처빌에서 보낸 최고의 날이었다고 우리는 흥분을 감추지 못했다. 오늘은 하고 싶은 걸 다 한 기분이 들었다. 우리는 즐거웠고 평소보다는 조금 더 특별한 시간이었다는 걸 알 수 있었다. 그래도 아직 부족한 마음이 드는 건 왜인가? 손에 손을 잡고 걷고 있는 지금까지도 나는 못내 아쉬웠다. 오늘이라는 시간이 남아 있지만, 내일은 아직 오지 않았지만, 곧 헤어질 거란 마음 때문인가? 아무리 겪어도 이별은 익숙해지지 않는다.

이 사진을 볼 때마다 두 사람이 참 그립다.

내가 가장 아끼고 좋아하는 옷

11. 중간에 깨거나 아예 밤을 새거나

몰타의 여름밤은 쉽게 잠 들 수가 없었다. 밤새도록 모기가 얼굴 주위를 맴돌고 선풍기 한 대로 땀을 식히기가 부족할 정도의 무더위에는 몇 번이나 잠에서 깨었다. 룸메이트의 코골이, 이갈이, 잠꼬대 등 각종 희귀한 정체불명의 소리에 취침이 불가능한 날도 있었다. 하지만 뭐니 뭐니 해도 불면의 주요 원인은 몰타를 떠나거나 도착하는 친구들. 스페인과 터키의 비행편은 도시마다 달랐지만 이른 새벽 혹은 늦은 심야시간에 편성되어 있어 잠을 자기도, 그렇다고 내내 깨어 있기도 애매한 상황을 만들었다.

다짜고짜 방을 바꿔 달라니?

방 안에선 갑자기 밝은 불빛이 비춰졌다. 사람 목소리에 실눈을 떠보니 불이 켜 있었다. 몇 초간 베개 속에 얼굴을 파묻다가 휴대폰에 찍힌 시간을 확인했다. 새벽 3시. 갑자기 눈을 떠서 그런지 시야는 어렴풋했지만 빨간 머리의 여성이 큰 캐리어를 손에 쥔 채 서 있었다. 나는 '아, 지금 도착한 거구나' 생각하고선 새로운 룸메이트에게 인사를 하며 악수를 건넸다. 그리고 내가 이 방을 쓰고 있으니 우리는 룸메이트가 될 것이고 저기 보이는 빈 침대가 너의 것이라 설명했다. 하지만 그 빨간 머리 여성은 잘 못 알아 듣는 듯 스페인 말로 다짜고짜 "sorry, change room"이라며 다소 듣기 황당한 말을 했다. 무슨 말을 해도 영어와 스페인어를 섞어 가며 말하는 탓에 도통 알아들을 수 없었다. 하지만 방을 바꿔달라는 빨간 머리의 말을 이해하고서 점점 그녀의 행동이 불쾌해졌다. 나중에는 자신의 친구까지 데려와 이 친구와 꼭 한 방을 쓰고 싶다고 "sorry, change room"을 반복하며 말하는데 난 무슨 소리냐고 짜증을 냈다.

빨간 머리의 친구가 통역을 해서 듣게 된 진짜 부탁은 가장 친한 친구와 함께 몰타에 왔기 때문에 꼭 같은 방을 쓰고 싶다는 말이었다. 절대 내가 방을 바꿔야 할 이유가 없다고 말했지만, 아랑곳하지 않고 계속 방을 바꿔 달라고 조르는 무례하고 이기적인 빨간 머리의 태도에 정말로 머리끝까지 화가 나 버렸다. 하지만 어수선하게 왔다 갔다 하는 사이에 어떻게 설득했는지 함께 도착한 또 다른 스페인 사람이 나의 새로운 룸메이트가 되기로 했다며 빨간 머리의 친구가 설명해 주었다. 도대체 무슨 말을 하는 건지 처음부터 끝까지 이해를 할 수가 없었지만 새로운 스페인 룸메이트가 내 방으로 들어오며 대충 상황을 짐작하게 해 주었다. 기분 좋게 앞 플랫으로 건너가는 빨간 머리. 나에게 "굿나잇"이라며 잠을 깨워 미안하다고 그제야 사과를 한다. 시계를 보니 오전 5시가 가까워진다. 굿나잇이 아니라 굿모닝이다.

반나절 룸메이트

매번 잠에서 깨는 것이 싫어 이번엔 새 식구를 반겨 주고자 밤샘을 택했다. 새벽 3시가 살짝 넘어서자 달그락거리며 열쇠 돌리는 소리가 났다. 나는 얼른 달려가 문을 열어 주었는데 순간 깜짝 놀랐다. 당연히 여자일 거라 생각했던 새 식구는 남자였다. 그는 비스듬히 쓴 야구 모자에 흰색 민소매 티셔츠를 입고서 플랫에 들어섰다. HOLA! 인사하며 자신을 소개하던 그를 플랫 식구들도 얼떨떨하게 바라보았다. 학교에서 건네받은 봉투에 적혀 있는 플랫 번호와 방 호수를 다시 살펴보았지만 의심의 여지없이 우리 플랫이었다. 서로 방은 달랐지만 나머지 공간을 함께 써야 된다는 생각은 기대 반 걱정 반이었다. 기숙사에서는 이미 남녀 플랫메이트가 있었지만 분명 사전에 의견을 묻고 방을 배정하기 때문에 오늘 일은 많이 당황스러웠다. 일본인 친구는 함께 살 수 없다며 내일 당장 학교에 말하겠다고 했지만 나를 포함한 나머지 친구들은 같은 방을 쓰는 것도 아닌데 괜찮지 않을까 긍정적인 의견이었다.

아침에 일어나서 어색하게 인사를 하고 주방에 공용물건들을 설명하면서도 이 스페인 남성과 한 집에 살게 된 것이 믿기지 않았다. 하지만 이른 오후, 학교 직원이 플랫으로 찾아와 학교 측의 실수를 말하며 그에게 진짜 방을 안내하겠다고 하였다. 그는 주섬주섬 짐을 챙기고 나와선 잠시였지만 반가웠다며 가벼운 포옹으로 인사를 해 주었다. 마침 문을 열고 그가 플랫을 나서려고 하자 스페인 여자 한 명이 우리 플랫으로 들어왔다. 나는 그의 뒷모습을 보면서 살짝 아쉬웠지만 그 스페인 여자의 짐을 옮겨 주던 터키 남자 두 명의 표정을 보아 하니 나 못지않게 아쉬운 듯했다. 드라마에서나 있을 법한 일이 가끔 현실에서도 존재하는 것 같다. 낯선 남자와 한집에 살 뻔한 경험, 비록 반나절 만에 끝난 시트콤이었지만 상상 속에서나마 외쳐본다. 잠시였지만 흥미로웠다고!

최신 스패니시 공항패션

아침 7시 비행기로 몰타를 떠나는 엘레나. 그녀의 다채로웠던 몰타 생활을 말해 주 듯 많은 친구들이 엘레나의 마지막 배웅 길을 위해 새벽같이 일어났다. 영어로 인사 한마디 못했던 실력에서 지금은 가방수

화물 무게가 초과되겠다며 자연스럽게 회화를 구사하는 그녀가 아직도 신통방통하다. 짐 걱정이 이만저만 아닌 엘레나가 부산스럽게 짐을 뺐다 넣었다 반복을 하고 있었다. 정확히 20킬로그램을 맞춰야 한다며 가방에 있던 청바지와 면 티셔츠를 끄집어내더니 갑자기 이 더운 여름날에 옷을 껴입기 시작했다.

면바지를 입고도 다시 들어가지도 않는 청바지를 억지로 입어 보는 엘레나의 눈물겨운 노력에 모두가 박장대소가 터져 버렸다. 최신 스패니시(Spanish) 패션 스타일이라며 겨우 청바지를 욱여서 입는 데 성공하고선 이제는 셔츠를 허리춤에 걸치고 민소매를 티셔츠 위에 겹쳐 입었다. 그 위에 또 티셔츠를 겹쳐 입는 난해하고 보기에도 답답한 옷을 다 입고서 가방을 들어 보더니 "이 정도면 20킬로그램 되겠지?"라며 해맑게 웃는 엘레나.

우리는 비행기 좌석에서 불편할 것이니, 비행기를 타면 화장실에서 갈아입으라며 보기만 해도 답답해 보이는 엘레나를 걱정했다. 모두가 눈물, 콧물을 쏙 빼며 웃어 대느라 정신없는 사이에 어느새 그녀가 떠날 시간이 되었다. 헤어지는 아쉬움에 눈물이 나와야 하는데 엘레나만 쳐다보면 자꾸 웃음이 터져 나왔다. 마지막까지도 모두를 사랑한다며 몰타에서의 일들은 잊지 못할 것이라고선 "I LOVE MALTA"를 크게 외치곤 택시를 탄 엘레나.

새벽에 혼이 빠지게 웃음을 주었던 엘레나는 다행히 수화물 초과사태 없이 무사히 마드리드에 도착했다고 연락이 왔다. 벌써 몰타의 모든 것이 그립다고 말하는 엘레나의 목소리를 들으니 그제야 이곳에 그녀가 없는 것이 실감났다. 갑자기 마음이 먹먹해지다가도 그녀의 마지막 모습을 떠올리니 "풋!" 하며 웃음이 터졌다.

월요일 새벽 3시

몰타의 공항은 하나다. 작은 도시의 종합버스터미널만한 공항은 규모만큼이나 비행편이 그리 많지가 않았다. 각 나라별로 항공사마다 시간도 알기 쉽게 정해져 있는데 다가오는 월요일은 항상 터키 친구들이 떠나는 날이었다. 그것도 이른 새벽 해가 뜨기도 전 사방이 어두컴컴할 때 기숙사 건물을 나서는 터키 친구들. 이스탄불로 떠나는 새벽 첫 비행기 시간에 맞추기 위해 그들은 오전 2시 30분에서 3시 사이에 공항으로 가는 택시를 탔다. 터키 친구들의 마지막 배웅을 위해선 중간에 자더라도 엄청 일찍 일어나거나 아니면 아예 밤을 지새워야 했다.

오늘 몰타를 떠나는 아틸라는 처음부터 쭉 친했던 것은 아니었지만, 한 건물에 살면서 서서히 정이 들어 버린 친구였다. 40대로 추측만 할 뿐, 절대 자신의 나이를 밝히지 않았던 꽃중년(?) 아틸라는 클럽에 같이 다니거나 술을 마시면서 가까워졌던 젊은 친구들과는 다르게 같은 반이 되면서 영어 공부를 하고 터키 음식을 만들면 항상 나에게 챙겨 주었던 따뜻한 친구였다. 수준급 요리 실력의 아틸라는 많은 친구들이 떠날 때마다 손수 음식을 만들어 주었는데 그 정성스런 상차림은 (항상 에피타이저는 요거트, 디저트는 터키시(Turkish) 블랙티를 준비했다) 모두가 감탄을 할 정도였다. 자신의 취미인 탱고를 가르쳐 주기도 하고 가장 맛있는 터키시 요거트를 만드는 방법이라며 비밀 레시피를 알려 주기도 했다.

내가 여행을 갈 때면 "그곳은 날씨가 쌀쌀하니까 점퍼를 챙겨라, 소매치기 조심해, 괜히 말 거는 남자 조심해"라며 항상 엄마처럼 걱정을 해주었다. 어쩌다 흐트러져 있는 내 옷매무새를 바로 잡아 주는 모습을 보고선 친구들은 수지의 엄마라는 별명을 붙이기도 했다. 이렇게 아틸라와 함께한 시간들을 떠올리며 그가 오늘 떠난다는 생각을 하니 건물 계단을 내려가면서부터 흐르는 눈물을 주체할 수가 없었다.

　단체로 사진을 찍고 한 명 한 명 친구들에게 포옹을 해 주며 내 차례가 되었을 때 그는 나를 꼭 껴안아 주었다. 볼에다 입맞춤을 해주며 "너에겐 터키에 집이 하나 더 있는 거야. 언제나 터키에서 널 기다릴게" 귓속말을 해 주는 아틸라. 오늘이 아니면 언제 다시 볼지 모른다는 생각은 늘 나를 심란하게 만들었다. 차를 타기 전 계속 울고 있는 나에게 한 번 더 다가와 포옹을 해 주고 떠나 버린 아틸라. 눈물바다가 되어 버린 그의 배웅 길에 나처럼 기약 없는 이별을 슬퍼하는 친구들이 계단에 서서 멀어져 가는 택시만 바라보고 있었다. 모든 일들이 한 순간 스쳐 지나가는 바람처럼 순식간에 이르렀다 사라져 버렸다. 우리는 언제 다시 만날 수 있을까?

　누군가를 위해 일찍 일어나거나 밤을 지새워야 했던 시간은 나에게 아주 특별했다. 얼마 만에 쓰는 손편지인지 이별을 할 때마다 사전을 뒤져가며 써 내려갔던 영어 편지를 읽고서 좋아하는 표정들. 편지를 읽고 눈물을 훔치는 친구들. 나중에 읽겠다고 가방에 넣으면서 눈시울을 붉히는 친구들의 얼굴은 좀처럼 잊히질 않았다. 처음과 마지막이라는 시간은 나에게 많은 것을 기억하게 만들어 주었다. 시끄럽고 요란스럽게 등장하며 첫인상은 좋지 않았지만 함께 살아가며 가족이 되었다. 공항으로 가는 택시를 기다리며 몇 달 간의 추억을 되새길 때는 어떻게 우리가 함께할 수 있었을까? 만날 수 있었던 인연에 감사하며 마음이 벅차오르기도 했다. 잠에서 일어나 비몽사몽으로 새 식구를 맞이하고 정들었던 친구를 눈물범벅으로 떠나보내며 때로는 이 모든 감정이 나를 지치게 만들기도 하였다.

즐거웠던 일들이 일순 과거가 되어 버린 지금, 마음이 텅 빈 것처럼 허무해지며 더 이상 사람을 만나고 싶지 않다는 생각이 들기도 했다. 하지만 늘 캄캄했던 나의 새벽이 이토록 밝아지게 된 것도 다 만남과 이별에서 얻게 된 추억 덕분인 것 같았다. 당황스럽고 난처했지만 많이 울고 웃었던 지난 추억이 내 마음 한편에 아직도 자리하고 있었다. 몰타에서의 새벽. 평생 가슴에서 지워지지 않을 소중한 인연과의 시간이었다.

스패니시 첨단 패션을 선보이는 엘레나. 그녀는
마지막 착장을 준비 중이다.

아틸라 "춤을 못 추는 거보다 안 추는 게 더 창피한 거 알아?"

12. 한 번도 경험하지 않은 나

가장 왕성한 활동을 펼쳤던 해외 뮤지션들이 몰타의 수도 발레타에 모였다. 매년 7월 열리는 몰타의 가장 큰 여름 행사 'MTV 페스티벌'을 위해 방문한 것이다. 무료 입장으로 몰려든 어마어마한 인파는 몰타 인구 전체를 연상시켰다. 흥분을 감추지 못하고 포효하는 함성들이 도시 전체를 뒤덮었다. 그 전율은 시간이 지나도 가라앉질 않았다. 온몸으로 음악을 느끼며 춤을 추고 노래를 부르던 사람들은 그동안 잃어버렸던 즐거움을 되찾은 듯했다. 그 자유의 외침은 바다의 파도가 넘실대듯 끊임없이 음악과 함께 출렁였다.

나도 온힘을 다해 소리를 지르고 날뛰며 자유의 물결에 내 몸을 맡겨

버렸다. 그런데 한참을
정신없이 뛰고 있던 중
이상하게 아무 소리가
들리지 않았다. 아무도
나를 쳐다보지 않고 무
중력 상태가 된 것처럼
몸이 공중으로 떠오르는 느낌을 받았다. 잠시 의식을 잃은 듯한 그 순간
정신을 차리자 다시 음악 소리가 들려왔다. 이상스러운 기운이 감돌며
다른 세계로의 이탈감이 느껴졌다. 분명히 무언가에 빠져 있었던 기분
이 들었다. 순간 나와 나를 이어 주던 그 낯선 세계는 무엇이었을까? 방
금 전 나는 어디에 있었던 걸까? 분명 내가 스스로 찾아갈 수 없는 어떤
절정의 순간 속에 있는 내 모습이었다.

땅에서 뛰고 비벼 대며 춤을 추니 급기야 왼쪽 샌들 밑창이 들리며
절반이 찢어져 버렸다. 정신없이 움직인 탓에 내 몸은 뜨거운 기운을 뿜
어내며 식을 줄 몰랐다. 나는 더위를 참지 못해 양 소매를 어깨 위로 걷
어붙이고 티셔츠를 가슴 위로 돌돌 말아 올려 배를 훤히 드러냈다. 한결
몸이 가벼워진 느낌이었다. 찢어진 신발이 더 찢어지든 내 속살이 많든
어떻든 상관이 없었다. 폭우가 쏟아지는 날 우산을 집어 던지며 온몸으
로 비를 맞는 시원함이 뼛속까지 전해지는 기분이었다. 더 높게 더 멀리
뛰어오르고 싶었다. 리듬에 맞춰 쿵쾅거리며 뛰고 있는 내 심장 박동수
를 멈추게 하고 싶지 않았다.

젊어서 많은 것을 보고 느껴야 한다는 의미는 익숙하지만 그 말의 가
치는 보고 느끼지 않고선 이해할 수 없었다. 음악에 미쳐 환호하는 사람

들, 데이비드 게타의 현란한 디제잉, 스눕독의 랩, LMFAO의 셔플댄스가 내 미래를 위해선 크게 중요하지 않을 수도 있었다. 하지만 오늘을 느껴가며 알게 된 것은 틀림없이 한 번도 만나지 못한 나를 만나도록 기여했다는 사실이었다. 지금 이 순간 나는 삶을 즐기기 위해 태어난 존재였다. 한 번도 경험하지 못한 일, 그것은 새로운 나를 만날 수 있는 일이었다.

바로 이렇게 보고 느끼며 사는 거였네! ARE YOU READY?

*몰타의 여름 축제 〈비어페스티벌과 와인페스티벌〉

　빈 유리잔에 맥주를 채우러 가는 길이었다. 나는 키가 내 허벅지 정
도까지 오는 여자아이 한 명과 부딪쳤다. 아이 부모는 미안하다는 말과
함께 자신의 딸을 데려갔다. 자세히 둘러보니 어린 아이들이 꽤 많았다.
게다가 미니 기차, 회전목마, 1인용 오락시설들이 눈에 들어오기 시작
했다. 나의 편협한 시선 때문일까? 당연히 술이 있는 이곳에선 아이들
은 출입금지일줄 알았다. 몰타의 비어페스티벌, 맥주보다도 '누구나 즐
길 수 있는' 축제에 의미를 둔 만인을 위한 날이로구나!

　〈몰타 비어 페스티벌 문구〉 Enjoyed by people of all ages, the open-air Fes-
tival is a safe and great family outing or night out with friends and with free
entrance and parking provided, it is the summer event not to be missed.
비어페스티벌은 모든 연령층의 사람들이 즐길 수 있습니다. 편안한 가족 간
의 나들이, 혹은 친구들과의 만남으로도 탁월한 시간을 보낼 수 있습니다. 무
료 입장과 주차까지 제공해 드리니 멋진 여름 축제를 놓치지 마세요!

몰타에만 있는 치스크

소주에 닭발만 고집하던 내가

와인과 올리브를 사랑하게 될 줄은 꿈에도 몰랐네.

- 몰타의 와인 페스티벌에서 -

* THE DELICATA CLASSIC WINE FESTIVAL- 몰타의 와인 페스티벌
매년 8월 발레타와 고조에서 열리는 와인페스티벌로 몰타산 와인을 소개하는 자리이다.
하지만 유럽 각지의 유명 와인도 함께 만날 수 있는 기회이기도 하다. 20유로로 가격으로
페스티벌 기념 와인잔을 구매하여 시음을 하는 방식으로 진행된다.(단 17세 이하에게
는 잔과 술을 판매하지 않는다.) 화이트와 레드로 나뉘는 와인의 종류만 50가지가 넘게
구성되어 다양한 와인을 맛볼 수 있다.

13. 행운의 불법 체류

막 스웨덴행 티켓을 끊고 친구들과 화상 채팅을 했다. 영국에 있는 미루, 스웨덴에서 교환학생 중인 미루 친구 민정, 스웨덴 친구 요아킴(5년 전 도쿄에서 함께 일본어를 공부한 친구이다). 그리고 미영이까지 이번 스웨덴 여행을 함께하게 될 사람들이었다. 아직은 서로를 잘 몰랐지만 나는 중간 입장에서 친구들을 소개했다. 모두와 엮여 있는 내가 대표로 숙소를 예약하며 빨리 날짜가 다가오길 기다렸다. 내가 미영이로부터 비자 연장에 대한 이야기를 듣기 전까지는 말이다.

"근데 언니 몰타에 온 지 3개월 다 됐잖아? 비자 연장은 했어?"

갑작스레 그 말을 듣고선 나는 얼른 여권에 찍힌 입국날짜를 확인했다. 3월 13일이었다. 그리고 스웨덴행 티켓 날짜를 확인했다. 6월 9일이었다. 순간 눈앞이 캄캄해졌다. 90일은 무비자로 있을 수 있었지만 그 이후 비자 연장을 하지 않으면 나는 당장 몰타를 떠나야만 했다. 내가 몰타에 비자 없이 있을 수 있는 날짜는 6월 10일. 내가 이대로 비자 신고를 하지 않고 스웨덴을 간다면 몰타에는 돌아올 수 없었다. 말 그대로 불법체류자 신세로 떠돌게 되는 것이었다. 나는 당장 학교로 찾아가 비자 연장을 급히 물었다. 하지만 러시아 직원 아나스타샤는 달력을 보더니 어두운 표정으로 대답했다.

"오늘이 6월 8일인데 스웨덴을 간다고요? 말도 안 돼요. 당장 비자 연장을 해야 돼요. 절대 어디에도 못 갑니다. 근데 진짜 3월 13일에 들어온 거 맞아요?"

나는 그 날짜가 확실하다고 했지만 그녀는 어쩔 도리가 없다며 안타까워했다. 왜 학교에서 비자 연장에 대해 언질도 주지 않았냐고 항의를 했지만 달라지는 것은 없었다. 결국 내가 언성을 높이자 아나스타샤는 리셉션을 나가 버렸다. 사무실에서는 내일 아침 출입국사무소에 들려 비자 신청을 서두르고 사정을 이야기해 비자 연장 확인증을 부탁하라고 했다. 비자가 나오기까지는 최소 2주 최대 한 달 이상이 걸리기 때문이었다.

나는 확인증을 끊으면 스웨덴에 갈 수 있느냐고 물었지만 이제까지 그런 사례는 들어 본 적이 없다며 직원은 고개를 흔들었다. 즉 확인증 자체가 존재하지 않았다. 다만 다급한 내 상황을 부탁이라도 해 보라는 게 학교 측의 조언이었다. 나는 우선 이 상황을 친구들에게 알렸다. 미영이는 여행 하루 전에 무슨 말도 안 되는 소리냐고 아무도 모르는데 가지 않겠다고 속상해했다. 영국 여행을 취소하면서 스웨덴 여행을 결정한 미영이에게 너무 미안해서 할 말이 없었다. 요아킴에게도 전화를 해서 크루즈를 취소해 달라고 부탁했다. 하지만 호스텔과 호텔은 쉽게 취소를 할 수가 없었다. 내가 이미 선불로 결제를 했고 나머지 친구들이 여행을 할 수도 있었기 때문에 문제는 더욱 복잡해졌다. 요아킴에게도 미안하다고 사과를 했지만 여행을 망쳐 버린 속상함이 더 컸다. 미루와 민정이에게도 이 악몽 같은 상황을 다 전달했지만 아직도 상황을 받아들일 수가 없었다. 어처구니없는 내 실수를 지금 감당하고 책임을 지기엔 그 방법조차 몰랐다. 그저 모두에게 미안했다.

내 소식을 들은 친구들은 술을 챙겨 주며 위로해 주었다. 나비드는 스톡홀름에 사는 사촌을 소개해 주겠다며 그냥 몰타를 떠나 버리고 스웨덴에서 사는 게 어떻겠냐는 농담을 했지만 나는 웃는 게 웃는 게 아니었다.

"절대 내일 걱정을 지금 하는 게 아니야."

"아마 갈 수 있을 거야. 못 가면 또 어때? 지금 너무 힘들어 하지 마. 다 잘될 거야."

친구들은 내일 사정을 잘 이야기해 보라고 울먹이는 날 다독여 주었다. 다 맞는 말이었지만 당장 내일 스웨덴을 가지 못한다는 생각에 사로잡혀 거의 뜬눈으로 밤을 지새웠다. 나는 급한 마음에 새벽같이 몰타 출입국사무소로 달려갔다. 8시에 문을 열었지만 거의 한 시간 전부터 사람들은 줄을 서 있었다. 나는 번호표를 받고 의자에 앉아 기다렸다. 심사관 기분에 따라 비자를 안 준다는 말이 있을 정도로 몰타 출입국사무소는 체계가 헐렁하고 낙후되어 있었다.

그러던 중 학교에서 자주 보던 일본 친구를 만나 다급한 마음에 또 현재의 상황을 주절주절 이야기했다. 그러자 그는 몰타에 오래 살고 있는 일본인을 알고 있다며 한 번 도움을 요청하자며 전화기를 빌려 주었다. 그 친구의 배려로 통화를 했지만 오늘 떠난다면 불법체류자가 되니 여행을 포기하라는 이미 알고 있는 사실을 듣고서 나는 다시 풀이 죽었다. 내 순서가 되었고 심사를 받았다. 사무관은 진짜 3월 13일에 들어온 것이 맞느냐고 물었다.

'왜 자꾸 내가 언제 들어왔는지 물어보는 거지?'

이상하다고 생각하며 나는 3월 13일 오후 1시에 도착했다고 대답했다. 아무 문제 없이 서류가 통과되고 임시 허가증을 내주었다.

"혹시 이 허가증을 받으면 다른 나라에 갈 수 있나요?"

내가 물었지만 그녀는 블랙리스트에 올라 추방당할 거라는 무서운 말을 남겼다. 나는 여행에 대한 사정을 이야기했지만 그녀는 듣지도 않고 다음 사람을 불렀다.

그렇게 다 포기하고 사무소를 나가려는데 단체 학생들의 비자 연장을 도우려는 아나스타샤와 우연히 마주쳤다. 심각하게 구겨져 있던 내 얼굴을 보고서 신경이 쓰였는지 그녀는 내게 다가와 다른 사무관의 방을 안내했다.

"무조건 기다렸다가 이 방에 있는 사람과 이야기 해 봐요."

그녀의 말은 내가 입국한 날짜가 이상하다는 것이었다. 나는 무슨 말인지 도통 이해할 수 없었지만 우선은 방 안에 있는 사람을 기다려 보기로 했다. 방문이 열리고 급하게 사정을 말하니 잠시 남자는 내게 이야기할 시간을 주었다. 비자를 보여 주며 나는 나의 입국 날짜에 대해 물었다. 그는 나에게 되물었다.

"정말로 3월 13일에 몰타에 온 것이 맞습니까?"

나는 3월 13일에 왔다고 여권을 펼치며 이야기했다. 그러자 그는 충격적인 대답을 이었다.

"당신은 3월 13일에 몰타를 출국한 것으로 되어 있습니다. 이미 당신은 몰타에 없는 사람입니다."

누가 망치로 내 머리를 세게 내려쳤는지 정신이 하나도 없었다. 이해가 불가능했다. 다시 차근히 설명해 달라고 물어 보자 바쁘다며 내 말을 회피했다. 결국 징징거리는 내가 보기 싫었는지 그는 나를 쫓아내 버렸다. 비자 연장은 커녕 3월 13일에 이미 몰타를 떠난 사람으로 되어 있다는 말에 나는 넋이 나가 있었다. 쓰나미급 충격을 받고 모든 것을 포기한 채 밖으로 나왔다.

보고도 믿을 수 없는 화살표 방향

그리고 집으로 돌아가는 길에는 다시 아나스타샤에게 들렀다. 어제 언성을 높여서 미안했고 오늘 일은 정말 고마웠다고 말하고 싶어서였다. 아나스타샤는 나를 이해한다며 위로하면서도 입국 날짜에 대해 들은 이야기를 물었다. 나는 그녀에게 그 사무관이 한 이야기를 설명했는데 참 이상하다는 반응이었다. 우리는 다시 여권에 찍힌 날짜를 확인했다. 아나스타샤는 아리송하다는 듯 말했다.

"화살표가 바깥으로 찍혀 있으면 출국이고 안으로 찍혀 있으면 입국인데, 수지는 3월 13일에 바깥으로 찍혀 있어."

영문을 알 수가 없었다. 화살표의 의미가 궁금했던 나머지 공항 출입국사무소에 다시 전화를 해 보기로 했다. 아나스타샤는 차근히 내 여권 상태에 대해서 물었다. 이상하게 그녀는 통화를 할수록 얼굴이 밝아져 갔다. 대화로는 4월 24일에 몰타에 입국이 어쩌고 3월 13일 나가고 저쩌고 하며 반복했다. 통화를 끊은 아나스타샤는 갑자기 큰소리로 외쳤다.

"세상에 너는 진짜 천운이야!"

나는 도대체 무슨 일이냐고 물었다. 아나스타샤는 나를 끌어안으며 말했다.

"지금 공항에 전화를 해 보니 확실히 너는 3월 13일 몰타에서 출국했어. 그 이유는 모르겠지만 네가 입국할 때 도장이 거꾸로 찍혀서 이미 너는 없는 사람이었어. 그들의 실수든 뭐든 암튼. 하지만 네가 4월 24일에 다시 입국을 했어. 영국에서 왔다고 하는데 맞아? 그래서 너는 4월 24일부터 몰타에서 살았던 사람으로 확인이 된다고 해. 어떻게 이런 일이 있을 수 있지? 방금 통화한 사람도 어처구니가 없대. 하여튼 너는 아직 기간이 남아 있어서 어디든 출국이 가능하다고 해. 서둘러, 비행기 시간 몇 시야?"

온몸이 승천할 만큼 소름이 쫙 돋았다. 이게 꿈이라고 하기엔 너무 거짓말 같고 설사 거짓말이라 해도 믿어야만 했다. 나는 시계를 보았다. 3시 20분이었다. 비행기 출발 시간은 7시 10분이니 아직 늦지 않았다. 아나스타샤를 끌어안고 기쁨에 겨워 볼에다 마구 뽀뽀를 해 버렸다. 급하게 뛰어나가던 나에게 아나스타샤는 큰 소리로 외쳤다.

"넌 이 상태로 카지노를 가야 해. 대박을 칠거야."

나는 전력을 다해 뛰었다. 그리고 식탁에 앉아 있는 미영이를 껴안고 소리쳤다.

"나, 갈 수 있어!"

진정 말로는 설명할 수 없는 기쁨이었다. 진지하게 상황을 이야기해도 미영이는 믿기 힘들다는 표정이었다. 절대 있을 수 없는 일이라며 제대로 확인했냐고 재차 묻는 미영이에게 나는 웃으며 짐이나 챙기라고 말했다. 우리는 서둘러 공항으로 향했다. 당연히 요아킴에게도 다시 크루즈를 예약하라고 하고, 미루와 민정이는 만나서 이야기하자고 메시지를 남겼다. 출국 심사를 하면서 그렇게 떨어 보긴 처음이었지만 무사히 비행기를 탔다. 하늘 위에 있어서 그런지 몰라도 기분이 날아갈 것만 같았다.

모든 사람을 황당하게 만든 이 사건은 학교에서도 출입국사무소에서도 많은 의문을 가졌다. 내가 입국 당시 잠깐의 실수로 나 혼자 도장이 반대로 찍혀 있거나 아니면 3월 13일 입국자 모두를 출국자로 만들어버렸을지도 모른다는 이야기였다. 그리고 황당함에 황당함을 더한 것은 그 많은 국가 중에 하필 솅겐 조약*이 맺어져 있지 않는 영국을 내가 4월에 다녀왔다는 사실이었다. 내가 런던을 다녀오지 않았다면 여권상 확인이 불가능했기에 영문도 모른 채 불법체류를 했다는 이야기였다.

끔찍했던 런던공항의 추억이 내가 스웨덴으로 갈 수 있는 결정적 역할을 하다니 이게 확률적으로 가능한 일인가? 입국을 한 사람에게 출국 도장을 찍는 일이라니? 내가 호되게 겪었던 지난날이 다음을 나아갈 수 있는 길잡이가 되어 버렸다. 정말 숨어 있던 그 진가 한 번 대단하구나. 내가 경험하는 모든 일은 결국 언젠가를 위해 존재하는 것이었다. 이제는 그 어떤 최악의 경험도 나름의 의미가 있다는 것을 부정할 수 없을 것만 같았다. 언젠가는 이 모든 일들이 기적적인 순간으로 다시 탄생할지도 모를 테니까. 아무튼, 내가 입국할 당시 출입국 심사를 담당했던 가운데 창구 직원분께 다시 한 번 감사의 말씀을 전한다. 덕분에 스웨덴 여행 잘 다녀왔습니다.

*솅겐 조약 Schengen agreement

여권에 도장받는 설레임으로 여행을 다니지만 유럽 여행에서는 그 재미도 찾기 힘들다. 바로 솅겐 조약 때문이다. 솅겐 조약(Schengen agreement)은 유럽 각국이 공통의 출입국 관리 정책을 사용하여 국경시스템을 최소화해 국가간의 통행에 제한이 없게 한다는 내용을 담은 조약이다. 아일랜드와 영국을 제외한 모든 유럽연합 가입국과 유럽연합 비가입국인 아이슬란드, 노르웨이, 스위스 등 총 25개국이 조약에 서명하였다. 솅겐 조약 가맹국들은 국경 검사소 및 국경 검문소가 철거되었고, 공통의 솅겐 사증을 사용하여 여러 나라에 입국할 수 있다. 간단히 말해서 영국과 아일랜드를 제외한 나라간 이동은 여권 검사도 없고 입국 심사도 없다. 몰타와 스웨덴 간에도 아무런 입국 제재가 없지만 나는 유럽시민권자가 아니었기 때문에 발권을 할 때 항공사 직원이 몰타 체류 비자 기간을 확인하였다.

요거트, 로즈마리, 청어젓갈, 감자, 연어, 계란, 베이컨... 스웨덴에서는 흔한 중식.

스웨덴 국기를 볼 때면 왠지 모르게 청명한 기운이 스며든다.

부루마블에서 스톡홀름 호텔이 왜 그렇게 비싼지 알 것 같다.

정갈하고 고요했던 정경

밤이 깊어져 가도 하늘은 밝았던 스톡홀름

자정이 되어서야 도착한 스톡홀름은 기이하고
몽환적인 백야의 밤이 존재했다.
호스텔을 찾던 중 혼자선 무서웠는지
동행 의사를 묻던 오스트리아 배낭여행자.
그녀가 고민을 털어놓으며 알게 된
정말 남다른 사연
"여권 만료일이 한 달이나 지났는데
내가 계속 여행을 하고 있다는 게 신기해요."
나는 오늘 겪었던 말도 안 되는 불법체류를 말하자
그녀는 바로 결론을 지어 보였다.
"우리더러 계속 여행을 하라는 신의 계시겠죠."

14. 알콜송을 부르는 리비아 총각들

그날은 신나게 춤을 추며 마지막까지 클럽에 있었다. 나와 함께 남은 리비아 친구 모하메드와 두 명의 스페인 친구는 함께 택시를 타고 기숙사로 돌아왔다. 심야의 주택가는 서로의 숨소리가 들릴 정도로 고요했다.

"다들 잘 자!"

나는 친구들에게 인사를 하고 건물 계단을 올라갔다.

"내려와! 같이 술을 더 마시자!"

모하메드의 말에 뒤를 돌아보니 스페인 친구들도 손짓을 하며 계단에 그대로 앉아 있었다. 조금만 앉아 있을까 하고선 다시 내려갔지만 정작 술을 가지고 있는 사람도, 이 새벽에 술을 살 곳도 없었다.

"술이 없잖아. 여기서 가만히 앉아서 뭐 할 거야?"

그는 뜬금없이 공기를 마시자고 했다. '이게 바로 술이다' 생각하면서 상상을 하란다. 그의 엉뚱한 말에 재미삼아 깊게 숨을 들이마시며 따라 하다가 진짜 술이 마시고 싶어졌다. 그러자 자기가 술을 구해 오겠다며 갑자기 기숙사 안으로 들어갔다. 여기 살지도 않으면서 우리가 말려도 그는 기어이 건물 안으로 들어갔다. 그는 플랫마다 문을 두드리며 술을 달라고 외쳤다. 노크 소리가 크진 않았지만 전 층을 다 돌아다녔다. 우리가 손을 잡고 말리면서 웃음소리는 건물 전체에 울려 퍼졌다. 하지만 문을 열거나 대답하는 사람은 없었다. 그는 포기한 듯 건물 계단에 다시 앉아 어디론가 전화를 했다. 아랍어로 이야기를 하니 알아들을 수는 없었지만 뭔가 부탁하는 것 같았다.

"기다려. 10분 안에 술을 가지고 올 거야."

10여 분 후 택시 한 대가 건물 앞에 섰다. 검은 봉지를 들고 내리는 사람들은 또 다른 리비아 친구들이었다. 택시에서 내리자마자 그들은 우리에게 맥주를 한 캔씩 나눠 주었다. 우리는 어떻게 새벽 4시에 술을 구했는지 물었지만 그들은 모하메드의 전화를 받고 파처빌에서 술을 사서 다시 여기까지 왔다고 말했다. 생각해 보니 몰타에서 새벽에 술을 살 수 있는 곳은 파처빌뿐이었다. 모두가 잘 시간에 계단에 앉아 술을 마시는 것이 조심스러워 목소리를 낮춰 건배를 했다. 공기까지 마셔 가며 기다렸던 맥주는 정말로 꿀맛이었다. 한 모금 두 모금 시원하게 온몸을 적셔 갔다.

그렇게 다 함께 조용히 술을 마시던 중, 뭔가 혼자서 중얼거리던 리비아 친구 한 명이 뜬금없이 노래를 부르기 시작했다. 그를 따라서 갑자기 모하메드도 큰 소리로 노래를 불렀다. 스페인 친구가 조용히 하라며 두 사람의 입을 막아 보았지만 손가락 사이로 노래는 계속 새어 나왔다. 리비아 총각 네 명은 모두 일어나 계단 앞에서 '알콜 알콜'을 외치며 노래를 불렀다.

"그거 알아? 쟤네 리비아가면 술 못 마셔."

스페인 친구의 말에 나는 깜짝 놀랐다.

"뭐라고? 진짜?"

나는 처음 알게 된 사실이었다. 리비아인 중에서 술을 마시지 않는 친구는 있었지만 종교로 인해서 못 먹는 금기 정도로만 생각했었다. 터키 친구들도 이슬람교를 믿지 않는 사람들은 자유롭게 술을 마셨기 때문에 신앙이라면 얼마든지 이해할 수 있었다. 하지만 스페인 친구는 리

비아에선 나라 전체가 법으로 지정된 사항이라며 그 누구도 술을 마시지 못한다고 재차 설명했다. 왜 개인의 선택이 될 수 있는 일을 국가가 정하는지 이해하기 어려웠다. 저리도 잘 마시고 잘 노는 리비아 친구들을 보면서는 친구의 말이 거짓말처럼 느껴지기도 했다.

"세상에... 진짜 리비아에서는 술을 못 마셔?"

나는 믿을 수 없어 모하메드에게 물어 보았다.

"글쎄 모르겠어. 난 기억 못하겠어. 여긴 몰타잖아."

그는 노래를 부르듯 건들거리며 대답했다. 리비아 친구들이 자연스럽게 술을 마시고 즐기는 모습에서 금주는 아직도 상상할 수 없었다. 모두가 그런 것은 아니었지만 리비아 친구들은 대부분 파티에 자발적이었고 굉장한 주흥으로 분위기를 주도하는 편이었다. 금기가 사람을 더 자극시키는 건지 술을 연애하다시피 사랑하며 마시는 저 친구들은 보란 듯이 몰타에서 금지령을 해제시킨 듯하였다. 항상 큰 소리로 '알콜 알콜'을 부르고 취하기만 하면 그 노래를 몇 번 더 반복하는지 오늘도 지겹도록 '알콜 알콜'을 외치고 있었다. 어쩌면 저 하늘에서 지켜보고 있을 알라신이 들을 수 있도록 제발 술만은 금지령을 풀어달라며 부탁하는 것 같았다.

리비아 사람들은 몰타를 떠난 후에도 돌아오는 일을 수차례 반복했다. 그래서인지 갑자기 사라진 리비아 친구들이 한두 달 뒤에 모습을 보이는 일은 별로 놀랍지가 않았다. 몰타는 비교적 리비아와 위치가 가깝고 타 국가들과 달리 리비아 사람들이 입국을 하는 데 까다로운 규정이 없다고 한다. 따라서 그들을 차별하지 않고 환영해 주는 곳에서 그동안 자유롭지 못했던 행동을 실천하는 중인지도 모르는 일이었다. 너그러이 모든 것을 이해해 주는 낙원, 어쩌면 몰타도 부유한 소수 리비아 사람들이 누릴 수 있는 특권일지는 모르겠으나 그들의 봉인 해제로는 탁월한 '락(樂)식처'인 듯했다. 내가 술을 마시고, 입고 싶은 옷을 입고, 가고 싶은 곳을 갈 수 있는 자유, 그것이 누구에게나 공평한 것은 아니었다.

한 동양인 여자가 백인 유럽 남자에게 다가가 사진을 찍자고 말했어. 옆에서 그 이야기를 듣던 리비아 친구들이 몰려와 그들 사이에 무작정 자리를 잡았지. 그런데 사진을 다 찍은 후 리비아 친구들이 사라지자 다시 그 백인 유럽 남자와 사진을 찍는 거야. "얘네만 없으면 딱 좋았는데." 이 말까지만 들었다면 난 이 동양인 여자가 백인 남자를 이성으로서 좋아한다고 생각했을지도 몰라. "이거 봐. 분위기 완전 틀리잖아. 얘네랑 찍으면 완전 구려." 나는 순간 무엇이 구리고 무엇이 나은지에 대해 잠시 생각했던 것 같아. 흰색과 검은색인지, 생머리와 곱슬머리인지, 유럽과 아프리카인지, 아니면 그들의 존재 자체가 그러한 것인지에 관해서. '아마 리비아인 친구가 없어서 당신은 그럴 거야'라고 생각했어. 나도 그 동양인 여자처럼 비슷한 생각을 한 적도 있었지만 지금은 리비아 친구들을 만나면서 생각이 달라졌거든. 그냥 아무것도 모르고 있을 리비아 친구들을 떠올리면서 미안하고 쓸쓸해졌어. 그래서 나는 절대 그러지 말아야겠다고 다짐을 했던 것 같아. 나도 누군가에게 구린 사람이 되고 싶지도 않고 내 친구들이 그렇게 보이지 않았으면 하는 바람에서. 차별은 누군가에게 상처를 입히고 언젠가 나에게 돌아오는 날 선 부메랑 같다는 생각을 하면서.

15. 젊음을 산다는 것

40대 후반의 러시아 아저씨가 새로운 학생으로 교실을 찾았다. 190 센티미터에 가까운 키, 짧은 스포츠형 금발머리, 두꺼운 금목걸이, 화려

한 꽃무늬 셔츠까지, 조폭영화의 보스가 등장한 줄 알았다. 이골 아저씨의 첫인상은 무시무시했지만 수업 시간 대화 파트너로 아주 서서히 친해지게 되었다. 겉모습과는 다르게 말씀하실 때마다 영어가 틀렸는지 안 틀렸는지 눈치를 보시는 모습이 정말로 귀여우셨다. 대화를 통해서 알게 된 사실은 이제 고3이 된 아들을 끔찍이 생각하는 영락없이 자상한 아버지였다. 일 때문에 영국에 거주하면서 잠시 휴식과 영어연수를 위해 몰타에 오게 되었다는 아저씨.

"영국에서 영어를 배우지 왜 여기까지 오셨어요?"

궁금해서 여쭤 보았다.

"새로운 곳에 한번 가 보고 싶어서."

수줍게 대답해 주셨다. 영어를 못 하면 업무에 지장이 크다며 그 누구보다도 열심히 공부하셨던 아저씨와는 자주 짝꿍이 되어 영어로 대화를 나누었다.

"학교를 다녀온 뒤에는 정말 지루하구나."

혹시 산책이나 근교 여행을 갈 일이 있다면 언제든지 불러달라는 아저씨의 부탁에 함께 코미노를 다녀오기도 했다. 코미노에서 시원한 음료수 한 잔을 불쑥 내밀며 얼른 마시라고 챙겨 주시던 아저씨가 고마워 저녁에는 불고기를 만들어 갖다드리니 함박웃음을 지으시며 좋아하셨다. 한국 음식은 난생 처음 먹어 본다며 접시를 들고 있는 내 모습까지 사진으로 담고 싶어 하시는 아저씨는 참 마음도 따뜻하신 분 같았다. 쑥스러웠지만 나는 아저씨를 위해서 접시를 들고서 승리의 브이로 포즈를 취했다. 아저씨와 단 둘이 산책할 때는 서로의 가족에 대한 이야기를 나누었다.

"아저씨, 저는 아빠랑 한 번도 나란히 걸어 본 적이 없는 것 같아요. 항상 뭐가 그리 바쁘신지 저만치 앞장서서 가시거든요. 그걸 이해할 수가 없어요."

아저씨는 호탕하게 웃으시며 말했다.

"그러면 수지가 아빠 손을 잡아드리면 되잖아."

세상에 그런 방법이 있었구나. 나는 그렇게 해 봐야겠다고 생각을 하면서도 손을 잡고 있는 내가 멋쩍게 느껴지기도 했다. 아저씨께선 이런 말도 했다.

"이렇게 다정하고 상냥한 딸이 있으면 얼마나 좋을까?"

하지만 나는 우리 집에서 결코 그런 딸이 아니었다. 생각해 보면 남들에겐 착하고 좋은 사람으로 보이려 애썼지만 집에서는 그러지 못했다. 쉽게 화내고 대화가 안 통한다고 소리치고 방문을 닫고서 좀처럼 나오지 않는, 어렵고 점점 가까워지기 힘든 자식이었다.

"저희 부모님께선 제가 가끔 어렵다고 말씀하세요. 유별나다, 까다롭다, 예민하다... 저를 이해하려고 하진 않고..."

아저씨께선 줄곧 내 말을 들으시다 말씀하셨다.

"이 아름다운 풍경을 담아 봐. 많이 보고 느낄수록 마음속 공간이 넓어지는 거 알아? 네가 경험한 세상을 차곡차곡 담아가며 마음을 넓혀가다 보면 아마 너희 부모님의 마음을 이해하게 될 거야."

어쩌면 떠난 지 수개월이 지나도록 전화 한 통 하지 않는 날 이해할 수 없는 게 아빠로서는 정상일 수도 있었다. 생각해 보니 정말 난 해도 해도 너무한 딸이었다.

"오늘 집에 들어가서 전화 한 통 해 봐야지. 오늘은 미루지 말아야지."

늘 하던 다짐을 다시 반복했다. 살짝 출출해져 피자가게에 들렀던 아저씨와 나는 사이좋게 피자 한 판을 나눠 먹었다. 계산을 하려고 미리 나가시는 아저씨를 보고서 나는 5유로를 드렸지만 좋은 친구가 되어 줘서 고맙다며 전부 계산을 해 주셨다.

"아저씨, 친구끼리는 더치페이거든요."

내가 웃으며 말하자 아저씨께선 내 어깨를 토닥이며 답해 주셨다.

"좋다. 다음부터는 더치페이하자."

아저씨는 그날 밤에 있던 파티에서도 모습을 비치셨다. 젊은 사람들과 스스럼없이 술도 마시고 대화도 나누며 분위기를 잘 적응해 가시는 모습을 보고선 저절로 미소가 번져들었다.

아저씨가 몰타를 떠나기 일주일 전에 내게 물었다.

"혹시 'I LOVE MALTA' 티셔츠를 어디서 사는지 알 수 있을까?"

나는 아들의 선물이냐고 물었지만 사실은 자신이 입고 싶어서라며 부끄러워하셨다.

"정말 잘 어울리실 거예요!"

용기를 주는 말을 하며 나는 근처 기념품 가게 약도를 설명해 드렸다. 아저씨는 떠나기 전에 파티를 할 생각인데 솜씨는 없지만 러시아 음식을 먹으러 내가 꼭 와 줬으면 한다며 초대까지 해 주셨다.

"당연히 가야죠! 혹시 도울 일이 없을까요?"

내가 물었지만 맛있게 음식만 먹으면 된다는 말씀에 나는 큰 소리로 "네!" 하고 대답했다.

이골 아저씨와 헝가리 친구의 굿바이 파티는 많은 사람들이 함께했다. 오렌지색 'I LOVE MALTA' 티셔츠를 입고 계신 아저씨는 옷과 무척 잘 어울리셨다. 만들다 보니 러시아 음식은 아닌 것 같다며 무안해 하시면서도 내게 음식을 접시 가득 퍼서 가져다주시기도 했다.

아저씨는 이틀 뒤 영국으로 건너가 일을 마무리하고서 모스크바로 돌아간다고 하셨다. 솔직히 한 달 동안 이 시끄러운 건물에서 지내기 불편하지 않았을까? 밤새도록 술 마시며 떠드는 젊은 친구들 때문에 고충은 없었을까? 궁금했던 사실을 여쭤 보자, 아저씨는 도리어 '젊음을 산다는 게 이런 거구나' 느끼며 최고의 휴가를 보내게 되었다며 흡족해 하셨다. 그리고 지금 내 나이에 이렇게 다양한 경험을 한다면 앞으로 더 좋은 모습으로 변하게 될 것이라며 격려의 눈빛으로 나를 바라봐 주셨다.

"수지가 지금 영어를 배우고 이렇게 큰 세상을 알아가고 있으니 내 나이가 되면 얼마나 더 멋있겠어?"

언젠가 나를 다시 만난다면 분명 더 멋진 사람이 되어 있을 거라는 말씀은 내가 보내는 시간이 헛되지 않았음을 인정받는 기분이었다. 정말로 행복했다. 어쩌면 내가 떠나면서 돌아가서도 가장 듣고 싶은 말일지도 몰랐다.

"아저씨도 저와 같은 시간을 함께 살고 계시잖아요!"

우리가 다르지 않다는 것을 반문하면서도 지금의 내가 정말로 부럽다는 아저씨의 대답은 왠지 모를 이해를 불러들이기도 했다.

"나는 후회되는 일이 있는데 그때 용기가 부족했던 거야. 그게 뭐든 간에. 그때만 할 수 있는 걸 못해서 아쉬워. 그러니 지금 생각하는 걸 마음껏 다 해."

아저씨께선 지금은 이미 마음을 바꾸지 못할 일들이 너무 많다고 하시며 아쉬운 마음에 진심으로 조언을 해 주셨다. 그 말씀에 가능한 한 하고 싶은 일을 다해 보자는 나의 마음은 더욱 확고해졌다. 아저씨와의 대화 속에서 이런 자유는 다시 돌아오지 않을 것 같다는 느낌에서였다. 그러면 적어도 실패나 후회를 하더라도 납득할 수 있는 나를 만날 수 있지 않을까 생각했다.

아저씨는 이메일 주소를 알려 주시며 언제든지 러시아 여행을 하고 싶을 때 연락해도 된다고 말씀하셨다.

"러시아는 진짜 위험해. 너 혼자 밖으로 나오면 절대 안 된다. 아저씨가 차로 마중 나갈 테니까 내 차만 타고 다니자."

그렇게 위험하면 무서워서 못 가겠다고 농담을 하니 무조건 놀러오라고 방긋 미소를 지어 주신다. 파티가 막바지에 이르자 아저씨는 모두

젊음의 끝은 과연 언제일까?

가 나올 수 있는 각도를 찾아 나서며 카메라 타이머를 설정했다. 그렇게 문이 열린 냉동고에서 서서히 얼어 가는 카메라를 바라보며 우리는 다 함께 사진을 찍었다. 젊은 친구들에게 둘러싸여 환희 웃고 있는 이골 아저씨의 모습. 그 사진 속에는 이미 지나간 줄 알았던 아저씨의 젊음도 다시 피어나고 있었다. 지금처럼만 어디서든 잘 지내길 바란다고 나를 토닥여 주시며 떠난 아저씨. 젊음을 산다는 것, 그 현재를 살고 있는 나는 미처 몰랐지만 결국 되돌아보니 나를 위해 살고 있는 지금이었다. 더 용기를 내어 즐겨야겠다! 더 나답게 후회 없이, 아저씨를 생각하며 꼭 그리해야겠다고 다짐했다.

16. 레드카드

여긴 일본이 아닙니다.

"실례합니다. 혹시 일본 사람입니까?"

장을 보려고 내려가던 계단에서 낯선 남자가 말을 걸어 왔다. 겉보기엔 할아버지, 아저씨라고 호칭하기도 참 애매한 연배다. 이렇게 나이 지긋하신 분께서 어찌 이곳까지 오셨을까 신기했다. 어느 나라 사람들이 많은가? 주위 환경은 조용한가? 건물에 몇 명이 사는가? 궁금한 점을 물어 보시던 어르신. 불과 어제까지 파처빌에서 살다가 도저히 시끄러움을 견디지 못하고 이사를 오셨다고 한다.

나는 시끄러운 건물 분위기를 설명했지만 전보다 심하지만 않으면 된다고 말씀하시며 플랫 안으로 들어가셨다. 나는 잠시 TV 작동법을 알려드린 후 나왔지만 당장 어르신이 이사한 그 플랫에서 8시에 파티가 있는 것이 조금 걱정스럽긴 했다. 파티가 시작되고 나는 1층으로 내려 갔다. 시끄럽게 술을 마시며 놀고 있는 친구들 사이로 어르신이 보였다. 정지화면처럼 소파에 앉아 계시던 어르신은 TV를 시청하고 계셨다. 소음에 TV 소리가 전혀 들리지 않는데도 고집스럽게 화면을 바라보셨다. 예상은 했지만 어르신은 개인 생활의 피해를 보았다는 이유로 불만을 터트렸고 결국 2주도 못 버틴 채 일본으로 떠나셨다.

여긴 고시원이 아닙니다.

 새로운 한국인이 왔다. 나는 인사를 하고자 찾아갔지만 한국인을 반가워하지 않는 태도가 민망해져 곧장 방으로 돌아왔다. 오직 영어로만 대화하길 원한다는 그 남자를 파티에서도 학교에서도 만날 수 없었다. 정말 조용히 영어공부를 하나 보다 생각했지만 예상 밖의 충격적인 소식을 접했다. 그가 이미 몰타를 떠났다는 사실이었다. 풍문으로 들었지만 수업료와 기숙사비도 환불받지 않은 채 급히 귀국했다고 한다. 그와 함께 살았던 친구들에게 "도대체 왜?" 하고 물어 보았다.

 "그는 방안에만 있었어. 술과 담배를 좋아했다면 우리와 함께 어울렸겠지만 그렇지도 않았어."

 "한 번은 집에서 다툼이 있었어. 몸부림도 있었지. 아마 그 모습을 보고선 적응하지 못한 것 같아. 우리는 다음 날 화해했는데 말이야."

 "나는 첫 번째 단추를 다 잠갔을 때부터 알아봤는데..."

야반도주

내가 잠시 눈을 떴을 때 주디는 짐을 싸고 있었다. 점점 더 시끄러워지는 소리를 참을 수 없어 나는 몸을 일으켜 세웠다. 너무 다급하게 짐을 싸고 있는 그녀의 행동이 조금 무서웠다. 나는 아무 말 없이 그녀를 지켜보았다. 옷장을 다 비운 그녀는 큰 캐리어 가방을 끌고 문을 나섰다. 나는 그녀를 쫓아가 무슨 일이냐고 물었다.

"이제 너 혼자 편안하게 방을 써."

3주 동안 함께 방을 쓰면서 친하게 지내진 않았지만 다툰 적도 없었다. 하지만 혼자 편안하게 방을 쓰라는 말은 내 마음을 불편하게 만들었다. 갑자기 사라진 그녀의 행동은 나뿐만 아니라 학교에서도 의문을 가졌다. A라는 친구는 그녀가 프랑스 비자를 기다렸는데 드디어 나왔다고 했고, L은 그녀가 남자 친구를 만나러 중국에 갔을 것이라 예상했다. B는 몰타에서 만난 남자가 있다고 들었는데 그 사람과 함께 살기 위해 떠난 것 같다고 말했다. 다 추측일 뿐이었다.

그래도 혹시 내가 주디를 불편하게 대한 적은 없었는지 떠올려 보았다. 주디가 사라진 것에 룸메이트였던 내 책임은 과연 없었던 것일까? 갑자기 그녀가 음악을 크게 틀어 놓고 음식을 만들 때, 남자 친구와 전화 통화를 하며 큰 소리로 싸울 때 자주 싫은 내색을 했던 것이 생각났다. 친구들은 생활 패턴이 맞지 않은 룸메이트가 떠나서 좋지 않느냐고 물었다. 생각보다 좋지 않았다. 내가 주디를 쫓아낸 기분마저 들어 한동안 마음이 편하지 않았다.

축구에서 반칙을 한다면 심판은 가차 없이 레드카드를 꺼내어 선수를 퇴장시킨다.

하지만 몰타에서는 경고를 외치는 심판이 없다. 행동을 지휘하고 단속하는 감독도 없다. 다만 누구나 즐길 수 있는 그라운드가 있다. 주어진 공간에서 최대한의 자유를 누려야 하는 의무가 있다. 그 자유의 모습은 제각각이지만 반드시 공존을 해야 했다. 그렇지 않다면 자유에서 풀려나는 수밖에 없었다. 스스로 그곳을 빠져나와야만 했다.

17. 여행의 묘미

마르세유 항구에서 이프 섬으로 가는 배에 올라탔다. 그리고 두 시간 남짓 둘러본 후 다시 마르세유로 돌아가기 위해 배를 기다렸다. 그때 내 옆에서 배를 기다리던 커플과 살짝 눈이 마주쳤다. 나는 시선을 피하지 않고 가볍게 인사를 나누었다. 오스트리아 빈에서 온 잔과 카롤리나는 자동차로 프랑스를 일주 중이었다. 나는 마이 언니와 몰타에서 어학연수를 하며 잠시 프랑스 남부 여행을 왔다고 소개했다. 배를 타면서는 자연스레 4인 좌석에 앉게 되었다.

"카시스를 가보세요. 어제 다녀왔는데 정말 좋더라고요."

계속해서 대화는 여행에 대한 여담으로 이어졌다. 잔은 몰타에 살고 있는 우리 둘에 대해 궁금해했다. 영어 공부와 여행을 위해 거주 중이라고 말하자 그는 기존에 알고 있던 몰타와는 다르다며 꽤 흥미로워했다(그는 노부부가 은퇴하고 살기 좋은 조용한 나라로 생각했다. 뭐 틀린 말은 아니지만). 두 사람은 빈에 놀러온다면 꼭 연락하라며 SNS 아이디를 알려 주었고, 우리 역시 두 사람이 몰타에 온다면 가이드를 해 주겠다고 답했다. 배가 항구에 다다르자 우리는 기념사진을 찍고 그들과 헤어졌다.

그리고 때마침 속옷 대신 비키니를 입고 있었던 터라 그들의 추천대로 카시스를 가기 위해 생 샤를 역으로 향했다. 비록 아무런 정보가 없었지만 사람들에게 물어가며 가까스로 카시스행 기차에 올라탔다. 내일 표까지 덜컥 사 버리며 돈을 다 썼지만 역에서 현금을 찾으면 된다는 생각에 걱정이 없었다.

무사히 카시스 해변까지 도착한 우리는 점심을 먹기 위해 ATM 현금 인출기를 찾아 돌아다녔다. 하지만 이상하게도 카드를 넣을 때마다 오류 메시지가 떴고 이유는 알 수 없었지만, 언니와 내 카드 모두 먹통이었다. 문제는 우리가 가지고 있는 현금이 둘이 합쳐 고작 5유로 남짓이라는 것이었다.

언니는 얼른 카시스에서 놀고 마르세유에서 돈을 찾아 밥을 먹자고 했다. 배가 고팠지만 다른 방법이 없어 해변에 자리를 잡았다. 언니가 먼저 수영을 하러 간 뒤 나는 짐을 지키며 주위를 둘러보았다. 오른쪽 대각선 방향으로 흑인 여자 세 명이 피크닉 바구니에서 음식을 꺼내고 있었다. 음식이 담긴 플라스틱 통은 쉴 새 없이 등장했다. 세 사람은 뚜껑을 열고 각자의 접시에 음식을 담고 있었다.

"맛있겠다."

나는 침을 두어 번 삼키며 그녀들을 힐끔 쳐다보았다. 내 시선을 느꼈는지 흑인 여자 한 명은 나를 쳐다보았다. 나는 시선을 피하지 않고 싱긋 웃었다. 그러자 셋이 동시에 나를 쳐다보며 따라 웃었다. 다른 곳을 보다가도 다시 몇 번은 그녀들과 눈이 마주쳤다. 그러던 중 갑자기 한 명이 자리에서 일어나 접시를 들고서 더벅더벅 내 쪽으로 걸어왔다.

"혹시 음식이 필요해?"

갑작스런 물음에 나는 어떤 대답을 해야 할지 몰랐다. 먹고 싶었지만 선뜻 고개를 끄덕일 수도 없어 우물쭈물거렸다.

"우리는 음식이 많이 남았어, 먹고 싶다면 음식을 가져가도 돼."

말을 끝낸 그 친구가 자리로 돌아가려고 몸을 돌릴 때 나는 조심스럽게 말했다.

"그럼, 미안한데, 조금만 먹을 수 있을까?"

나는 조심스레 걸어가 볶음밥과 치킨 샐러드가 담긴 접시를 받았다. 그리고 접시 하나를 더 부탁해 음식을 나눠 부었다. 그러자 세 사람은 두 접시가 넘치도록 음식을 다시 채워 주었다. 세상에 이렇게 고마울 수가!

"이게 어떻게 된 거야??"

음식을 본 언니는 크게 놀란 듯했다. 언니가 멀뚱히 서 있자 흑인 친구 두 명은 사이다와 요거트를 들고 다시 우리 자리로 왔다. 그리고 자신들은 식사를 다 했으니 더 먹으라며 음식을 통째로 가져와 건네주었다.

"메시! 메시!"

어설픈 프랑스말로 고맙다는 인사를 전했다. 언니는 정말 맛있다며 게다가 쌀을 만난 기쁨에 눈물겨워 했다. 우리는 그 접시를 비워 내고도 한 번 더 볶음밥과 샐러드를 건네받았다. 나는 어떻게해서든 사례를 하고 싶어 가방을 뒤져 보았지만 휴지, 가이드북, 동전 몇닢 선물이 될 만한 것은 없었다. 생각 끝에 세 사람의 기념사진을 찍어 보내 주겠다고 하자 세 친구는 그러지 말고 다 같이 사진을 찍자고 제안했다. 그렇게 멋진 카시스 해변을 배경으로 나는 볶음밥을 들고서 마음씨 좋은 프랑스 친구들과 함께 사진을 찍었다. 그녀들은 해변을 떠나며 마르세유에서 왔다면 항구에서 8시부터 페스티벌이 있으니 꼭 가보라고 말했다. 나와 언니는 고맙다고 놀러 가보겠다고 손을 흔들며 그들과 작별 인사했다.

카시스에서 돌아온 그날 밤 마르세유 항구에서는 그 친구들의 말대로 정말 페스티벌이 열렸다. 행사의 취지는 알 수 없었지만 신나는 분위기에 취해 맥주를 마시며 춤을 추고 있는 사람들을 지켜보았다. 그때 마주보고 서 있던 프랑스 남자 세 명이 성큼성큼 다가와 우리에게 말을 걸었다. 대화를 하던 도중에는 음악이 바뀌었는데 그들이 좋아하는 곡이었는지 신나게 춤을 추기 시작했다. 멀뚱히 춤추던 그들을 지켜보던 중 한 명이 내 손을 덥석 붙잡고 왼쪽 오른쪽 왔다갔다 흔들어 주는데 당황스럽기도 했지만 이상하게 신나고 재미있었다. 춤동작이 갈수록 커지며 팔다리를 휘젓고 강강수월래처럼 우리는 그들과 손에 손을 잡고 원을 그리며 정신없이 광장을 돌고 있었다. 계속 돌면서 어지러웠지만 언니와 나는 낯선 손을 붙잡고 신나게 원을 그리며 뛰어놀았다. 그렇게 미친 듯이 춤을 추던 동양 여자 두 명은 손을 놔 주질 않던 그 남자들에게서 벗어나기 위해 마르세유 광장을 뛰어다니며 달밤의 추격전까지 벌여야 했다. 가짜 전화번호를 쥐어 주고선 무사히 헤어졌지만 막판에는 살짝 겁이 나기도 했던 하루. 그래도 즐거웠다며 신기했던 오늘 일들을 흐뭇하게 떠올려 본다.

우연히 마주친 사람들이 안내해 준 특별했던 여정, 그 예상치 못한 추억을 통해서 알게 된 여행의 묘미가 있다. 가이드북을 덮는다. 그리고 나를 둘러싼 새로운 세상과 눈을 마주치기 시작한다.

내가 사진을 다 찍을 때까지 그 자리를 지켜 주길 바랐어.

아비뇽 페스티벌을 보면서 생각했다. 북적거리는 그 현장도 좋았지만 나에게 여유를 주자고, 모든 걸 다 봐야 하는 게 아니라고.

여행이 목적이 아닌 과정임을 알게 해 준 좋은 사람들과.

프랑스 여행 어떠세요? 즐거워요? 그럼, 이렇게 웃어 봐요.

누군가 하늘에 근사한 그림을 그리고 있다.

내가 다녀온 여정이 특별한 이유는
바로 나만 아는 그 순간 때문이겠지.

18. 각자의 끌림

나비드는 이란 출신의 20대 청년이다. 처음에는 스페인어로 말하는 그가 당연히 스페인 사람인 줄 알았지만 수업 시간 중 "각자의 나라에 대해서 말해 보세요"라는 질문에 그의 국적이 이란이고 사는 곳은 바르셀로나라는 걸 알게 되었다. 그는 모든 사람에게 친절했다. 항상 누구에게든 먼저 다가가 인사를 하는 적극적인 성격이었다. 내가 몰타에서 처음 파티에 초대받고 스페인 축구 경기를 보고 새로운 친구를 소개받은 것도 모두 나비드 덕택일 정도로 그는 모두가 함께할 수 있도록 먼저 다가갔다. 심지어 학교 직원들까지도 도와주는 나비드를 새로 온 학생들은 학교 직원으로 착각하기도 했다. 파티를 유독 좋아했던 나비드는 일본 친구들에게는 일본 요리를, 터키 친구들에게는 터키 요리를 부탁하며 나라별 파티도 기획했다. 가끔 술을 마시면 목소리가 커지고 행동이 과격해지는 나비드를 모두가 좋아할 리는 없었지만 얼굴을 찌푸리며 그를 싫어하는 사람 또한 없었다. 모두가 인정했던 사실은 그가 있기에 우리가 더 즐거울 수 있다는 것이었다.

한날은 몰타 북서쪽에 위치한 골든 베이를 학교에서 단체로 가게 되었다. 버스를 타려는데 학교 직원복을 입고 인원을 체크하는 나비드가 눈에 띄었다.

"왜 일을 하고 있지?"

난 그냥 궁금해졌다. 해수욕장에 도착해서도 그는 모래사장 위에 촛불을 꽂고 불을 붙였다. 기념사진을 찍어 주고 군데군데 흩어져 있는 학생들에게 다가가 이야기를 건네고 건배를 유도했다. 마침 내 쪽으로 다가오는 나비드에게 옆자리를 내주며 말했다.

"좀 쉬어."

하지만 그는 일을 해야 한다며 앉은 지 1분 만에 어디론가 가 버렸다. 그리고 다시 돌아와서는 그대로 수업은 듣지만 여름에 학생들이 늘어나서 잠시 일하게 되었다는 뜻밖의 사실을 알려주었다.

"공부를 하면서 일을 할 수 있다니."

난 그 말을 듣고서 정말 부러웠다.

"나도 너처럼 일을 할 수 없을까? 그렇다면 몰타에서 더 없이 완벽할 것 같은데..."

"수지도 당연히 일을 할 수 있지. 안 그래도 상의하고 싶은 게 있었는데..."

나비드는 다음 주 월요일 스페인에서 단체 학생들이 온다며 그들을 위한 파티를 하자고 이야기했다. 자신이 모히토를 만들고 내가 스시를 만드는 제안이었는데 대부분 일본 친구들이 떠나 스시롤(일반적인 스시가 아닌 김밥처럼 재료를 넣어 만드는 롤)을 만들 수 있는 사람이 없다며 내게 부탁하는 것이었다. 나는 이 일을 계기로 나비드처럼 일할 수 있는 기회를 얻을 수 있지 않을까 생각하며 돕기로 마음먹었다.

스시만 만드는 게 못내 아쉬워 김밥 재료까지 구매하며 참가비를 5유로로 결정하였다. 하루에 만들 수 있는 음식도 한정되어 있어 참석 인원은 40명으로 제한했다. 둘이서 낑낑대며 장을 보고 반나절 넘게 음식을 만들었던 파티는 꽤 성공적이었다. 순식간에 40명이 넘는 사람이 몰려와 금세 음식이 바닥났고 나비드와 내 이름을 외쳐 주며 술잔을 비우기도 했다. 하지만 내 기대와 달리 오늘 파티는 그가 개인적으로 벌인 일이라 별다른 혜택을 기대할 수 없었다. 심지어 5유로 참가비까지 지불하며 요리, 청소까지 도맡아 해야 했던 나는 기분이 좋지 않았다. 참가비를 내지 않은 친구들이 있어 내가 부담했던 재료값의 일부는 회수가 불가능했기 때문이었다. 계속 투덜거리며 그들을 운운하자 그는 모히토 한 잔을 건네주며 내 옆으로 다가왔다.

"제일 맛있게 만들었어. 수지, 오늘 일을 도와줘서 정말 고마워."

그는 이 건물에서 나와 자신이 가장 오래된 사람인데 그런 내 존재가 많이 의지가 되었다며 앞으로도 잘 부탁한다는 말을 건넸다. 정말 생각해 보니 둘만 남아 있었다. 함께 알고 지냈던 많은 친구들이 떠나갔고 현재 건물에 사는 이들은 전부 새로운 사람들이었다. 목까지 차올랐던 서운함을 꿀꺽 삼켜 버렸다. 그간 나비드와 함께했던 시간을 생각하니 돈은 따지고 싶지가 않아졌기 때문이었다. 대신 나도 여러모로 고마웠다는 말을 전하며 그에게 잔을 부딪쳤다.

나는 몰타에서 할 수 있는 일이 없을까 기대했던 마음을 털어놓았다. 그러자 나비드는 자신이 무엇을 바라고 학교 일을 시작한 것은 아니라며 힘을 주어 이야기했다.

"중요한 것은 동기부여잖아."

Motivation. 이 단어가 나비드에게는 특별한 힘을 이끌며 존재하는 듯했다.

"아무도 수지가 해야 할 일을 알려 주지 않아. 그냥 네가 하고 싶은 일은 마음이 알고 있잖아."

그가 일하던 모습은 나에게 돈을 벌 수 있을지도 모른다는 기회로 보였지 사람들의 즐거움을 위해 일하고 싶은 진심어린 동기부여는 없었

추억은 식물과 같다. 어느 쪽이나 싱싱할 때 심어 두지 않으면 뿌리박지 못하는 것이니, 우리는 싱싱한 젊음 속에서 싱싱한 일들을 남겨 놓지 않으면 안 된다. -생트뵈브-

다. 좋아하는 행동에서 기회를 얻게 된 그는 조건보다 자신의 마음을 따르고 있는 것 같았다. 마음의 관심에서부터 시작해야 했던 나는 뭐라고 대답할 수 있을까? 나의 동기부여는 과연 무엇일까?

생각과 문화가 다른 사람들을 만나 이해하며 사는 지금이 좋았다. 파편처럼 흩어졌던 바람을 하나씩 실천해 가는 현재의 삶에 만족하고 있었다. 평생 몰타에 거주하거나 여행만을 하며 살 순 없겠지만 내 스스로 이끈 시간임은 분명했다. 다른 사람의 삶이 그럴듯하게 보여 내가 나를 이끌었던 진심마저 잊어버려서는 안 되는 일이었다.

요즘 들어 시간이 지날수록 몰타에서의 추억이 묘연해져 가는 느낌이 싫었다. 그럴 때마다 긴 여행 속에서 사진 한 장 찍지 않은 공허한 기분만 들었다. 벌써부터 머리에 떠도는 잔상을 그리워하며 달래는 아쉬움도 어제와 오늘이 달랐다. 방금 전 나비드와 나누었던 대화도 어딘가에 적어 두고 싶을 만큼 의미 있었지만 벌써 일부분이 날아가 버린 것 같았다. 내가 느끼고 생각하는 이 무언가를 남겨야겠다는 것이 지금 가장 하고 싶은 일이었다. 나는 내 마음이 무엇을 원하는지 알 것 같았다. 빗물에 번져 가는 추억을 선명하게 간직할 수 있는 채색. 지금 하지 않으면 절대 안 될 것 같은 그것을 당장 시작해야만 했다.

19. 15? 50?

"2~3주 코스로 다녀가는 애들이 많아. 근데 제발 스페인 고등학생은 안 왔으면 좋겠다. 얘들은 밥 먹고 설거지도 안 하고 개념이 없어. 정말 짜증나."

러시아에 있는 줄리아와 화상 채팅으로 이야기 중이었다. 그녀가 플랫을 떠난 뒤에 스페인 고등학생 세 명이 왔다. 그들은 나이와 이름을 물어도 영어로 잘 대답하지 못했다. 나는 번역기를 띄워 가며 대화를 시도했지만 어느새 말문이 닫히고 집안 분위기는 삭막해져 갔다.

줄리아는 웃었지만 나는 진지하게 한숨을 토해 냈다. 스페인 고딩들이 다녀간 뒤로 플랫메이트의 나이와 국가는 매우 중요해졌다. 한꺼번에 방이 비어서인지 누가 올지 걱정이 되었다. 운이 나쁘다면 지난 번처럼 어린 학생들이 올 수 있는 상황이었기에 불안한 마음에 학교 사무실을 찾아갔다.

"혹시 제 플랫에 올 학생들 국적과 나이를 알 수 있을까요?"

학교 직원은 스케줄 표를 열어 예약 현황을 확인했다.

"열다섯 살 스페인 여자 두 명, 같은 학교에서 오네. 다음 주 목요일에 도착하게 될 거야."

"스페인이요? 열다섯 살이라고요?"

스페인 친구들은 지난번처럼 답답하게 있지 말고 규칙을 잘 정하라고 말했다. 그 꼬맹이들이 오면 기본 사항은 스페인어로 잘 말해 주겠다며 다독여 주었다. 그렇게 새 식구가 오던 날 나는 네 명의 스페인 친구와 함께 있었다. 누군가 키를 꽂았고 밖에선 열쇠가 헛 돌아가는 소리가 들려 뛰어가 대문을 열었다. 그런데 예상 밖의 상황에 잠시 멈칫했다.

"Hola ~ Hola"

내 눈앞에는 열다섯 살 소녀가 아닌 중년의 여성 두 분이 서 계셨다. 어떻게 된 일이지? 친구들도 일어서서 여성 두 분에게 스페인어로 인사를 했다. 친구들은 차근히 그녀들과 대화를 나누었다. 웃으며 스페인어로 이야기하는 그들 사이에 나는 궁금한 것이 너무나 많아졌고 두 분은 대화 끝에 큰 소리로 웃으셨다.

"하하, 나는 열다섯 살이 아니라 쉰 살이에요."

스페인 친구는 마지막 퍼즐 한 조각을 덧붙이는 말을 했다.

"이 분들 같은 학교는 맞아. 고등학교 선생님이시래."

이제서야 상황 파악이 된 나는 부끄러움에 어쩔 줄을 몰랐다. 그만 나이를 착각하고 만 것이다. 키가 큰 금발의 수산나는 영어가 서툴렀는데 학교에서 스페인어를 가르친다고 자신을 소개했다. 하지만 빨간 곱슬머리 로사는 영어가 굉장히 능숙했는데 역시나 담당 과목은 영어였다. 두 분은 영어 연수와 여행을 위해 몰타에 한 달간 머물 예정이라고 하셨다. 특별히 스페인 사람이 없는 방을 부탁했고 그러니 나와도 영어로 자주 대화를 하고 싶다며 "only english"를 강조하셨다.

나는 집안 곳곳을 안내하며 함께 사용하는 공동 집기들도 보여드렸다. 하지만 두 분은 냄비 심지어 커피포트까지 전부 새 물건으로 장만해 사오셨다. 담배를 필 때는 베란다를 사용해도 되는지 아니면 밖에 나가야 하는지 물으셨다. 나는 집안만 아니면 상관없다고 베란다를 권해드렸는데 거실에서 접시에 담뱃재를 털던 예전 룸메이트들과는 상반된 매너였다. 고등학교 여교사와 담배는 그리 어울리는 조합은 아니었지만 그들이 너무 모범적인 면을 강조하진 않을 거란 생각에 살짝 긴장되었던 마음이 풀어졌다. 두 분은 분명 고등학교 선생님이 아닌 로사와 수산나로 몰타에 온 것이다.

짐 정리가 끝났는지 두 분은 거실로 나와 의자를 식탁에 올리고서 물청소를 시작했다. 갑작스런 대청소 분위기에 얼떨결에 도와드리려 다가갔는데 로사가 나를 말렸다.

"평소에 그냥 지냈을 텐데 신경 쓰이지? 내 습관이니 잠시만 참아요."

다음 날부터 집안의 변화가 제대로 느껴졌다. 새벽부터 인기척이 느껴지고 맛있는 음식 냄새가 났다. 걸레 같던 행주가 없어지고 새하얀 수건이 싱크대 위에 놓여 있었다. TV는 줄곧 BBC에 고정되었고 밀린 설거지도 전혀 없었다. 두 분은 학교를 다녀오신 후에 항상 식탁에 앉아 복습을 하셨다. 그리고 이런 말씀을 하셨다.

"몰타에서 할 수 있는 가장 멋진 일은 해변에 다 있어."

말씀대로 늘 건조대 위에는 스트링 비키니 두 벌이 걸려 있었다. 나는 나이대를 가늠할 수 없는 그 끈으로만 이어진 섹시한 라인에 감탄을 연발했다.

"제 것보다 훨씬 예쁘고 멋져요."

50대의 취향이라기엔 다소 골반이나 가슴 노출이 있는 파격적인 디자인이었지만 같은 여자인 내 눈길을 단번에 사로잡는 센스 넘치는 비키니의 정석이었다. 몰타의 바다를 위해 새로 장만했다며 두 분은 즐거워하셨다.

바다에서 비키니를 입을 수 있는 자신감보다 저 연배에 비키니를 즐길 수 있는 관록은 정말 이 다음에 내가 닮고 싶은 훗날의 모습이기도 했다. '이참에 반팔 티셔츠와 반바지만 고수하는 엄마에게 예쁜 비키니 한 벌을 선물해 볼까?' 고민해 보며 두 분의 매력에 퐁당 빠져 버렸다. 우리는 아무런 불편함 없이 잘 지냈다.

어쩌다 한국 음식을 만들어 드시라고 메모를 남겨 놓으면 다 먹은 접시에 과일이나 과자를 놓아두시는 자상한 두분이셨다. 다만 혹여나 불편함을 느끼진 않을까 두 분이 외출을 한 사이에만 친구들을 집으로 불렀다. 하지만 한 날은 나를 불러 이렇게 당부하시기도 했다.

"친구들 데려와서 편히 놀아도 돼, 재미있는 파티가 있거든 우리도 불러 주렴. 우린 할머니 아니야."

나는 파티도 괜찮을까 여쭤 봤지만 로사와 수산나는 상관없다고 오히려 반가워했다. 그리하여 한 일본인 친구의 생일 파티를 위해 친구들과 주방에서 음식을 만들었다. 두 분은 내가 김밥 만드는 걸 보고선 계속 사진을 찍었고, 수산나는 마드리드로 돌아가서 직접 해먹겠다며 레시피까지 적어 갔다. 정말 솜씨는 엉망이지만 몰타에서는 내가 김발만 잡고 있어도 셰프가 되어 가는 기분이었다. 스페인 친구들은 토르

티야와 파에야, 일본 친구들은 케이크과 카라게, 터키 친구는 케밥을 만들었다.

로라와 수산나는 이 모든 광경을 즐겁게 지켜보던 중 잠시 외출을 하더니 과자와 와인을 한가득 사들고 와 우리에게 나눠 주었다. 왜 이렇게 많이 사오셨냐고 물었지만 모두를 위한 것이라 두 분은 말씀하셨다. 우리는 큰 소리로 감사의 인사를 전했다.

당사자 모르게 생일 파티를 준비했던 우리는 생일 축하 노래와 함께 'I LOVE MALTA' 티셔츠에 축하 메시지를 담아 선물로 주었다. 다 함께 음악에 맞춰 춤을 추고 뷔페처럼 접시를 들고서 다양한 음식도 맛보았다. 파티에 참석한 친구들은 먼저 로사와 수산나에게 다가가 인사를 했다. 그녀들은 많은 친구들과 이야기를 나누며 파티를 즐겼다. 와인 잔을 들고 사뿐사뿐 발을 내디디며 춤을 추실 때는 두 분을 에워싸고서 박수를 치며 호응했다. 친구들은 두 분이 움직일 때마다 더 신이나 소리를 질렀다. 분위기에 덩달아 신이 난 듯 더 활발히 움직이며 로사와 수산나는 우리의 환호성에 보답했다.

"나이는 숫자에 불과하다"는 말은 아마도 이 두 분께서 몸소 실천하고 계신 것이 아닐까 생각했다. 젊은 사람이든 낯선 공간이든 얽매이지 않고 너그럽게 상황을 포용하셨던 두 분은 권위보다는 조화를 이루고 계셨다. 처음엔 두 분의 나이가 어렵고 까마득했지만 단지 숫자 안에 규정짓는 일을 더 두려워해야만 했다. 세월이 흘러 성숙해지기 위한 대가를 나이라고 한다면 두 분은 세상과 조화를 이루는 과정이 정말 능숙하신 게다. 자신을 위한 삶일지라도 함께 있는 나로서는 정말 많은 걸 배울 수 있었다.

파티가 끝나자 두 분은 진한 남미식 키스로 잠자리에 들기 전 내게 인사를 해 주셨다. 볼과 볼이 맞닿으며 전해지는 따뜻한 온도가 내 얼굴 주위를 감싸 돌았다.

"우린 귀마개를 하고 잘 테니 걱정 말고 여기서 더 즐거운 시간을 보내."

나머지 친구들에게도 빠짐없이 인사하며 두 분은 방으로 들어가셨다. 우리는 그녀들의 배려에 일본 친구들에게 전수받은 대부호 게임(손에 쥐고 있는 카드를 최대한 빨리 버리는 게임)과 신경쇠약 게임(엎어져 있는 카드 두 장을 뒤집어 같은 숫자를 찾아내는 기억력 게임)을 하며 밤새도록 카드놀이를 했다. 그렇다고 눈치 없이 큰 소리를 치거나 소란을 피우는 사람은 단 한 명도 없었다.

내가 집으로 돌아간다면 꼭 엄마에게 들려주고픈 이야기가 생겼다. 엄마는 믿기 힘들겠지만 바로 엄마의 동갑내기 스페인 친구들이 나와 함께 동거하며 가르쳐 준 특별한 50대의 청춘나기. 이건 상상이 아닌 실제 상황이었다고.

공부는 언제든 늦지 않다.
비키니는 바다의 정해진 패션이다.
티 팬티는 불편하지 않다.
정해진 시간의 기상과 취침이 건강에 좋다.
파티에는 연령 제한이 없다.
여자는 혼자보단 친구와의 여행이 낫다.

나이를 먹는 것보다 늙는다는 것을 두려워해야 한다.

.

.

내가 만났던 가장 멋진 50대의 청춘

Station4_만남의 광장

해가 지기 전까지 물 한 모금 마시지 않는

사람에서부터 밥을 먹으면서 춤을 추는 사람까지

생각해 보면 나는 이들을 만나고 이해하며 흔치 않게 변해 갔다.

1. 슬레이마에서 우연히 세 번 만난 남자

도쿄에서 함께 일본어 공부를 했던 스웨덴 친구 요아킴이 몰타에 여행을 오게 되었다. 지난 스웨덴 여행을 함께하고서 2개월 만이다. 그와 점심 약속을 잡았던 나는 수업이 끝난 후 슬레이마에 위치한 블랙골드 레스토랑 앞에서 만나기로 했다. 오전내내 혼자서 돌아다녔던 요아킴에게 무엇을 했냐고 물으니 그는 슬레이마에서 우연히 마주친 일본 남자에 대한 이야기를 들려주었다.

"처음에 그 일본 사람은 자기가 찾고 있는 곳을 아느냐고 물어 봤어. 지도를 봐도 난 당연히 알리가 없잖아. 어제 몰타에 도착해서 모른다고 하니까 나를 몰타 사람인 줄 착각했다고 하더라고. 그리고 헤어졌는데 한 시간 지나서 다시 길에서 마주쳐서 목적지를 찾았냐고 물어 보면서 잠시 이야기하게 되었지. 내가 일본어로 말하니까 깜짝 놀라면서..."

나는 요아킴이 들려주는 그 일본 남자 이야기를 들으며 점심 메뉴를 고민했다. 몰타에만 있는 음식을 먹고 싶다는 요아킴의 말에는 주저 없이 토끼 요리가 유명한 레스토랑으로 그를 안내했다. 그런데 갑자기 맞은편에서 걸어오던 누군가가 요아킴의 이름을 크게 불렀다. 요아킴도 가까워진 상대를 확인하자 손을 건네며 악수를 청했다.

"세상에 내가 말했던 오전에 만난 그 일본 남자야."

우리 쪽으로 다가온 일본 남자는 나보다 어려 보이는 앳된 얼굴이었다. 그는 비스듬하게 포개진 송곳니가 훤히 보일 정도로 환히 웃어 보였다. 둘은 악수를 하며 반가워했고 요아킴은 그에게 목적지를 찾았냐고 물었다. 그는 여태껏 헤매다 이제야 잘 찾아가는 것 같다고 말하자 요아킴은 멀뚱히 서 있던 나를 불렀다. 그리고 몰타에 살고 있는 친구라며 길을 확인해 줄 수 있을 것이라 소개했다. 일본 남자는 나에게 가벼운 눈인사를 건네며 가방에서 지도를 꺼내 목적지를 가리켰다. 나는 그가 표시해 놓은 지도를 자세히 살펴보았다. 그가 손가락을 짚은 곳은 우리 집과 가까웠다. 아니, 자세히 보니 내가 사는 건물처럼 보였다. 목적지 주소를 묻자 그는 종이 한 장을 꺼내어 나에게 보여 주었다. 그 주소를 보자 나는 그만 놀랍고 기가 막혀 웃음이 터져 버렸다.

"여기 제가 살고 있는 곳이에요."

나는 이름이 쓰모루라는 그 일본 남자에게 아마도 당신이 찾고 있는 건물에 내가 살고 있는 것 같다고 말했다.

"정말이에요? 진짜예요?"

그는 놀란 나머지 몇 번이나 믿을 수 없다는 듯 확인을 되풀이했지만 신기하기는 나도 마찬가지였다. 우리는 길가에 멈춰서 방금 전까지 당신의 이야기를 했다며 다시금 반가움을 표했다. 그 와중에도 그는 요아킴의 일본어를 신기해하며 나에게도 혹시 일본말을 할 수 있는지 물었다. 나는 요아킴과 일본에서 만난 친구 사이라고 일본어로 대답했다. 그러자 일본 남자는 구수한 본토 발음으로 이 웃지 못할 상황을 표현했다.

"今日は ヤベ やばいですね(대박, 오늘 장난 아니네)."

나와 요아킴은 누가 먼저랄 것 없이 식사를 함께하자고 권했다. 그는 주저 없이 우리와 함께했다. 토끼 요리를 먹고 슬레이마에 있는 블랙골드로 자리를 옮겨서는 맥주를 마셨다. 이쯤되면 "왜 몰타를 오게 되었나요?"는 첫 만남의 공식 질문이 된 것 같다. 요아킴은 나를 만나러 왔다고 이야기했고 살짝 장난기가 발동한 나는 쓰모루를 안내하기 위해서 몰타에 왔다고 말했다. 쓰모루는 내 장난을 이어받아 요아킴을 우연히 만나기 위해 몰타에서 서성거렸다고 했다. 그리고 세 번이나 만나게 된 인연을 기념하기 위해 간빠이(일본어), 건배(한국), 스콜(스웨덴어)을 번갈아가며 반갑게 잔을 부딪쳤다.

몰타 사진을 보고서 꼭 가야겠다는 생각이 들었다는 쓰모루. 그 진짜 이유를 듣고선 나는 몰타라는 이름을 듣고서 마음먹었던 처음 그 설렘이 떠올랐다. 그 생소했던 이름만 들어도 두근거렸던 그때, 사진을 보면서 고대했다던 쓰모루와 나는 분명 비슷한 마음으로 몰타에 와있는 것 같았다. 잠시 현실을 피하고 싶은 마음이야 일본과 한국은 크게 다르지 않을 테지만, 이미 쓰모루는 CISK를 들이켜 탄성을 지르고 있었다.

"맛있다! 좋다! 행복하다!"

"정말 바다가 아름다워요!"

"저 토끼 고기는 난생 처음인데 진짜 색다르네요."

그가 하는 말 전부가 이해되었던 것도 나 또한 처음엔 그랬으니까. 그저 달라진 게 있다면 몰타보다도 이제는 이곳에 살고 있는 내가 더 특별해진 느낌이었다. 한국이 나의 현실인 줄 알았지만 이제는 비현실적인 세상이 되었다지요. 그러니 지금 막 도착한 이곳에서 꿈만 같은 현실이 존재하고 있다는 사실을 쓰모루가 어서 느낄 수 있길 바랐다. 물론 그 방법은 각자의 마음에 달려 있겠지만 웬만해선 알게 될 테니 말이다. 그래서 나는 내가 알고 있는 몰타의 일부분만 그에게 귀띔을 해 주었다.

우리는 해가 바닷속으로 사라질 때까지 술을 마시며 여행, 일본, 몰타로 주제를 바꿔 가며 대화를 나누었다. 하루에도 수백 명이 오고가는 슬레이마 길목에서 요아킴과 쓰모루가 세 번을 마주치고, 내가 사는 곳이

쓰모루가 찾던 곳이고, 지금은 그 집으로 우리 모두가 함께 돌아가고 있었다.

신라면의 맵기가 가장 적당하다는 것도, 일본에서 살았던 시절 동네가 가까웠다는 것도, 가리가리 군 아이스크림과 아사히 맥주가 그립다는 것도 별거 아니었지만 이 모든것들이 전부 인연처럼 느껴졌다. 지금 느끼는 것 작은 하나까지도 제법 커 보이는 우연의 일치로 길 위에서 피어난 인연들은 그렇게 서로에게 허물없이 다가가고 있었다. 그리고 보니 사람이 가까워지는 데 필요한 것은 너와 내가 다르지 않다는 서로의 마음이겠지. 다른 시간 속의 우리였지만 같은 걸 보고 즐기며 웃고 똑같이 좋아했을 테니까. 걸어가면서 요아킴은 엊그제 본 〈아메토크〉*가 재밌었다고 나는 지난주 〈런던하츠〉**가 훨씬 더 재밌었다고 말하자 쓰모루는 격하게 공감하며 말했다.

"그런데 도대체 여기가 어디지? 나 도쿄로 다시 돌아온 거야?"

쓰모루는 자신이 있는 곳을 도통 모르겠다며 웃어 댄다.

너의 새로운 모습을 찾게 될 몰타에 온 것을 환영하며 Welcome to Malta! Thumoru!

2. 인연의 시작

5년 전 도쿄의 마지막 날. 비도 내리고 날씨는 점점 쌀쌀해졌다. 요아킴은 약속 시간보다 세 시간이 지나서야 시부야 HMV 앞에 도착했다. 우산도 쓰지 않고 헝클어진 머리로 허겁지겁 달려와서는 어제 아침까지 술을 마시고 놀다가 늦었다는 변명을 늘어놓았다. 나는 화가 났지만 마지막 인사를 건넨 뒤 10분 만에 헤어졌다. 예약한 식당도 못 가고 마지막을 이렇게 보내다니 허탈감뿐이었다. 내일이 귀국이라 언제 다시 만날게 될지는 기약이 없었다.

사귀자고 말하고선 다시 헤어지자며 갈피를 못 잡는 사이. 술에 취하

---

*   일본방송 TV아사히의 예능 버라이트쇼. 폭로에 폭로를 일삼는 토크쇼 형식의 예능으로 출연자들이 사투리도 쓰며 흥미진진한 담화를 펼친다.

** 일본방송 TV아사히의 간판 예능 프로그램. 몰래카메라, 아바타 등 우리나라에서도 시도되었던 프로그램 내용이 종합적으로 구성된 예능쇼. 일본에서는 아이들에게 가장 보여주고 싶지 않은 방송으로도 선정되었다.

면 다시 좋아져서 입 맞추는 사이. 함께 밤을 지새면서도 끝내 관계는 없는 사이. 이런 애매한 행동에서 우리는 늘 미묘한 친구 사이였다. 그래도 요아킴이 특별하게 생각되었던 이유는 장난처럼 손가락을 걸었던 조금 엉뚱했던 그 약속 때문인지도 모르겠다.

"마흔이 되어서도 둘 다 혼자라면 그때 우리 결혼하자."

요아킴과는 말 많고 탈 많았던 6월의 스톡홀름 여행을 함께했었다. 나는 오랜만에 만났던 그를 보자마자 "오 ! 지저스"를 외쳐 버렸다. 하루에 반 갑을 피던 담배를 끊고 뽀얗던 피부는 덥수룩한 수염이 덮어 버려 예수님처럼 변해 있었다. 외형 뿐만 아니라 내면의 생각도 많이 변한 듯 한결 차분해진 그의 모습은 낯설면서도 왠지 편안해 보였다. 요아킴은 이대로 헤어지긴 아쉽다며 방학을 이용해 다시 한 번 나를 만나러 가겠다고 약속했다. 그 말을 듣고서 여행을 떠나기 전처럼 잠시 설레였지만 큰 기대도 하지 않았다. 그저 반가움에 입을 맞추고 한 방을 써도 여전히 관계없는 우리는 일본에서처럼 모호한 어쩌면 그 순간의 적적함을 달래는 조금 남다른 친구 사이일 뿐이었다.

2인실을 혼자서 부담했던 한 친구의 배려로 그를 내가 사는 건물에 머물게 했다. 덕분에 그는 많은 친구들을 사귀고 파티를 즐길 수 있었다. 얼떨결에 가게 된 카지노에서는 10분 만에 250유로를 따며 모두의 부러움을 샀지만 "이 돈은 내 것이 아닌 우리 모두의 것"이라며 수십 명의 친구들에게 돈이 떨어질 때까지 보드카도 돌렸다. 친구들은 그런 그를 따르고 좋아했지만 나는 '괜스레 자기 차비도 없이 돈 다 쓰는 거 아닌가' 하는 걱정스러운 마음이 앞섰다. 그러면서도 '그냥 하고 싶은 대로 하게 내버려두자. 나와는 상관없지 않은가' 그렇게 생각하려 애썼다. 아마도 참견이든 조언이든 그 모든 것을 호감으로 보이지 않기 위해 의식을 했던 것 같기도 하다. 그 사이에 요아킴은 끊었던 담배를 피고 술을 마시며 자기가 참아왔던 것들을 몰타에서 자유로이 풀어놓고 있었다.

요아킴은 5일 동안 혼자서 해안도로 주변을 걸어다녔는데 떠나기 이틀 전에는 나도 그 산책길을 따라 나섰다. 맨발로 걸으면 기분이 좋아진다며 그는 한참을 신발 없이 거리를 거닐었다.

"도대체 언제까지 걸을 작정이지?"

나는 이만하면 충분하다며 돌아가자고 말했지만 어느새 두 시간 남짓 걸은 우리는 파처빌까지 와 있었다.

"몰타 진짜 좋아, 정말 좋아."

찬양을 하며 다시 집으로 향하던 중, 요아킴은 몰타를 떠나는 날 저기 보이는 인도 식당에서 함께 점심을 먹고 이 해안도로를 따라 한 번 더 걷고 싶다며 손을 꼭 잡아 주었다. 큰 의미가 없는 줄 알면서도 내심 기분은 좋았다. '그렇다고 절대 좋아하는 건 아닌데'라는 생각을 주문처럼 되뇌면서도 두근거리고 있었다. 조리 슬리퍼를 신고 계속 걸어서인지 발뒤꿈치 힘줄이 땅기며 따끔거렸다. 조금 쉬었다 가고 싶어 벤치에 앉아 다리를 두둘기자 요아킴은 자신의 등을 내어 주며 "어부~바"라고 갑작스럽게 한국말을 했다. 순간 그 정확한 한국 발음에 놀라 당황했다. 이 말을 어떻게 알고 있었을까? 한참을 깔깔대고 웃다가 등을 한 대 내려치고선 에라 모르겠다 냉큼 업혀 버렸다. 그는 내가 7년 전 가르쳐 주었던 말을 기억하고 있다며 "안녕하세요, 감사합니다"와 같은 간단한 인사말을 시도했다. 순간 그 평범한 한국말들이 전혀 다른 의미의 감동을 가져다주며 나를 떨리게 했다.

요아킴은 떠나기 전날까지도 파처빌을 가길 원했다. 나는 다음 날 수업이 있어 가지 않았지만 그는 금방 돌아올 테니 걱정하지 말라며 나가 버렸다. 다음 날 아침, 밖에서 시끄러운 음악 소리가 들려 나가 보니 인사불성이 된 친구들이 보였다. 그중에 가장 눈에 띄었던 건 단연 요아킴. 시간을 확인해 보니 오전 7시를 막 지나고 있었다. 결국 공항 출발 시간에 맞춰 요아킴을 깨웠고 그는 일어나자마자 클럽에서 지갑을 잃어버렸다며 차비를 빌려달라고 부탁했다. 나는 화가 나기보다 문득 도쿄에서의 마지막 날이 떠올랐다.

'그래 나는 조금 오래 알고 지낸 한국인 친구일 뿐이야. 중요한 사람이 아니야. 더 이상 마음 쓰지 말자. 나를 보러 온 것이 아니라 몰타에 여행을 온 것이고 데이트 신청도 단순한 예의고 업어 주고 손을 잡아 준 건 의미 없는 스킨십이야.'

나는 더 이상 상처받기 싫었다. 여전히 이러한 감정 소모에 익숙지 않았고 그저 나를 이 속상한 상황에서 꺼내 오고 싶었다. 여기서 조금만 더 깊게 생각해 버린다면 요아킴을 내 맘대로 오해하고 미워할 것만 같았다. 나는 돈을 주고서 공항으로 가는 내내 아무런 말도 하지 않았다. 그는 약속을 지키지 않은 자신을 원망하며 사과를 했지만 나는 무슨 이유에서인지 두 눈만 빨갛게 물들어 갔다.

공항에 도착한 후 한 시간 정도 여유가 있어 우리는 공항 밖 벤치에 앉았다. 나는 조용히 말문을 열어 사실 약속을 지키지 않아 많이 실망했다고 속내를 털어놓았다. 그러자 요아킴은 지난 몰타에서의 일주일을 해명하듯 이야기하기 시작했다.

"몇 년간 틀어박혀 대학 공부만 해서인지 새로운 모험을 하는 기분이었어. 계속 무언가 하고 싶게 만드는 마음을 주체할 수 없었는데, 즐거웠던 일본에서의 생활도 생각나고 정말 신이 나서 모든 것을 잊어버릴 정도였어. 사실 어젯밤도 즐거워서 돌아올 수 없었거든."

그는 자신의 속도를 되찾은 평생 기억에 남을 시간이라며 도리어 고마워했다. 그의 행복에 겨운 고백을 듣고서 나는 그거면 됐다고 아무렇지 않은 듯 답했지만 서운함은 여전히 가시질 않았다. 우리는 대화를 끝내고 공항 안으로 들어갔다. 곧 헤어질 아쉬움에 포옹을 하며 마지막 인사를 나누었다. 자주 연락하자는 요아킴의 말에 나는 장난스럽게 대답했다.

"네가 여자친구가 생기기 전까지는."

"너가 내 여자친구 해주면 되잖아."

요아킴은 묘한 한마디를 남기며 내게 입맞춤을 해 주었다. 그리고 그 행동의 의미를 알 겨를도 없이 요아킴은 입국장으로 들어가 버렸다.

'잠시 함께 있으면서 생긴 호감 정도겠지. 아니면 지금까지 몰타의 즐거웠던 추억에 취해 있거나.'

그렇게 요아킴은 떠나고 우리는 언제 다시 만나게 될지 모르는 사이가 되었다. 나는 집으로 돌아와 피곤함에 곧장 침대로 향했다. 이불을 걷고 누우려는데 주황색 구슬이 달려 있는 책갈피와 하트 세 개가 그려져 있는 엽서 한 장이 침대 위에 놓여 있었다. 나는 그 엽서를 들고서 천천히 읽어 내려갔다. 울퉁불퉁한 히라가나와 한자 때문에 웃다가도 코끝이 찡해져 한참을 훌쩍거렸다. 편지를 다 읽고선 갑자기 요아킴이 무척이나 보고 싶어져 한참 동안이나 그를 생각했다.

다음 날 요아킴과의 화상 채팅에선 중간 중간 친구들도 화면에 등장하며 그에게 인사를 건넸다. 그날 이후로 요아킴과 나는 며칠 동안 때로는 밤을 지새어 가며 화상 채팅을 했다.

"수지가 당황할 때 입술을 내미는 표정이 좋아. 진짜 다른 사람 말을 잘 들어 줘. 요리를 원래 그렇게 잘했어?"

평범한 내 모습이었지만 나를 예쁘게 바라봐 주는 그 말들이 좋았다. 내가 친구들에게 자신을 소개할 때도 각별한 감정이 느껴졌다는 요아킴과의 대화에서 어긋나고 짐작만 했던 서로의 진심을 확인해 가며 어느새 우리는 연인이 되어 있었다.

만남을 시작하기에 앞서 우리는 같은 고민을 털어놓았다. 자주 만날 수 없다. 서로 떨어져 지내는 동안 더 좋은 사람을 만날지도 모른다. 혹시 좋은 사람을 만나게 된다면 꼭 솔직히 이야기하자고 숨기지 말자고 약속하는 조금은 이상한 연인이었다. 먼 길을 돌아 만나게 되었지만 엄청 근사한 사랑을 기대하거나 꿈꾸지는 않았다. 그보다 이 사람과는 진짜 아프지 않았으면 좋겠다는 마음이 간절했던 것 같다. 어떤 미래의 근사한 상대가 다가올 것이라는 막연한 기대보다는 지금 나를 좋은 사람으로 바라봐 주는 이 사람을 만나기로 마음먹었다. 네가 날 믿는다면 내가 널 저버릴 일은 절대 없을 거라는 그 말을 믿어 보며 1년에 한 번을 만나더라도 우리는 시작해 보기로 했다. 그리하여 나는 9월 이스탄불행 티켓을 취소하고 스톡홀름행 티켓을 끊었다. 사랑이 두렵지 않다는 건 거짓일 테지만 사랑은 하지 않을 수는 없다는 게 내 진심이기도 하다.

"오늘은 날씨가 좋은 편이네" 비가 내리지 않으면 그나마 다행이라는 스웨덴 날씨.

사랑스러워서 한참을 바라보았던 아이.

사랑이란 게 처음부터 퐁당 빠지는 것인 줄로만 알았지, 이렇게 서서히 물들어 버릴 수 있는 것인 줄은 몰랐어. – 영화 〈미술관 옆 동물원〉의 대사 중 –

요아킴은 나에게 꿈이 무엇인지 물어 보았다.

하고 싶은 다른 것들이 많았지만 갑자기 반도네온이 내 머릿속을 가득 채웠다.

"나 반도네온을 배우기 위해 아르헨티나에 가고 싶어."

요아킴은 그 꿈을 잊지 말라고 했다. 언제쯤 갈 수 있을까? 막연하지만 갈 수 없더라도 갈 수 있게 만드는 게 꿈이라고 한다. 그 꿈을 포기하지 않고 잊지 않는 것이 꿈을 이루는 일이라고 한다. 나는 꿈이 있기에 행복한 사람이라고 한다.

3. 나라별 레시피

릭키 왕(Ricky Wong: 남/중국): 처음 몰타에 오자마자 초대받았던 중국식 저녁식사에서 열심히 밀가루 반죽을 하고 있었던 중국 친구.

　　저녁 초대를 받아 갔건만 한창 식사 준비 중이었던 릭키는 만두 속에 넣을 파를 다져달라고 부탁했다. 나는 열심히 파를 다졌지만 친구의 마음에 들지 않아 저녁을 한 시간 뒤에 먹을 수 있었다. 릭키가 다진 파는 가는 소금 같았고 내가 다진 파는 굵은 소금 같았다.

주디(Judy: 여/중국 칭다오): 3주간 함께 살았지만 알 수 없는 이유로 갑자기 짐을 챙기며 사라진 의문의 룸메이트. 유독 닭목과 생간(生肝) 등 특수 부위를 좋아했다.

　　이른 아침부터 주디가 시끄럽게 요리를 하고 있었다. 직사각형 모양의 중식칼을 들고 닭목을 자르고 있는 그녀. 마치 도끼로 닭을 찍어 내

중국식 닭요리와 만두. 왜 파를 잘게 다져야했는지 만두 한 입 베어 먹고서 알았다.

는 듯한 살벌한 분위기. 바구니에 쌓인 닭목을 보고선 무서워졌다. 도대체 저 무시무시한 중국집 칼은 어디서 났는지 닭목은 또 어떻게 구했는지 설마 중국에서 들고 왔는지 궁금해졌다.

에미 요코타(Emi Yokota: 여/일본 센다이): 40명이 먹어치울 스시롤도 팔이 빠지도록 함께 말았던 진국의 의리녀. 몰타 관련 지식 NO.1 나는 그녀를 해결사라고 불렀다.

　에미와 참치회를 사서 스시롤을 만들게 되었다. 에미는 생선과 오이를 손질했고 나는 밥을 짓겠다고 쌀을 씻어 손대중으로 물의 양을 쟀다. 에미는 조심스럽게 다가와 자기가 밥을 지으면 안 되겠냐고 물었다. 의아했지만 에미가 밥을 짓는 모습을 뒤에서 구경하였다. 내가 씻었던 쌀을 계량컵에 가득 담아 양을 재며 냄비에 다시 붓고 그 양과 똑같이 물을 붓는다. 정말 밥이 맛있었다.

마리나 가르시아 페르난데즈(Marina Garcia Fernandez: 여/스페인 마드리드): 4주간 룸메이트, 프로 댄서 지망생이었던 마리나는 밥공기만한 헤드폰을 쓰고 항상 춤을 췄다. 밥 먹다 말고 나를 일으켜 세워 춤까지 추게 한 장본인. 마리나 때문에 한동안 집은 클럽이었다.

　잠시 감자를 볶는데 올리브오일을 조금만 빌리면 안 되겠느냐는 말에 편히 쓰라고 말했다. 저녁식사를 하려고 내 올리브오일을 찾으니 엄청난 양이 줄어 있었다. 싱크대에는 멀쩡한 기름이 버려져 있었고, 가스레인지에는 다 타 버린 감자튀김 몇 조각이 떨어져 있었다. 내가 쓸 냄비는 없었다. 냄비를 씻으려니 손잡이에 기름이 잔뜩 묻어 있어 나는 화장실에 손을 씻으러 가야 했다.

우나인 만실라 말티네즈(Unai Mansilla Martinez: 남/스페인 세고비아): 몰타 대학병원에서 인턴십을 하였다. 디제잉이 취미였던 그는 평소에는 조용하다가 건물에서 파티가 열리기만 하면 자신의 노트북을 가져와 파티 BGM 선곡을 했다. 한층 분위기를 돋구었던 그의 음악 덕분에 스페인 곡을 통달한 기분.

　우나인이 작은 담요가 들어갈 정도의 냄비를 준비했다. 비싼 병와인은 맛이 나질 않는다며 1유로짜리 팩 와인 네 개를 전부 쏟더니 뒤따라 콜라를 붓기 시작했다. 그리고 눈에 보이는 청포도, 오렌지를 대충 잘라 와르르 껍질째 냄비에 넣는다. 국자로 컵에 옮겨 담으며 해가 뜰 때까지 마신 칼리모쵸를 나는 지금도 자주 만들어 먹는다.

나댜 불(Nadinka Bur: 여/러시아 키로프): 밋밋한 내 티셔츠에 캘리그라피로 멋진 디자인을 넣어 준 아티스트 친구. 김밥 만드는 걸 보고 한 번에 마스터하며 직접 해 먹는 손재주가 많은 친구이다. 동양 음식에 관심이 많은 나댜에게 나는 김발을 선물로 주었다.

　러시아 전통 음식을 만들던 나댜. 밀가루, 계란, 우유를 섞어 반죽했다. 반죽은 물기가 많고 끈기가 없었다. 올리브유를 둘러 프라이팬에 두 스푼 떠다가 그 반죽을 부친다. 구워진 반죽은 투명한 것이 마치 기름종이 같았다. 접시에 옮길 때마다 찢어질까 조심스러웠는데 그것을 쌓고 쌓아 케이크처럼 만들었다. 한 장씩 떼다가 꿀에도 발라 먹고 버터에도 찍어 먹는 러시아 전통 음식. 세 장까지가 나의 한계였다.

몰타에서 고기를 살 땐 Miracle.

몰타에서는 다양한 고기 종류를 판매하는 정육 체인점이 따로 있다. 쇠고기, 돼지고기, 닭고기 등 고기를 고르다 보면 익숙하지만 생소한 단어 하나를 더 발견하게 된다.

Pork, Beef, Chicken... Rabbit

요아킴 일스트롬(Joakim Ihistrom: 남/스웨덴 할름스타드): 잠시 친구를 만나러 몰타를 방문. 일주일 동안 어마어마한 추억을 쌓으며 몰타를 찬양하고 있는 스웨덴 총각. 다들 스웨덴 음식 타령에 1년 만에 하는 요리라며 열심히 양배추 미트볼 레시피를 구글에서 살펴보았다.

요아킴과 미트볼을 만들기 위해 슈퍼에 재료를 사러 갔다. 한데 밀가루 대신 야채 크래커를 찾고선 바구니에 담았다. 집에 와서 야채 크래커를 신나게 밟고 부수더니 고기와 합체시킨다. 덕지덕지 붙어 있는 과자 부스러기가 보기에 좋진 않았다. 과자고기 반죽을 양배추 잎에 싸서 이쑤시개로 고정시켰다. 그리고 야채스톡을 넣고 15분 정도 삶았다. 고기 맛 과자를 먹는 아주 신기한 맛이었다 .

아틸라 카야(Atila Kaya: 남/터키 이스탄불): 탱고가 능숙하여 친구들에게 춤을 가르쳐 주고 맛있는 터키 음식을 만들어 주던 참 따뜻한 사람.

무엇을 좋아하는지 묻고 터키에서 쓰는 재료 하나하나를 친절하게 설명하며 보여 준다. 보기에도 맛있고 먹으면 찬사가 터지는 음식들이 눈앞에 있는데 진수성찬이 차려진 천국의 레스토랑이 따로 없다. 식전에는 터키시 요거트, 식후에는 디저트 터키시 블랙티까지 준비하는 치밀함에 모두가 터키를 사랑하지 않을 수가 없게 된다. 나는 가지를 이용한 무사카라는 음식을 제일 좋아했다.

안드레야 파울라(Andrea Paola: 여/콜롬비아 이바게): 나에게 자신의 머리카락 밑단을 한웅큼 잡고선 잘라달라고 부탁했던 친구. 콜롬비아 출신에 신혼집은 수단에 있고 일은 바르셀로나에서 하는 국제적인 유부녀.

안드레야에게 놀러 가서 그녀가 저녁 준비하는 모습을 구경했다. 콩, 고기, 각종 야채에 물을 넣고 스프를 끓이고 있었다. 주걱으로 스프를 저으며 소금을 넣는다. 계속 넣는다. 또 넣는다. 자꾸 소금을 쳤다. 이렇게 소금 많이 넣으면 짜지 않느냐는 물음에 친구가 하는 말

"This is a typical Colombia." (이게 전형적인 콜롬비아의 맛이다)

나비드 페르사(Navid Persa: 남/스페인 바르셀로나): 잠시 어학연수를 하러 왔다가 어학교 파티플래너로 일을 시작하게 된 열혈 청년. 축구를 알게 해 주고 함께 파티를 준비하며 서로 의지하고 지냈던 특별한 친구.

무려 연속으로 모히토 50잔을 만들며 우리를 열광케 했던 나비드. 전직 바텐더답게 칵테일을 만드는 모습이 프로답게 느껴졌다. 모히토는 무조건 바카디 화이트 럼을 사용, 얼음과 라임 잎에 설탕을 넣고 한 방에 박력 있게 깨부숴 줘야 제대로 맛이 난다고 말했다. 다들 나란히 줄 서서 한 잔 더를 외쳤다.

파처빌 클럽가에서 만난 미국 관광객: 맥도날드만 간다.

밤새도록 먹어도 푸짐했던 칼리모초.

러시아식 팬케이크 블린. 맛 있지도 맛 없지도 특별하지도 평범하지도 않았던 음식.

스웨덴식 양배추 미트볼. 무슨 이유 때문인지 유독 파리가 몰려들었다.

모히토 만들 준비 완료.

4. 탄자니아에서 온 편지

내 앞으로 엽서 한 통이 도착했다. From *** Tanga-Tanzania.

"와! 탄자니아에서 온 편지네?"

내게 아프리카 친구가 있었냐며 친구들은 신기해했다. 광야에 코뿔소 한 마리가 서 있는 엽서 뒷면을 보자 "언니! 접니다. 벌써 탄자니아에 온 지 한 달이 다 되었네요."로 시작하는 깨알 같은 편지글이 보였다. 글속에 이름은 없었지만 나는 누군지 알고 있었다. 옥이에게서 온 편지였다. 필리핀에서 한방을 썼던 옥이는 내가 도쿄에 있을 때도 함께 살았던 룸메이트였다. 두 번씩이나 타국에서 방을 나눠 쓰게 된 특별한 인연. 첫 번째는 우연이었지만 두 번째는 서로의 의지에서였다. 아무리 내가 허무맹랑한 소리를 할지라도 진지하게 들어 주고 응원해 주는 옥이가 좋아 밤새도록 미래에 대해서 털어놓은 게 벌써 5년 전 일이다.

영롱한 눈빛을 가지고 자신의 꿈에 대해 말하던 옥이는 당시 스무 살이라는 나이가 믿기지 않을 정도로 다부진 계획이 있었다. 봉사활동을 업으로 삼아 꼭 아프리카에 가야 한다고 말했던 옥이의 꿈. 내가 별로 가고 싶지 않은 곳과 하고 싶지 않은 일을 희망 사항으로 말하던 옥이가 그때는 마냥 신기했었다.

"왜?"

내 질문은 이해할 수 없는 마음에서였지만 그때마다 옥이는 더 확신에 찬 얼굴로 막힘없이 이유를 쏟아 냈다.

"그냥 가야만 할 것 같아서요. 나를 필요로 할 수 있으니까요."

들고도 이해가 불가했던 "봉사를 하면서 행복을 느끼고 그들에게 희망을 줄 수 있는" 등의 모호한 말들. 하지만 정말 가고 싶어 한다는 그 마음만은 충분히 느껴졌다. 우리가 헤어지던 날, 옥이는 나에게 다카하시 아유무가 쓴 여행기 7권을 선물로 주었다. 그렇게 떠나고 싶을 때마다 그 책을 펼쳐 들었지만 도리어 옥이의 메시지를 보고서 나를 되새기게 되었다.

"언니는 더 멋진 여자가 될 거예요. 언니의 존재 자체만으로 빛이 날 거예요."

책마다 써놓은 예쁜 손글씨들을 보면서는 꼭 괜찮은 사람이 되어야지 하고 마음먹었다. 그 책을 읽어 가며 여행을 꿈꾸고 한국을 떠나면서도 챙겨 온 《LOVE&FREE》를 보면서 가끔 옥이와 그녀의 꿈에 대해 떠올리곤 했다. 그래서인지 탄자니아에서 온 이 엽서를 붙들고서 이상스런 마음을 주체할 수가 없었다. 클라이맥스에 다다른 오케스트라의 연주처럼 이 엽서 한 장은 나만이 느낄 수 있는 진한 감동을 불러일으켰다.

지난번에 전화 통화로 짧게 말했었다.

"언니 저 합격했어요! 자격요건이 부족해서 안될 줄 알았는데 포기하고 그냥 편지를 썼거든요. 그 편지가…"

자신 스스로도 편지 한 통으로 이루어질지 몰랐다는 반응이었지만 간절함이 통하고야 말았다. 정말 포기를 하지 않는 한 기회는 얻을 수 있구나. 운이 아니라 오랜 시간 마음을 다해 이루어 낸 결과는 표현할 수 없는 감동이었다. 한결같이 꿈을 품고 살아 온 그 친구가 탄자니아에 있다는 사실이 기뻤다. 하늘에 떠 있는 뜬구름이 아니라 그토록 염원했던 별을 만난 옥이는 생각했던 것보다 많이 힘들지만 반드시 이겨낼 거라고 다짐했다.

봉사라는 정의부터 자신의 생각과는 전혀 다르다는 것을 깨달았다는 말에서는 현재의 충실함 그 이상이 전해졌다. 스와힐리어를 배우고 어린 아이들을 돌보고 다리는 모기에 물려서 성할 날이 없다는 나날들. 자주 정전이 되어 양초로 생활하고 불볕더위에 잠을 못 이루는 생활은 상상조차 하기 힘들었다. 하지만 정작 그 불편한 시간 속에 살고 있는 당사자는 아이들의 미소를 보면서 어려움은 금세 잊어버린다며 잘 지내고 있다는 말을 덧붙였다.

진심은 무슨 형태로든 이루어지나 보다. 옥이가 나에게 건네준 책들과 마음을 담은 편지 한 통이 어느덧 우리를 꿈꾸던 곳으로 안내해 주었다. 아마 평범한 일상에서 내가 이 편지를 받았다면 못 이룬 내 바람들이 먼저 생각났을까? 여유도 없이 하루가 빨리 지나가길 바라는 삶 속에선 난 옥이를 응원하지 못하고 마냥 부러워만 했을지도 모르겠다. 하지만 나는 옥이가 꿈을 이루어 탄자니아에 있는 일이 진심으로 행복했다. 내가 이토록 기뻐할 수 있는 이유도 옥이가 왜 탄자니아에 있는지 아는 마음에서였다.

우리는 다른 시간 속에 살고 있었지만 서로를 이해할 수 있는 곳에서 존재하고 있었다. 시간이 멈추지 않는 한 언젠가는 끝이 날 테지만 그때까지 하루가 영원하도록 살아 보자. 비록 네가 원하던 곳에서 힘들지라도 그 보람을 만나 얼마나 행복하냐고 알려 주고 싶었다. 옥아, 보이지 않던 꿈을 사는 기분, 이처럼 행복한 것이 없다는 걸 너와 나는 알잖아. 엽서를 받고서 다시금 소중해진 나의 하루. 분명 옥이도 나와 같은 마음으로 살고 있을 테지. 이해하지 못했던 타인의 꿈마저 이제는 새로운 여정으로 눈독 들여진다. 옥이가 말하는 마음이 순박하고 따뜻한 현지인들과 예쁜 아이들을 만나러 얼른 가고 싶어졌다. 내가 갈 때까지 기다려 달라고 몰타에서 보내는 편지를 어서 써야겠다. 아마 봉사와 아프리카에 관심도 없던 내가 탄자니아에 가겠다면 엄청난 변화라고 옥이는 놀라면서 말하겠지? 그러면 난 웃으면서 대답해야겠다. 사람은 이렇게 좋은 사람과 멋진 세상을 만나 변하는 거라고!

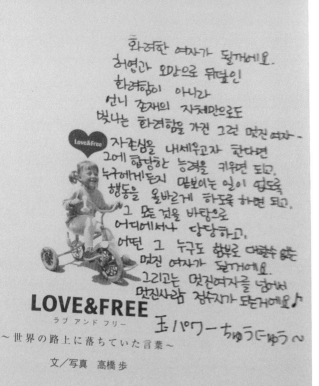

문득 아무 생각 없이 펼친 페이지에서 희망이 보일 때가 있다.

5. 땅거미 폭식

"나 금식하기로 했어. 라마단에 동참하게 되었거든."

다음 주부터 에미는 낮에 밥을 먹지 않겠다고 했다. 나는 다이어트를 하냐고 물어 보면서도 그 이유는 아닌 것 같았다. 방금 말한 라마단이 뭔지 몰라 재차 묻자 에미는 일종의 종교 의식에 동참하게 되었다고 설명했다. 내가 알기로 에미는 종교가 없었지만 이슬람 종교 의식을 이해하고 싶은 마음에 라마단을 결정했다고 하는데... 라마단? 난생 처음 듣는 단어였다. 친구들에게 라마단을 아느냐고 물어 보자 다들 간단한 의미 정도는 알고 있었다. 룸메이트였던 터키인 무슐라는 번쩍 손까지 들며 자신은 곧 라마단을 시작할 거라고 말했다.

나는 몰타에서 종교로 인해 편식을 하는 친구들을 수차례 만나 왔었다. 가장 직접적으로는 무슐라와 한집에 살면서였는데 영어가 서툴러 항상 그녀와는 인터넷 번역기를 사용해 대화를 나누었다. 무슐라는 내가 불고기를 먹으라고 건네면 "터키 음식 친구 먹는다. 돼지 안 합니다" 등 어설프게 번역된 한국어를 보여 줬다. 그 말의 진짜 의미는 "터키 친구들과 함께 밥을 먹어야 해. 나는 돼지고기를 못 먹어"라는 말이었다. 일본 친구에게 인스턴트 라면을 선물받았는데 제품 성분을 확인하던 중 돼지가 들어가 못 먹는다며 한 터키 친구는 라면을 나에게 건네주기도 했다(돼지뼈를 우려 만든 돈코츠 라면이었다). 이렇게 무슐라말고도 이슬람교를 믿는 친구들은 상당 수 있었다.

어느새 라마단 기간이 다가오자 힘들게 의식을 수행하는 모습을 보고서 신앙에 대한 위력을 실감하게 되었다. 나는 더 자세히 인터넷에서

라마단에 대해 찾아보았다. 이슬람 교도들은 일출에서 일몰까지 의무적으로 금식하고, 날마다 다섯 번의 기도를 드린다. '라마단'이라는 용어 자체가 금식을 뜻하고 있었다. 해가 떠 있는 동안 음식뿐만 아니라 담배, 물, 성관계도 금지되어 있었다. 글을 읽으면서도 놀랐지만 나를 더 경악하게 만든 것은 라마단을 행하는 기간이었다. 8월 초부터 말까지 약 한 달 간이었다.

나에겐 종교가 없었다. 아버지는 불교를 믿으셨고 어머니는 후천적 기독교신자셨지만 두 분께서는 나에게 종교를 강요하시진 않으셨다. 그래서인지 일요일에 교회나 성당을 가는 사람들이 신기했고 부처님 오신 날에 굳이 절밥을 먹으러 가는 사람들도 마찬가지였다. 특정 종교를 밀어내지도 믿지도 않았던 종교에 자유로웠던 나에게 여행 삼아 유명한 절과 성당을 찾아가 종교를 경험한 경우는 있었지만 라마단은 충격 그 자체였다. 라마단이 시작된 후 기숙사에 10명도 넘는 친구들이 낮에 금식을 했는데 대개 리비아, 터키 친구들이었다. 절대 음식을 먹지도 정말 물도 마시지 않았다. 대신 해가 뜨기 전에 일어나 엄청난 양의 물을 마셨고 땅거미가 지면 허겁지겁 음식을 먹기 시작했다. 아무리 종교라지만 하루가 지날수록 친구들은 마른 장작처럼 시들어갔고 땅에 떨어진 볼펜을 줍는 것마저 힘들어 보였다.

라마단을 하면서 나는 집에서 음식을 먹지 않았다. 기본 16시간을 굶어야 했던 그 친구들 앞에서 도저히 음식을 먹을 수가 없었다. 외식이 잦아지고 라마단을 하는 친구가 없는 집에서 밥을 먹기도 했다. 가끔은 무슐라와 함께 저녁 8시가 지나 밥을 먹었는데 포크를 쥘 힘도 없는 무슐라가 안쓰러워 음식을 잘라 주면 그녀는 애써 웃어 주었다. 스무 살이란 어린 나이에 하루가 이틀 같은 여름날을 보내고 있는 무슐라를 보기가 점점 더 애처로웠다.

라마단을 시작한 지 일주일이 지나자 무슐라는 쇼파에서 일어나다 힘없이 주저앉았다. 현기증이나 두통 같았다. 나는 놀라서 소파로 달려갔고 고개를 떨구고 있는 무슐라에게 물을 한 잔 가져다 주었다. 그녀는 고개를 흔들며 손으로 컵을 치웠고 나는 탈수현상 같다며 물을 마셔야 한다고 말했다. 무슐라는 급히 노트북을 가져오더니 글을 작성해 나에게 보여 주었다.

"나는 마시지 않는다. 그럴 수 없다. 나에게 절대 있을 수 없는 일이다."

나는 건강이 중요하다고 말했지만 그녀는 라마단으로 인해 더 건강해질 것이라 괜찮다고 말했다. 내가 자신을 붙잡고 있는 것마저 고통스러워 하는 것 같아 결국 그녀가 원하는 대로 놔 주었다. 다행히도 무슐라는 쓰러지지 않고 무사히 라마단을 마쳤다.

내가 걱정했던 것과는 달리 친구들은 한 달이 아닌 약 열흘 정도 각자 다른 시기에 라마단 의식을 마쳤다. 하지만 터키는 정말 한 달 동안 라마단을 지내는 사람들도 많다는 말은 여전히 이해할 수 없는 세계의 현실이었다. 나는 라마단 기간이 종료된 후 에미에게 소감을 물어 보았다. 에미는 음식보다는 물을 마실 수 없는 것이 가장 고통스럽고 힘들었지만 많은 잡념에서 벗어나 자신만의 생각에 집중할 수 있었다고 이야기해 주었다.

기숙사에서는 무사히 라마단을 끝낸 이슬람교 친구들을 위해 돼지고기를 제외한 음식을 푸짐하게 준비하여 파티를 열었다. 어느새 음식을 배불리 먹었는지 무슐라는 활짝 핀 꽃처럼 웃고 있었다. 나는 음식을 먹으며 생각했다. 과연 나에게 있을 수 없는 일이란 무엇일까? 해가 떠 있는 동안 아무것도 먹지 않는 무슐라를 나는 아직도 이해하기가 힘들었다. 하지만 스무 살 어린 소녀가 물 한 모금 없이 이 무더위 속에서도 버틸 수 있었던 강인함을 알고 싶었다. 그 믿음이란 과연 무엇일까? 아무리 생각해도 나에게 쉬운 일이 아니었다. 사실 그럴 수 없음에 절로 고개가 숙여졌다. 이미 안 된다고 한계를 그어 놓고 있는 내가 어디서 저런 힘을 얻을 수 있을까? 신에게 물을 수도 나에게 따질 수도 없는 겪어야만 알 수 있는 이것도 나의 한계였다. 아직도 종교를 따르거나 신을 믿고 싶은 생각은 없지만 이 믿음이 무엇인지는 꼭 알고 싶었다. 자신의 한계를 뛰어넘는 세계, 그것은 과연 무엇일까?

이제 거의 해가 졌는데 먹어도 되지 않아?
아니야. 8시가 될 때까지 기다려야 돼.
해가 완전히 사라져 보이지 않을 때까지 기다려야 해.

6. 위도에서 발견된 진실

　몰타를 방문한 일본인은 의외로 많았다. 3월에 처음 도착했을 때도 일본 대학교 봄 방학 기간이라 일본 학생들이 상당했는데 여름이 되자 그 수는 더욱 늘어났다. 대개 대학생 아니면 직장을 그만두고서 떠나온 나와 나이대가 비슷한 사람들이었다. 처음부터 일본인과 친해지진 않았지만 노부코를 시작으로 같은 반에서 공부를 했던 에미, 앞집에 살던 마이 언니까지 서서히 일본인과 가까워지게 되었다. 하지만 유독 야스라는 한 일본인과는 거리를 유지하며 눈인사만 주고 받았다. 내가 일본어로 말할 때 아무 대답 없이 옅은 미소만 짓던 있던 그의 표정은 분명 달갑지 않은 느낌이 있었다. 분명 그 미소 속에는 의미를 알 수 없는 꺼림칙함이 보였다. 그런 묘한 분위기 속에 나와 야스는 점점 거리감이 느껴지는 어려운 사이가 되었다. 하루는 수업이 끝난 뒤 마이 언니와 함께 집으로 돌아가는 길이었다. 야스가 쫓아와 마이 언니에게 일본에서 가져온 음식 재료를 나눠 주겠다며 잠시 들려도 되는지 물었다. 나는 아무 말 없이 둘의 대화를 들었다. 살짝 눈인사를 하긴 했지만 그날따라 나를 없는 사람 취급하며 언니에게만 친절하게 말하는 그의 태도가 조금은 불쾌했다.

　"이제는 내가 말을 알아들었다고 싫어하는 건가?"

　모든 일본인 친구가 그렇진 않았지만 간혹 영어로 말하고 싶다고 부탁을 하는 친구도 우리끼리 있을 때는 편하게 일본어로 대화하자고 말하는 친구도 있었다. 일본어가 일본인과의 사이를 더 곤란하게 만들 줄은 몰랐지만 내가 각별히 언어를 신경 써야 했던 건 사실이었다. 그들과 입장을 바꿔 한국말을 잘하는 일본인이 나에게 한국말만 한다면 충분히 이해가 되는 문제였다.

시간이 갈수록 마이 언니와 야스는 가까워졌다. 야스가 있는 걸 보고선 몇 번 자리를 피했지만 언니가 저녁을 동시에 초대하는 바람에 엉겁결에 함께 밥을 먹게 되었다. 조용히 대화를 나누며 밥을 먹었지만 식탁은 왠지 모를 삭막함이 감돌았다. 야스가 언니에게 저녁식사를 초대하며 언니가 나를 데려간다 말했을 때도 나는 몇 번을 되묻기도 했다.

"정말 내가 가도 돼?"

우리 건물과는 한참 떨어진 일반 주택에서 생활했던 야스. 나는 서먹한 인사와 함께 선물로 사온 와인을 건네주었다. 저녁을 먹으며 천천히 전보다는 좀 더 대화를 나누었지만 다시 정중하게 인사를 하고선 집으로 돌아왔다. 다음 만남은 마이 언니가 오야꼬동(일본식 닭고기 덮밥)을 만들어 우리를 초대하면서 이루어졌다. 식사 후 두 사람은 다른 일본 친구들과 함께 가게 될 이탈리아 여행 계획을 세우며 대화를 나누고 있었다.

"밤에는 조금 싸늘하다더라."

"아니야. 몰타처럼 더울 거야."

이탈리아 날씨에 대해서 이야기를 이어갔다. 나는 가만히 듣던 중 언니에게 말을 걸었다.

"이탈리아도 한국이나 일본 날씨랑 비슷하지 않아?"

그러자 야스는 어떻게 이탈리아 날씨와 일본 날씨가 비슷하냐고 물었다. 나는 몇 초간 머뭇거렸지만 위도라는 말을 영어로 모르겠다고 말하고선 일본어로 대답했다.

"위도가 비슷하지 않나요? 위도가 비슷하면 날씨가 비슷하고 경도가 비슷하면 시간대가 비슷하잖아요."

야스는 갑자기 멍한 표정을 지어 보이며 내게 다시 물었다.

"어떻게 일본어로 위도와 경도를 알고 있어요?"

나는 한국어와 발음상 비슷하다고 그래서 외우기도 간단한데 내가 일본어하는 걸 알고 있지 않았냐고 말했다. 내 말을 듣고서 야스는 이탈리아 여행에서 화제를 급 전환해 나에 대해 묻기 시작했다.

"어떻게 처음 일본어를 공부하게 되었어요?"

"일본 영화를 보다가 문득 살고 싶다는 생각에 갔고 개인적으로 일본 영화와 소설을 좋아하고..."

나는 즐거웠지만 때론 순탄하지 못했던 지난 도쿄에서의 생활을 들려주었다. 물론 행복했던 추억도 많지만, 당시에 나로서는 이해할 수 없는 일들도 많았다. 무엇보다도 도무지 마음을 알 수 없었던 일본인의 태도. 전화번호를 물었더니 메일 주소를 가르쳐 주고, 웃으면서 다시 만나자 헤어졌지만 먼저 연락이 없는 사람들. 거절인지 호의인지 너무 모호해서 의미를 알 수 없는 말들. 이제 가까워졌다고 생각했지만 좀처럼 자신에 대해서는 드러내지 않는 애매모호한 행동에 1년을 살면서도 일본인 친구는 사귈 수 없었다고 말이다. 그나마 지금은 일본인의 성향을 알고 있어 크게 오해하는 일은 없지만, 여전히 비슷하면서도 다른 점을 많이 느낀다고 말했다. 어쩌면 야스에게 느꼈던 감정을 전부 빗대어 털어놓았다.

조용히 내 말을 듣고 있던 야스는 나지막이 말을 이었다.

"그러게요. 보통 일본인들은 그렇죠."

옆에서 안타까운 표정을 짓고 있던 마이 언니를 보고서는 순간 '내가 이 사람들 앞에서 너무 솔직했나'라는 생각이 들기도 했다.

야스는 내가 첫인상과는 다른 사람 같다며 조금 편안한 얼굴을 지어 보였다. 그는 내가 일본 사람들과 이야기하는 모습만 보고서 한국 사람이 왜 자꾸 일본어를 쓰는 건지 의문이 들었다고 했다. 영어를 배우면서도 굳이 일본어를 쓰고 있는 나를 이해 할 수 없었다며 하지만 막상 자신도 위도를 떠올려 보니 영어로 모르겠다며 웃어 댔다. 나는 재차 위도와 이도(緯度) 경도와 케이도(経度)는 같은 한자음에서 나오는 비슷한 발음이라고 설명했다.

"이렇게 비슷한데 누가 못외워요?"

그래도 야스는 여전히 위도를 알고 있는 게 신기하다며 한국 발음을 따라해 보았다. 그는 플랫을 나가기 전 내게 명함 한 장을 건네주다 말고 갑자기 무언가를 적기 시작했다. 다시 건네받은 그 명함 속에는 학교, 전공, 취미 그리고 자필로 쓴 그의 집, 휴대전화 번호가 적혀 있었다.

야스와는 얼마 지나지 않아 같은 반이 되며 더욱 가까워졌다. 한국어와 일본어가 이렇게 비슷하냐며 그는 본격적으로 내게 한국어를 배우기 시작했다. 일주일 만에 한글 자음과 모음 받침까지 다 외워 버리고 한글을 읽고 쓰기 시작하는 야스. 내 꼬임에 윗집으로 이사까지 오게 되며 언젠가부터 우리는 하루에 한 끼를 꼭 함께하는 사이가 되어 버렸다.

일본어에 대한 고민은 너무 일본어만 혹은 영어만 쓸 수도 없었지만 가능한 상황에 맞게 적절하게 섞어 쓰도록 노력했다. 유독 처음부터 오해가 만연했던 일본인과의 사이는 단 번에 좁히기가 힘들었다. 그들을 이해하는 데 많은 시간이 축적되어야 했지만, 그 가볍지 않은 진중한 만남은 5년 전 일본에서는 알지 못했던 사실을 깨닫게 해 주었다. 예의를 중시하다 생기는 거리감도, 너무 배려만 하다 생기는 오해도, 그들에게 있어선 사람과의 만남이 좀 더 신중해서 그런 거라고.

일본인은 혼네(속마음)와 타테마에(겉마음)가 다르다고 하지만, 내가 몰타에서 만났던 친구들은 꼭 그렇지만은 않았다. 예의로운 말투나 몸가짐 대신, 서서히 대범하게 시끄러워져 가는 본심을 드러내며 자신들에게 솔직해지고 있었다. 다른 환경에서 살아온 차이 만큼이나 그들의 행동을 이해하기가 어려웠지만, 이제는 그런 마음도 같은 모습으로 변해 가는 서로를 알아가며 접게 되었다. 함께 쌀밥과 된장국을 먹을 수 있는 나와 비슷한 사람들. 예전에 쭈뼛했던 서로는 잊어 가며 위도에서 발견된 진실은 예상보다 훨씬 그들과 나를 친숙하게 만들었다. 위도와 이도처럼 우리는 조금만 다른 아주 가까워질 수 있는 사람들이었다.

노크 소리에 문을 열자 야스는 작은 쇼핑백을 내밀었다.
이탈리아 여행에서 일본 친구들과 함께 샀다며
꼭 맘에 들었으면 좋겠다고 한다.
그 후 어디서든 나를 지켜 줄 거라는
이 십자가 목걸이를 늘 착용했다.
그때부터였던 것 같다.
사람들이 나의 종교에 대해서 물어 본 것이.

Are you Catholic?

.

.

그래서 대답했다.
우정교예요.
제 친구들과 저 사이에 생긴 종교라서 믿는 사람은
저희밖에 없어요.

TO. 멀지만 가까운 너희들에게

　우리 집에 놀러올 때마다 차를 항상 남김 없이 마시면서 그 컵까지 예쁘게 씻어 놓고 가는 너희들이 좋아. 당연하게 "화장실이 어디야?"만 듣다가 "화장실 좀 빌려도 될까?"라는 내 집 화장실을 향한 정중한 물음이 사뭇 어색했지만 그런 너희들의 조심스러움에 잠시 웃게 돼. 다른 사람 물건은 쳐다보지도 않고 만지지도 않는 그 확실한 외면에 너희와 함께 사는 동안 의심만큼은 잊고 살았어. 책에서 말하는 대로 정량에 맞게 남기지 않도록 치밀하게 요리하는 모습이 좀 깐깐하긴 했지만 맛이 없었던 적은 한 번도 없었던 것 같아. 아주 가끔 속을 알 수 없을 정도로 결정하지 못하는 행동이 답답했지만 빈틈과 실수는 나보다 훨씬 적었지. 직책과 소속이 없는 오로지 너희들이 좋아하는 일과 이름을 풀어놓은 그림한자 명함은 내가 받아온 무겁고 진부한 명함들과는 달리 아주 신선했어. 삼각관계, 무리, 30분 무료 마사지 같은 발음을 들을 때는 우리나라 말이 아닌가? 착각도 했었어. 함께 웃으며 식사한 후 각자의 몫을 찬바람 쌩쌩 날리며 계산하는 삭막함이 싫을 때도 있었어. 한데 어쩌다 내가 돈이 모자라다는 것을 알았을 때 말없이 내 몫을 미리 내고 나가는 너희가 무척 고맙기도 했어. 근데 그거 알아? 우리는 서로 알겠는데 다른 나라 친구들은 모르는 우리들만의 영어. 아마 같은 순서로 말하고 있는 너와 내 나라의 언어 때문일 거야. 참, 우리는 독도라 말하고 너희는 다케시마라고 말하는 그 섬의 위치가 가끔 우리 사이를 어색하게 만드는 것 같아. 지난 역사로 인해 다투거나 토라져 있는 사람들도 많지만 생각해 보면 우리는 국가가 아닌 한 사람의 소중한 인연으로 만났는데 말이지. 어디서든 너와 내 나라를 비교하며 우위를 따지지만 라이벌이라기보다는 좋은 친구라고 생각하고 싶어. 나는 왜 너희 나라에 잠시 머물렀을 때 너희를 만나지 못했을까? 하지만 그때 만나지 못했어도 이렇게 너희들을 몰타에서 만날 수 있게 되어 정말로 진심으로 행복했어. 있잖아, 우리 자주 만나자. 나는 너희가 먼 곳에 있다고 생각했는데 그게 아니더라고. 우린 정말 가까이에 살고 있어. 그러니까 꼭 다시 만나자.

왜 일본에 있었을 때는 너희를 만나지 못했을까?

이 선물을 받은 후에
나는 퉁퉁 부은 두 눈
으로 도쿄행 비행기를
탈 뻔했어.

7. 곡예 넘는 남자들

아침에 눈을 떴을 때 누군가의 코고는 소리가 유난히 크게 들려왔다. 나는 그 소리를 확인하고자 밖으로 나왔다. 거실에는 어떤 남자가 팬티만 입고 양말은 한 쪽만 벗은 채 소파에서 잠을 자고 있었다. 깜짝 놀랐지만 배짱이 나도 모르는 사이에 두둑해졌나 보다. 소리가 나지 않게 조용히 다가가 남자의 얼굴을 확인했다. 세상에, 소파 아래로 얼굴이 파묻혀 세상 모르게 자고 있는 사람은 다름 아닌 나비드였다. 아무리 깨워도 일어나질 않던 그는 술에 취해 깊게 곯아떨어진 듯했다. 나는 우선 담요를 가져와 그에게 덮어 주었다. 한 시간이 지나자 하나 둘씩 플랫 식구들이 일어났고 소파에 자고 있는 나비드를 보고선 다들 나처럼 놀라거나 당황해했다. 당장 일어나라며 소리치는 친구들의 역정에 나는 다시 나비드를 흔들어 깨웠다. 겨우 눈을 뜬 나비드는 힘겹게 정신을 차렸지만 우리는 어떻게 된 일이냐고 설명해 보라며 다그쳤다. 나는 나비드 편을 들 수도 없었지만 다짜고짜 화를 내며 질책하는 친구들의 행동에도 동참하고 싶지 않았다. 분명 무슨 이유가 있을 것이라 생각했다. 그는 머리가 아픈지 내내 손으로 머리만 감쌌고 끝내 말 한마디 하지 못한 채 플랫에서 쫓겨났다. 나비드가 나간 뒤 우리는 식탁에 앉아 마지막으로 집에 들어온 사람이 누구냐? 다들 문을 제대로 잠갔냐? 서로가 서로에게 캐물었지만 다들 큰 시간 차이 없이 비슷한 시간에 잠자리에 들었다. 밤늦게까지 거실에 있었던 사람도 없어 어떻게 그가 들어오게 되었는지 정말 영문을 알 수 없었다.

나비드는 점심이 지나서야 우리 플랫을 다시 찾았다. 미안하다는 말을 반복하며 술에 취해서 잘 기억이 나질 않는다고 말했다. 자신의 플랫인 줄 알았다는 기억밖에 없다고 말하는 나비드는 "아마도 창문을 넘어서 들어가지 않았을까?"라며 엉뚱한 말을 했다. 처음에는 그 말도 안 되는 소리가 황당했지만 생각해 보니 일리가 없지도 않았다. 내가 열쇠가 없을 때 옆집 베란다를 통해 우리 집으로 대신 들어가 준 친구가 "아 너무 위험해서 다시는 못 하겠어"라며 겁에 질려 문을 열어 준 기억이 떠올랐다. 대문도 자동으로 잠기는 문이라 열쇠가 없으면 들어올 수 없는 게 사실이었다.

따라서 그의 생각으로는 창문을 통해서 들어갔다고 이야기하는데 지금 무슨 소리냐고 말이 되는 소리냐며 다들 믿지 않으려 했다. 술에 취한 상태에서 3층 높이의 베란다는 절대 넘어올 수가 없다며 그를 거짓말쟁이로 몰아갔다. 게다가 베란다는 옆집을 통해서만 출입이 가능했는데 나비드의 말대로라면 옆집을 먼저 들어간 후에 우리 집에 왔다는 말이었다. 옆집은 어떻게 들어갔고 우리 플랫은 또 왜 들어온 건지 대화는 점점 미궁 속으로 빠져들었다.

며칠 뒤에는 위층에서도 비슷한 일이 벌어졌다. 옥탑에 살고 있는 안드레야가 일어나 보니 거실 바닥에 큰 발자국이 사방에 찍혀 있었다고 말했다. 발자국 크기와 모양을 보아 하니 성인 남성이 분명하다며 도둑이 들었다고 난리를 쳤다. 다행히 도난품은 없었는데 이상했던 점은 어제 저녁에 사놓은 오렌지 주스가 싱크대 위에 버려져 있었다는 것이었다. 누군가 실제로 몰래 들어온 것은 분명하다며 안드레야는 덜컥 겁에 질려 했다.

이틀이 지나서야 알게 된 이 황당한 사건의 진실은 "옆집 사는 리비아 친구가 베란다 창문으로 들어와서 오렌지 주스만 마시고 다시 나갔었다고 해. 너무 목이 말랐다는데... 미안하다고 사과를 하러 왔더라고."

도둑을 잡겠다며 시끄러워진 분위기에 리비아 친구가 양심에 가책을 느끼고 직접 용서를 구하며 소동은 일단락 마무리가 되었다. 아무리 그래도 왜 굳이 창문을 통해서 들어왔는지 도통 이해가 되질 않았다. 옆집과의 베란다 간격도 좁지 않았고 베란다와 베란다 사이를 건너기에는 옥탑은 너무 층수가 높았다. 이동이 쉽지 않은 거리에서 베란다를 넘나드는 행동은 정말 큰 사고를 불러일으킬 수 있는 위험한 행동이었다. 리비아 친구는 진심으로 사과했지만 그 친구도 나비드처럼 "자신이 왜 그런 행동을 하게 됐는지는 잘 모르겠어"라며 하는 말마다 어불성설이었다. 엄연한 무단침입을 저질렀지만 몇 달을 함께 지낸 가족 같은 사이에 화는 그리 오래 지속되진 않았다. 대신 두 사건 이후에는 한여름에도 베란다 문을 꼭꼭 잠그고 살아야 하는 불편한 습관이 생겨 버렸다.

살다 보니 정말 별일이 다 있다. 주스를 마시기 위해 베란다를 뛰어넘고 만취 상태에도 문 대신 창문을 이용한 태양의 서커스 단원도 울고 갈 공중부양 기술. 목숨을 건 오렌지 주스와 잠자리, 엄연한 경범죄임에도 불구하고 함께 지낸 정으로 의심을 덮게 되었다. 진짜로 왜 그랬는지는 알 수 없지만 곡예 넘는 남자들로 우리는 추억했다. 집단적인 사회일수록 즐거움과 골칫거리는 함께 찾아온다는 것을, 특히 자유를 전제로 한 집단일수록 더더욱 그렇다고 말이다. 그래도 언젠가 이 추억마저도 맛있는 안주처럼 이야기할 날이 오겠지?

8. 심야의 토킹

나는 몰타를 떠나기 전 에미와 이탈리아 여행을 마지막으로 계획했다. 에미는 로마에서 베네치아로 가는 열차 티켓을 구매한 후 노트북을 덮고 가방을 챙겼다. 집으로 가는 줄 알았던 에미는 다시 의자에 앉으며 내게 말을 걸었다. 또 어디로 가고 싶냐는 에미의 물음에 넌지시 웃으며 말했다.

"네가 준 애플티가 맛있어 기회가 된다면 터키에 가서 이 애플티를 사야겠다(에미는 일주일 전에 터키를 다녀왔다)."

대화 도중에 화장실을 가면서 본 시간은 새벽 2시를 지나고 있었다. 내가 시간을 알려 주자 에미는 천천히 가방을 챙겼다.

"시간만 안 늦다면 더 이야기 나눌 수 있을 텐데."

아쉬움 섞인 내 말을 듣고선 에미는 자리를 옮겨 베란다로 나가자며 앞장섰다. 우리는 비치 타월을 깔고 앉아 다시 한참을 여행 이야기에 빠졌다. 그런데 갑자기 들리는 노크 소리. 조용히 다가가 닫힌 문을 열어 보자 문 앞에는 나비드가 서 있었다.

수지: 이 시간에 웬일이야?

나비드: 베란다에서 너희 목소리 다 들려.

"아…" 나와 에미는 눈이 마주치며 미소를 지었다.

나비드: 무슨 이야기를 그렇게 하는데?

수지: 별거 없어, 그냥 여행 이야기야.

나비드: 오 재밌겠다. 나도 들어도 되는 거야?

수지: 에미랑 둘이서 로마랑 베네치아를 가기로 했어.

나비드: 좋겠다. 나는 일본을 가고 싶어. 다케(가장 절친했던 룸메이트)를 만나기로 했거든.

에미: 그럼 꼭 일본 와서 다케 씨도 만나고 나도 만나고 가.

수지: 야! 일본 오면 한국도 들러야지. 경유는 한국에서 해. 나도 만나고 가.

나비드: 하하, 꼭 그렇게 할게. 근데 일본을 가려면 돈이 많이 필요하잖아.

수지: 몰타에서도 일하고 있으면서 무슨 걱정이야. 워킹홀리데이도 있잖아.

에미: 맞아, 호주 같은 데는 일 구하기도 쉽잖아. 시급도 높다고 들었어.

나비드: (나비드는 깜짝 놀랐다) 뭐? 돈을 벌면서 여행을 할 수가 있다고 어떻게?

수지: 너, 워킹홀리데이 몰라? 그냥 그 나라에서 돈을 벌면서 체류를 할 수 있는 비자야.

나비드: 혹시 국적이 이란이라도 갈 수 있어?

에미: 그건 잘 모르겠네. 일본은 갈 수 있는데 한국도 갈 수 있잖아?

수지: 응. 한국인은 호주에 많이 가지. 나도 호주 가려다 몰타로 온 거야.

나비드: 왠지 이란 사람은 갈 수 없을 것 같아.

　　나비드는 이란에서 태어났지만 현재는 스페인에 거주하며 영주권을 기다리고 있었다. 자신의 생각이 현실이 되기까지 이란에선 늘 생각을 가로막는 낡은 제약들이 많았다며 아쉬워했다.

나비드: 근데 다들 몰타를 떠나면 뭘 할 거야?

수지: 글쎄, 취직 준비를 할 것 같아. 그래서 돌아가기가 싫어.

에미: 나도 여기서 쭉 살고 싶다. 아마 일본에 가도 다시 몰타에 돌아올 것 같아.

나비드: 왜 돌아가기 싫으면 여기서 살면 되잖아.

수지: 그럴 수 있었으면 좋겠다. 하지만 돌아가야 해.

나비드: 왜?

수지: 내가 몰타에서 무슨 일을 할 수 있을지 확신이 없어. 한국에 돌아가서 취업도 준비해야 되고, 가족도 있고...

에미: 맞아. 막상 몰타에서 무슨 일을 해야 할지 모르겠어. 일본도 나이가 너무 많으면 일 시작하기 힘들고...

나비드: 여기서 살고 싶으면 우선 한번 살아 봐. 살 수 있게끔 뭐라도 해 봐야지.

시도하는 건 아무도 대신 못 해 줘. 자기만 할 수 있는 거야. 할 수 있다면 후회는 만들지 말아야지.

그래, 후회가 될 일은 만들지 말아야지. 적어도 시도는 해 봐야지. 그 결과가 어떻든 간에. 나와 에미는 당장 떠날 생각보다 뭐든 기회가 될 만한 것을 찾아보자고 다짐을 했다. 우리는 계속해서 서로의 이야기에 흠뻑 취해 갔다. 나라도 문화도 언어도 다른 셋이 마주하고 있는 모습이 신기하면서도 하모니처럼 조화를 이루어갔다.

취업과 결혼을 하고 집을 사는 미래보다는 우선 각자의 생각이 그물에 걸리지 않도록 풀어놓고 마음껏 살고 싶은 대로 살아 보자고 입을 모았다. 어째서 우리는 이렇게 생각이 비슷한 걸까? 나비드는 몰타에 머무는 시간 동안 다들 돌아가기 전까지는 충분히 더 즐기라고 우리는 자유를 허락받은 행복한 사람들이라 말했다. 정말 그 말이 딱 맞았다. 우리는 자유 아래 사는 행복한 사람들이었다.

아침 6시가 되자 가로등이 꺼지고 한층 밝아진 바깥 풍경이 한눈에 들어왔다. 시간 가는 줄 모르게 수다를 떨었던 심야의 토크가 막을 내릴 시간이었다. 나는 왠지 아쉬운 마음에 엉덩이를 털고 일어나며 두 사람에게 애플티를 마시지 않겠냐고 물었다. 피곤함에 졸린 눈을 비벼가면서도 둘은 다시 식탁에 앉았다. 잠시 차를 만드는 사이에 두 사람은 의자에 앉아 깜빡 잠이 들었다. 나는 차를 끓인 후 조용히 이름을 부르며 둘을 깨웠다. 나비드와 에미는 후루룩 열기를 식혀 가며 차를 마셨다.

"뭐야 이거 왜 이리 맛있어?"

"그치? 너무 맛있어서 아껴 먹고 있지."

나비드는 태어나서 이렇게 맛있는 차는 처음 마셔 본다며 차 한 잔에 극찬을 늘어놓았다. 에미는 집에 더 있을지 모른다며 가져오겠다고 했고 나는 애플티 절반을 그릇에 담아 나비드에게 나눠 주었다. 둘은 벌어지는 입을 손으로 막아 가며 나에게 잘자라는 인사를 전했다. 나는 친구들이 떠난 뒤에 오늘의 대화를 하나 하나 곱씹어 보며 마음속에 담아갔다. 그러던 중 대책 없는 한 문장이 나를 긴 고민에 빠트렸다.

"몰타에 살고 싶다."

본능적으로 끌리는 미래이지만 불확실한 앞날이기도 했다. 무엇을 하며 살 수 있을 것 같느냐고, 당장은 대답을 할 수 없었다. 그보다 가족이 있어서 돌아가야 하잖아. 어서 취직해서 돈을 모아야 하잖아. 언제까지 이렇게 살 수 있을 것 같아. 이런 이유가 자연스레 우선순위가 된다는 게 서글퍼졌다. 다시 내 삶의 방향에 겁을 먹고 있는 건가. 마음이 원하는 답은 있지만 매번 같은 갈림길에서 망설이고 있었다. 이게 나다. 결정하지 못하고 걱정부터 하는 내가 가장 두려워하는 나. 무식하다 말해도 좋으니 이럴 때 어디로든 전진할 수 있는 용기가 있다면 얼마나 좋을까. 답답한 마음에 두 친구와 나누었던 대화를 일기장에 적어 가며 괜스레 눈시울이 뜨거워졌다. 행복한 꿈을 꾼 것 같은 심야의 토킹. 변함없이 한 생각만 떠올랐다. 얼마 남지 않는 나의 시간. 몰타를 떠나기가 점점 힘들 것만 같다.

일주일에 두 번이요?

일본인 관광객을 대상으로요?

네, 운전을 할 수 있어요.

글쎄요. 수동은... 자신이...

오른쪽 운전석이요? 해본 적은 없는데...

걱정하지 마. 우리는 다 잘 될 거야. 지금처럼 행복할 거야.

9. 뜨거운 안녕

새벽 3시, 나비드가 내게 찾아왔다. 나를 보고선 "왜 여태 잠을 안 자고 있어?" 물었지만 자신을 기다린 줄 알고선 머쓱한지 웃어 버린다. 나비드는 조용히 선물을 두고 갈 생각이었다며 손에 쥐고 있던 무언가를 슬며시 내밀었다. 포장지를 뜯어 보자 천으로 프린트된 벽걸이 장식품과 사진이 있었다. 우정과 관련된, 조금 마음을 뻐근하게 만드는 글귀가 새겨져 있던 그 프린트를 보고선 잠시 생각에 잠겼다. 나라면 주지 못했을 간지럽고 감성적인 문구를 찾아가며 그 큼지막한 손으로 이 선물을 집어냈을 나비드의 마음이 고마워서였다. 어느새 친구라는 의미를 주고받을 수 있는 사이가 되었나 보다. 새벽 5시가 되자 달랑 기내용 캐리어 하나와 작은 배낭을 메고서 나비드는 밖으로 나왔다.

"짐이 이것밖에 없어?"

"누군가 필요할지 모르잖아. 다 놔두고 왔어."

그동안 사람들에게 받아온 것과 자신의 것 일부는 두고 간다는 나비드는 참 홀가분해 보였다.

그의 마지막을 기다리던 에미와 나 그리고 스페인 친구 한 명. 나비드가 떠나보냈던 수많은 친구들에 비해서는 지금 이 시간은 참으로 소박하고 단출했다.

"난 다시 몰타로 돌아올 거야. 너도지?"

나비드와 뺨을 부딪치며 마지막 인사를 나눌 때는 유난히 뜨거운 무언가가 흐르는 게 느껴졌다. 우리는 있는 힘껏 에너지를 비틀고 쥐어짜며 바닥이 날 때까지 놀았잖아. 세어 보진 않았지만 아마 각자 들이켠

술을 합치면 작은 연못 서너 개는 만들 수 있겠지? 빈 맥주캔으로 탑을 쌓고 부수고 몸이 소멸될 정도로 털어가며 춤도 추고 해가 뜰 때까지 꿈을 이야기한 게 불과 며칠 전 일인데 이제 너마저 떠나는구나. 잘가라 친구야! 너는 내가 만난 사람 중에서 가장 청춘이라는 단어가 어울리는 사람이었어. 얼마나 뜨겁고 찬란한 나날을 보냈는지 생각만으로도 마음이 세차게 불타오르는 것 같았다.

　나비드는 큰 소리로 외치며 차에 올라탔다.

　"기다려! 나는 몰타로 다시 돌아올 거야!"

　왜 돌아오고 싶은지, 다시 돌아와야만 하는지 우리만 알고 있는 뜨거운 안녕.

친구는 마치 꽃과 같다.
그들은 당신의 나날들은 밝게 비춰 주기 때문이다.
나비드, 너도 나의 든직한 꽃이었어.

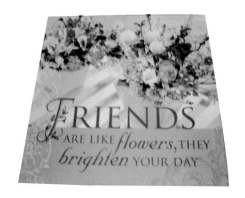

10. 댄서가 룸메이트가 된다면

"나는 열여덟 살이야 마드리드에서 왔고 음악과 춤을 좋아해."

마리나는 야무진 말투로 자기소개를 하며 남미식 인사를 해 주었다. 음악과 춤을 즐기는 10대, 친구보다는 한참 어린 동생일 것만 같았다. 이로써 나를 제외한 사람들은 스페인 사람 다섯 명. 마리나가 들어오면서는 모든 생활이 더 스페인화되었다. 스페인어만 들리고 스페인 음악이 흐르고 스페인 음식 냄새가 집 안을 가득 채웠다. 그래, 난 스페인으로 잠시 여행을 온 거야. 이 참에 스페인어나 배워 볼까? 같이 설거지도 포기하고 청소도 체념하며 살다 보니 그럭저럭 심신의 평화를 유지하며 지낼 수 있었다. 역시 마음을 비우는 게 최고네.

어느 날 플랫 친구들은 노트북 앞에 모여 무언가를 한참 깔깔거리며 보다가 나를 불렀다.

"여기서 마리나 찾을 수 있겠어?"

친구들의 물음에 영상을 주시한 나는 놀라지 않을 수 없었다. 화면 속 박력 넘치는 군무에서 분명 마리나가 춤을 추고 있었다. 살짝 통통한 체격이라 유연하게 몸을 움직이는 모습은 상상이 안 됐는데 격렬하게 리듬을 타는 모습은 눈이 따라다니기 바쁠 정도로 흥미진진했다. 매일 밥뚜껑만한 헤드폰을 쓰고서 살랑살랑 몸을 움직이며 요리를 할 때부터 알아봤어야 했나? 동아리 활동을 하면서 댄스 스쿨을 다녔던 마리나는 아직은 아마추어였지만 프로를 지망하는 예비 댄서였다. 나와 한방을 썼던 마리나의 살가운 붙임성 덕분에 아홉 살이라는 나이 차이가 무색할 정도로 우리는 편한 친구 사이가 되었다. 하지만 가끔 체력에서 느껴지는 나이 차이. 마리나는 늘 한 달밖에 시간이 없다며 밤만 되면 클럽에 가자고 막무가내로 졸라 댔다.

"어제 다녀왔잖아."

피곤하다는 말이 먹히질 않아 돈이 없다는 핑계를 대면 파처빌은 입장도 공짜인데 차비는 대신 내주겠다며 무조건 가자고 독촉했다. 자려고 누워도 간지럼을 태우고 어떨 땐 내 발을 잡고 침대에서 끌어내리기까지 했다. 어찌나 끈질기게 떼를 쓰는지 결국 10대의 패기를 이기지 못하고 나는 마리나를 졸졸 따라다니며 거의 매일같이 클럽을 돌아다녔다.

하루는 점심을 먹고 있는 도중 TV에서 스페인 음악이 흘러 나왔다. 누군가 스페인 라디오 채널에 맞춰 놓은 듯했는데 밥을 먹던 마리나는 노래를 따라 부르며 즐겁게 흥얼거렸다. 좋아하는 노래였는지 밥을 먹다 말고 손으로 율동까지 하던 그녀는 난데없이 일어서서 식탁 앞에서 춤을 추기 시작했다. 함께 밥을 먹던 스페인 친구들도 마리나를 구경하면서 박수를 치고 노래를 열창했다. 정말 스페인 사람들은 음악만 있다면 장소 구분 없이 쉽게 노래하고 춤을 추며 즐거워진다. 늘 느끼는 거지만 스페인 사람들의 흥은 일반 사람들보다 두 배 이상 빠르게 닳아오르고 지속되는 것 같다. 정말 이 흥겨움을 따라가다 지칠 때도 있었는데 난데없이 마리나는 내 이름을 부르며 내 쪽으로 다가왔다. 밥을 먹고 있던 날 계속 일으켜 세우려고 어깨를 잡아당기며 부추겼다.

"잠깐만 나 밥 먹잖아, 하하 잠깐만."

나는 어이가 없다가도 웃음을 참지 못해 결국 젓가락을 놓고서 자리에서 일어났다.

"지금 이 노래가 스페인에서 젤 유명해. 너도 알아야 해."

마리나는 춤을 가르쳐 주겠다며 먼저 시범을 보였다.

"엉덩이는 옆으로 누워 있는 8을 그린다고 생각하고 움직여 봐. 이렇게"

사실 클럽에서 여러 번 듣고 따라했던 적은 있었지만 흉내만 내고 췄나 보다. 내가 흔들던 엉덩이와는 영 다른 모양새다.

"오이 오이(오늘 오늘), 웰라 웰라(오른쪽 오른쪽)"

천천히 동작을 가르쳐 주는 마리나를 따라 몸을 움직여 보았다.

"뚜데이 뚜데이, 롸이뚜, 롸이뚜"

옆에서는 강한 스페인어 발음으로 노랫말의 의미를 외쳐 주었다. 노래 가사와 흥겨운 멜로디에 신이나 나는 음악에 빠졌는지 춤에 취했는지 모를 정도로 집중했다. 밥을 먹다 말고 춤 삼매경에 빠지고 친구들은 우리의 모습을 보고서 환호성을 지르며 급기야 동영상까지 찍었다. 흥에 겨운 춤판에 옆방 스페인 친구 알렉산드라가 이 춤에 합류를 하며 댄스 대열이 완성되었다. 중간에 박자를 놓치는 바람에 율동이 어긋나며 호흡이 끊기기도 했지만 친구들은 멈추지 말고 계속 추라며 나를 더 격려해 주었다.

"이제 알겠지? 지금부터 진짜 추는 거야."

마리나는 노트북을 가져와 스피커까지 연결하더니 다시 그 음악을 틀었다. 막춤을 추다가도 우리 셋은 노래의 후렴구에 이르자 같은 몸짓으로 소규모 군무를 선보였다. 오른손은 위를 향해 뻗어 올리고 왼손은 허리를 짚고서 엉덩이는 숫자 8을 분주하게 그려나갔다. 제자리를 돌면서 막춤도 추고 각자의 동작으로 미친 듯이 리듬에 열중해 갔다.

"수지! 수지! 수지!"

모두가 내 이름을 불러 주고 어느새 나를 웃으며 바라보고 있는 알렉산드라와 마리나. 이 벌건 대낮에 술도 안 마신 내가 혼자서 사람들 앞에서 춤을 추고 있다니! 처음엔 멈출까 하다가도 이 정도 부끄럽다고 도망 칠 일은 아니었다. 주위가 환해서 조금은 낯설었지만 대신 선명한 즐거움이 듬뿍 배어 있었다. 한낮에 춤을 추는 일은 사람을 한 없이 밝게 만드나 보다. 특별한 이 느낌 속에서 나는 스스로 환해지는 것 같았다. 나는 손짓을 하며 사람들을 내 곁으로 불러 모았다.

"오 나의 친구. 넌 스페인 사람의 피가 흐르고 있어."

음악이 끝나면 다 같이 한 번 더를 외치며 춤을 추고 있다.

"신나지? 춤이란 게 계속 추고 싶잖아!"

마리나는 내 허리를 감싸고 손을 잡고서 탱고인지 블루스인지 왈츠인지 모를 정체불명의 춤을 또 추기 시작했다. 춤판이 마무리될 즈음 알렉산드라는 "I'm a real Spanish fashion fan"이라고 적혀 있는 흰색 티셔츠를 내게 선물이라며 건네주었다.

"패션이 아니라 스페인 음악이야."

문구를 정정한 그 티셔츠를 즉석에서 입고 나는 친구들 앞에서 다시 엉덩이를 흔들며 춤을 추었다. 오늘의 점심은 다 식어 버렸지만 댄서 룸메이트 덕분에 춤맛을 보고야 말았네. 정말 미처 알지 못했다. 이 스페인 음악과 춤이 나를 이토록 즐겁게 해 줄지를.

정도 많고 흥도 많은 스페인 예쁜이들과.

11. 사연 많은 낙서장

스위스 친구 루도가 내일이면 몰타를 떠난다. 그래서 집집마다 몰타 국기 하나가 떠돌아다니고 있었다. 그 국기는 온갖 의미를 알 수 없는 언어들로 뒤덮인 낙서장 같았는데 내가 보기엔 이러했다.

아랍어 = 비 오는 날 꿈틀거리는 지렁이들의 반란
프랑스어와 스페인어 = 철자를 무시한 버전의 자유로운 영어
중국어 = 익숙하지만 낯설기도 한 그림문자의 무한 반복.
터키어 = 군데군데 상처가 나고 아파 보이는 알파벳의 병환.
러시아어 = 특수문자로 변형된 영어 버전.
독일어 = 영어를 뒤죽박죽 섞어 중요한 부분에만 점을 찍어 표시한 기호.

여기서 한글은 언어인 줄도 모르고 "어렵지만 예쁜 그림"이라는 평을 외국인 친구들에게 얻었다. 와중에 다들 알파벳을 읽고선 안심하는 눈치였다. 물론 영어 외에도 분명히 눈에 띄는 언어가 각자에게 존재했지만 타인에게는 낯선 그림과 선들의 조합일 뿐이었다. 그래도 이 낙서장이 가진 특급 비밀은 우리가 그 정체 모를 언어들의 의미마저 나름 이해하고 있다는 점이다. 읽을 수도 쓸 수도 없지만 이 낙서장에 새겨진 의미는 크게 다르지 않다는 걸 잘 알고 있었다.

어느덧 떠남의 상징이 되어 버린 몰타 국기. 꿈만 같던 추억을 되새기며 모두가 각자만의 글씨에 의미를 담아 끄적거렸다. 가장 자신의 마

음을 잘 전달할 수 있는 언어로 완성된 낙서장을 건네받은 스위스 친구.
마치 금메달을 수여 받은 것처럼 조심스레 이 천 한 폭을 들고서 담담
하게 읽어 내려갔다. 알고 우는 건지 모르고 웃는 건지. 친구의 얼굴 속
에서는 만감이 서려 있었다. 소중히 아주 특별히 간직해야겠다며 주섬
주섬 국기를 가방 안에 접어 넣었다. 이로써 우리는 저 낙서 안에서 영
원히 함께하게 되었다.

세상은 참으로 많은 언어로 이야기를 하는군 – 연금술사 중 –

12. 검은 봉지 속의 한국 음식

여행을 마치고 몰타로 돌아가는 날이었다. 숙소 없이 거리를 방황하다 오전 7시 비행기를 탔을 때는 피곤해서 거의 실신 상태였다. 나는 우선 밥을 챙겨 먹고 자고 싶었다. 힘없이 플랫 문을 열었을 땐 처음 보는 사람들이 식탁에 앉아 있었다. 내가 없던 일주일 사이에 세 명의 친구가 새로 들어왔었다. 왠지 낯선 사람이라는 느낌은 서로가 마찬가지였다. 나는 간단하게 인사를 나눈 후 소파에 배낭을 풀었다. 그리고 음식을 먹고자 냉장고 문을 열었다. 하지만 아무리 찾아도 내 음식들이 보이지 않았다.

"혹시 두 번째 칸에 있던 음식 못 봤어?"

새로 온 친구들은 모두 영어가 서툴렀다. 그나마 내 말을 조금 알아들은 볼리비아 친구가 "Black bag outside"라며 손가락으로 밖을 가리켰다. 의미를 알 수 없었지만 베란다로 나가 보았다. 검은 가방은 없었다. 볼리비아 친구는 베란다가 아니라 1층이라고 말했다. 별로 느낌이 좋지 않았지만 1층으로 내려갔다. 하지만 검은색 가방은 또 보이지 않았다.

"검은색 가방 없는데, 근데 음식이랑 무슨 상관있어?"

친구는 답답해 하며 쓰레기 분리수거대로 나를 데려갔다. 그러더니 쓰레기 더미 속에 있는 검은색 봉지를 가리키며 말했다. 나는 놀란 마음에 봉지를 가져다 뜯어 보았다. 내 음식이었다. 파리 떼가 모이고 각종 음식 냄새가 뒤섞여 당장 코부터 막아야 했다. 한국에서 가져온 고추장, 된장 그리고 불고기 소스 그동안 사용하던 모든 식재료와 조미료가 들어 있었다. 옆에 있던 다른 봉지도 혹시나 싶어 뜯어 보았다. 내가 만든 양배추 김치, 얼려 놓은 밥, 일본 친구에게 선물 받은 후리카케*(밥 위에 뿌려 먹는 가루로 된 음식)가 들어 있었다. 나는 머리끝까지 화가 나 양손에 봉지를 들고 플랫으로 갔다. 새로 온 친구들은 마침 소파에 앉아 있거나 아침을 먹으려 준비 중이었다.

"야! 너희들!"

나는 큰 소리로 모두를 향해 소리쳤다. 내 목소리에 놀란 친구들은 나를 쳐다보았다. 그때 들고 있던 봉지에 음식을 전부 식탁에 쏟아 부었다. 그들은 코를 막으며 뒷걸음질 쳤고 식탁에 놓인 음식들을 쳐다보았다.

"이 음식들은 함부로 버리는 게 아니야. 너희는 물어 봤어야 했어. 물어 봤어야 했다고."

나는 화를 내며 소리쳤다. 그리고 내가 두 번째 칸을 쓰는 것을 알고 있었던 러시아 친구에게는 내가 잠시 여행을 떠난 걸 알고 있지 않았냐고 물었다. 러시아 친구는 음식을 버린 줄도 몰랐다며 미안해했지만 다들 어리둥절해했다. 볼리비아 친구는 플랫을 나가더니 다른 방에 있던 친구 한 명을 데리고 왔다.

"이 친구들은 왜 당신이 화를 내는지 모르겠다고 해."

통역을 위해 온 스페인 친구가 방 사람들의 의견을 대신했다. 나는 그 말을 듣고선 더 기가 막혔다. 감정이 격양된 나머지 제대로 말을 할 수가 없었다. 모두가 나를 이상한 사람으로 보는 것 같았다. 그때 건물에 살고 있던 일본인 친구들이 플랫으로 달려왔다. 뿐만 아니라 무슨 구경이라도 났는지 많은 친구들이 플랫을 기웃거렸다.

"내가 너희 음식을 아무 말 없이 쓰레기통에 버리면 좋겠어?"

"이상한 냄새가 나서 버렸어."

일본인 친구들은 한국 음식에 대해 설명했다. 된장과 고추장 그리고 불고기 소스의 유통기한도 일일이 확인시켜 주었다.

"김치는 원래 냄새가 맵고 강하다. 이 일본 음식은 밥 위에 뿌려 먹는 것이다. 누구 음식인지 물어 본 후에 냉장고 정리를 해야 하지 않느냐? 다른 사람의 물건을 함부로 손대고 버리기까지 했으니 당장 사과부터 해야 하지 않느냐?"

일본 친구들의 설명이 끝나자 플랫은 더욱 시끄러워졌다. 우선 음식을 놔둘 곳이 없는데 정체 모를 글자와 이상한 냄새가 나는 음식이 있다면 가만히 두겠냐는 말이었다. 나에게 소중할지라도 그 의미를 알 수 없는 다른 사람에겐 단지 쓰레기일 뿐이었다. 주인이 있는 음식인지 몰랐다. 이름이라도 써 놓지 그랬냐. 죄다 돌아오는 말은 사과가 아니라 화살이었다. 그 와중에 볼리비아 친구는 울기 시작했다. 스페인 친구들은 그녀를 달래며 눈물을 닦아 주었다. 그녀가 울먹거리며 무슨 말을 하자 다른 친구가 통역을 해 주었다.

"잠시만, 자기가 버리자고 그랬대. 이상한 냄새가 나서 봉지에 담은 것도 자기래. 어제 몰타에 왔는데 자기 음식을 둘 곳이 없어서 그랬대. 나머지 친구들은 아무 잘못 없다고 말해. 정말 미안하고 진심으로 사과하고 싶대."

볼리비아 친구는 울면서 나에게 다가왔다.

"Sorry, I'm sorry."

그녀는 계속 미안하다는 말만 반복했다. 그 미안하다는 말에 나도 갑

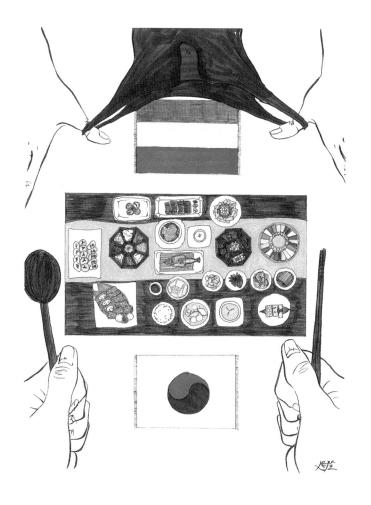

자기 울컥해졌다. 그냥 말은 통하지 않지만 그 친구의 마음을 알 것 같았다. 나에게 미안해하는 그 마음이 느껴져 더욱 괴로워졌다. 옆에서 통역을 해주는 친구는 그들이 많이 겁에 질려 있다고 말했다.

"네가 비닐봉지를 가져온 순간 이 친구가 많이 당황했었대. 오늘 처음 너를 만났는데 계속 화만 내고 있다면서."

　나는 화를 내서 미안하다고 사과를 했다. 하도 울어 대는 그녀를 어색하게 안아 주며 어깨를 토닥여 주었다. 왜 나는 화를 내야만 했고 이 친구는 서럽게 울어야만 했을까? 의도적인 악의가 없었다는 걸 알면서도 내 마음은 이 상황을 너그럽게 받아들일 수가 없었다. 식탁을 정리하며 다시 음식들을 쓰레기통에 버렸다. 구경꾼과 지원군들이 떠나가며 플랫은 조용해졌지만 거실에는 악취가 남아 있고 새 식구들과는 좁히기 힘든 거리가 생겼다. 나는 성격 더러운 한국인이 되었다. 배가 너무 고팠지만 무슨 눈치 탓인지 나가기조차 꺼려졌다. 그렇게 화를 내고 울분을 토했지만 해결된 것은 하나도 없었다. 주체할 수 없이 화가 났던 이유, 내가 소중하게 여겼던 것들이 쓰레기통에 있는 것을 믿을 수가 없었다. 어떻게 보이든 상관없이 내 감정을 앞세워 집안을 어지럽혔다. 나는 오늘의 내가 무서웠다. 감정적으로 상황을 더 혼란스럽게 만들었던 내 스스로는 화마가 되어 버린 느낌이었다. 그럴 필요가 없었는데 후회해도 소용없었다. 나와 함께 사는 사람들을 불편하게 만든 이 나쁜 감정이 쉽게 사라지지 않았다. 나를 통제하지 못했던 지금은 마음이 재로 변해 버린 끔찍한 시간이 흐르고 있었다. 쓸쓸하다. 지금 이시간도. 나조차도.

　다른 나라, 다른 언어, 다른 음식.
　타향살이 정말 여전히 만만치 않다.

13. 즉흥적으로

몰타에 있을 때 더 많은 곳을 가보고 싶었다. 비행기 타고 두세 시간이면 유럽 전역의 어디든 닿을 수 있다는 사실은 정말 놓칠 수 없는 기회로 다가왔다. 한 달 간 몰타에 머물게 된 일본인 유키와 켄스케, 우리는 와인을 마시다 말고 여행 이야기에 신이 났다. 유키는 내가 처음 배정받은 반에서 만났던 영어가 능숙한 미모의 일본인과 동일 인물이다. 도시적인 외모와 달리 소탈함 그 자체의 유키와는 두어 번 술을 마신 뒤 '누구누구~씨'라는 호칭을 걷어 내며 가까워졌다. 여름이 되기 전 몰타를 떠났던 그녀는 기회가 된다면 다시 오겠다고 말했는데 정확히 3개월 뒤, 혼자가 아닌 친구 켄스케와 함께 진짜 몰타로 돌아오게 되었다.

"심심한데 티켓이라도 알아볼까?"

우리는 취기에 발동한 호기심으로 티켓을 알아보았다. 나는 미루와 함께 다녀온 지난 2박 3일 바르셀로나가 못내 아쉬워 스페인에 다시 가고 싶었다. 켄스케는 언제 한 번 에펠탑을 보겠냐며 꼭 파리에 가길 원했고 유키는 갈 곳이 너무 많아 당장은 정할 수 없다며 즐거운 고민을 시작했다.

"말도 안 되지만 한번 가볼까? 원래 즉흥 여행이 더 신나잖아."

내 농담 같은 진담에 둘은 웃으면서도 진짜 그렇게 해 볼까 하는 긍정적인 반응이었다. 우리는 다시 경로를 찾아보며 어느새 모니터 앞에서 진지해졌다.

몰타-발렌시아(스페인)-파리(프랑스)-바르셀로나(스페인)-몰타

서로가 만족하는 루트였다. 최소 경비에 각자의 로망이 서려 있는 도시. 불과 몇 시간 전에 수다로 시작한 여행이 현실이 될 줄은 몰랐다. 일일이 티켓을 사는 번거로움을 대신해 우선은 유키가 카드로 모든 티켓 값을 지불했다. 들뜬 마음으로 결제 버튼을 누르던 도중 잠시 홈페이지 서버가 다운됐지만 다시 정보를 작성하며 결제를 마무리했다. 그렇게 각자의 이름이 새겨진 비행기 티켓이 모니터에 뜨자 우리는 환호를 하며 건배를 외쳤다.

다음 날 친구들에게 여행 일정에 대해 말하니 의외의 부러움을 샀다. 꼭 같이 가고 싶다는 야스와의 대화에서는 갑자기 재미있는 아이디어까지 떠올랐다.

"몰래 티켓을 끊어서 유키와 켄스케 모르게 가는 거야. 그리고 짠하고 나타나는 거지."

찰나의 생각이었지만 상상만으로 폭소가 터졌다. 결국 나와 야스는 서프라이즈를 계획해 보기로 마음먹었다. 우리의 시나리오는 이러했다. 내가 일본 어학연수 시절에 만났던 프랑스 친구 잔을 파리에서 만나기로 했다(지난 마르세유 여행에서 만났던 잔의 이름을 잠시 빌렸다). 워낙 일본어가 유창하고 성격도 좋으니 소개를 시켜 주고 싶다. 함께 파리를 여행하자. 그렇게 야스는 우리보다 하루 뒷날 출발해 파리에서 몰래 만나는 일정으로 티켓을 끊었다. 두 친구는 일본어가 유창한 프랑스 친구를 만나는 일에 특별한 관심을 보였다. 두 사람 몰래 야스와 나는 어디서 만날지 정하며, 급기야 호스텔마저도 야스 대신 잔이라는 이름으로 등록하며 완벽한 서프라이즈를 계획했다.

여행을 떠나기 전날, 나는 대표로 보딩패스를 출력하며 설레는 마음으로 종이를 확인했다. 하지만 순간 심장이 멈칫했다. 발렌시아행 티켓을 자세히 들여다보니 유키의 국적이 Japan이 아닌 Republic of Korea라고 적혀 있는 것이었다. 나는 얼굴이 하얗게 질린 채 종이를 들고 유키에게 뛰어갔다. 상황을 말하면서도 초조해져 안절부절 어쩔 줄을 몰랐지만 유키는 침착하게 항공사에 전화를 걸어 사정을 말했다. 그러자 상담원은 취소 후 다시 티켓을 구매해야 하는데 지금 취소를 한다면 환불은 받을 수 없다고 말했다. 다른 방법이 없어 취소를 위해 직접 공항까지 찾아간 우리는 그곳에서 다시 황당한 답변을 듣게 되었다. 발권 담당 직원은 어째 별일 아니라는 듯 본인 확인 절차를 거치면 탑승이 가능하다고 말하는 것이었다. 정말로 다음 날 유키는 그리 복잡하지 않은 본인 확인 절차를(일본 신분증, 여권, 몰타어학교 학생증) 거친 후 탑승할 수 있었다.

그렇게 여행 시작도 전에 가슴을 쓸어내린 우리 세 사람은 안도의 한숨을 내쉬며 발렌시아로 떠났다. 스페인 전역에서 제일 유명하다는 파에야도 먹고 몰타에서 친하게 지냈던 스페인 친구들과도 재회를 하게 되었다. 그들과는 발렌시아 명소 곳곳을 누비며 즐거운 시간을 보냈다. 그리고 다음 날 우리는 파리로 향했다. 켄스케는 그야말로 행복의 비명을 질렀다. "Université de Paris" 티셔츠를 사 입더니 오늘부터 일일 프랑스 대학생이라며 평소답지 않은 흥분된 말투로 농담을 즐겼다.

나는 야스와 문자를 보내며 이동마다 위치를 알렸다. 두 사람은 오후에 만날 프랑스 친구에 대해 기대를 하고 있었고 그럴 때마다 나는 프랑스 친구 잔에 대해 칭찬을 아끼지 않았다(결국 야스를 칭찬하는 것이었지만). 우리는 개선문과 에펠탑을 거쳐 잔 아니 야스를 만나기 위해 콩코드 광장으로 향했다. 우리는 약속보다 10분 정도 일찍 콩코드 광장에 도착하였다. 내가 야스를 찾아 두리번거리는 동안 둘은 사진 촬영을 하고 있었다. 켄스케와 유키는 언제 잔이 오냐고 물었고 그때 야스에게서 전화가 걸려 왔다. 나는 잔이라는 이름을 상기시키며 전화를 받았다.

"잔 어디야?"

"뒤를 돌아봐."

내가 뒤를 돌아보자 활짝 핀 접이식 부채로 얼굴을 가린 남자가 먼발치에서 다가왔다. 켄스케와 유키도 그 수상한 남자를 함께 쳐다보았다. 거리가 가까워지자 남자는 한 뼘씩 부챗살을 접어 갔다. 남자의 얼굴을 본 켄스케와 유키는 깜짝 놀랐고 나와 야스는 손뼉을 마주치며 크게 외쳤다.

"서프라이즈!"

둘은 어떻게 된 일이냐며 나와 야스를 쫓아왔고 졸지에 광장을 사정없이 달려가며 우리는 술래잡기를 했다. 격한 반가움으로 뭉친 우리 넷은 다시 에펠탑으로 향했다. 막 우리가 도착했을 때 에펠탑은 하늘에서 별이 쏟아진 듯 반짝반짝 빛을 발하고 있었다. 이틀 간 여행을 함께 한 야스와는 파리에서 헤어지며 그는 아일랜드로 떠났고, 우리는 바르셀로나로 떠났다.

하지만 급하게 준비한 여행의 허점은 여기서부터 본격적으로 시작되었다. 야스는 날짜를 착각하여 비행기를 타지 못했고 우리는 시간을 잘못 알아 그만 공항버스를 놓쳐 버렸다. 결국 야스는 비행기 티켓 값만 두 번을 내야 했고 우리는 각자의 비행기 티켓보다 더 비싼 택시비를 내고서 공항에 도착해야만 했다. 게다가 처음 정했던 금액보다 더 많은 돈을 요구하는 택시기사와는 10분간 실랑이를 벌이며 결국엔 팁까지 얹어 줘야 했다.

그렇게 우여곡절 끝에 도착한 바르셀로나. 한 달 전 몰타에서 헤어진 루벤이 카탈루냐 광장에서 우리를 기다리고 있었다. 기꺼이 가이드를 자처한 그는 여행 책에는 없는 곳으로 우리를 안내하겠다며 발걸음을 재촉했다. 잔뜩 기대에 부풀어 도착한 곳은 사그라다 파밀리아 성당. 두 번째 방문이라도 이 유례 없는 미완성 대작 앞에선 여전히 경이로움이 느껴졌다. 절대 성당을 보러 온 게 아니라고 강조하는 루벤의 말에 뭐 다른 게 있나 둘러보던 그때 누군가 손으로 내 얼굴을 가렸다.

"누구야? 누구야?"

"내가 누구일까?"

궁금함을 참지 못해 획 뒤돌아서자마자 낯익은 여자 두 명이 서 있었다. 바로 엘레나와 에스테였다. 나는 놀란 나머지 입을 다물 수가 없었다. 친구들은 루벤에게 연락을 받고서 마드리드에서 8시간 동안 야간 버스를 타고 달려왔다고 말했다. 나는 무슨 볼일이라도 있지 않을까 다시 물었지만 "너희들을 만나기 위해서"라는 대답은 나를 울컥하게 만들었다. 더 신기한 일은 둘 다 바르셀로나가 처음이라는 것. 고작 당일치기로 방문한 바르셀로나지만 예상치 못한 반가움에 서로를 얼싸안고 깊은 포옹을 나누었다. 우리는 시내가 한눈에 보이는 정상에서 함성을 지르고 몬주익 분수쇼를 보며 행복한 시간을 보냈다.

루벤은 마지막까지도 바르셀로나 금요일의 진수를 보여 주겠다며 우리를 클럽으로 데려갔다. 하지만 모두 다 배낭을 메고서 춤을 추느라 몇 시간도 버티지 못한 채 나와 버렸다. 갈 곳이 없던 우리는 맥도날드의 구석 테이블에 쭈그려 앉아 눈을 붙였다. 새벽 5시에 졸린 두 눈과 눈물을 함께 비벼가며 아쉬운 이별을 했다. 그렇게 무사히 바르셀로나 공항에 도착을 하고서 발권을 하려고 줄을 섰을 때, 갑자기 유키가 가방을 사정없이 뒤적거렸다. 급기야 바닥에 물건을 다 쏟아붓더니 떨리는 목소리로 말했다.

"나 소매치기 당한 것 같아."

'아! 이건 또 뭐야.' 순간 내 심장이 다 철렁거렸다. 아마도 공항 도착 후 질서 없이 우르르 내릴 때 누군가 훔쳐간 것 같다며 서둘러 카드를 정지시키고 싶다고 말했다. 줄을 서다 말고 우리는 공항 안내데스크로 향했다. 전화를 빌려 카드를 정지시킨 후에는 공항 경찰서로 달려갔다. 나는 계속 초조해했지만 유키는 침착하게 여권은 있으니 괜찮다며 오히려 나를 진정시켰다. 켄스케는 경찰관에게 차근히 상황 설명을 했다. 다행히 영어가 가능했던 친절한 스페인 경찰 덕에 사건 경위서를 작성할 수 있었다(공항에서 소매치기는 빈번한 일이라며). 하지만 비행기 시간이 임박해진 우리는 조서를 쓰자마자 입국장으로 전력질주를 해야 했다.

우여곡절이 많았던 5일간의 시간. 뜻밖의 다급했던 순간들도 있었지만 우리는 감당할 수 없는 이야기 보따리들을 가득 채워 왔다. 잘못된 국적, 쟌이 된 야스, 두 번 지불한 편도행 아일랜드 티켓, 비행기 티켓보다 비쌌던 택시비, 제대로 충전하고 다시 도전하고픈 바르셀로나의 불금, 맥도날드에서의 쪽잠과 소매치기 그리고 스페인 경찰서까지 우리는 잊을 수 없는 굴곡의 추억을 선물받았다.

그렇게 며칠 간 이 즉흥 여행의 여담을 푸는 동안 우리에게는 예상치 못한 후유증이 또 하나 발생했다. 그것은 2주 후 카드결제금액을 확인하던 유키가 사색이 되어 나에게 찾아왔을 때였다.

"비행기 티켓 청구 금액이 너무 많아. 이상해"

서버가 다운되며 이중결제되었던 비행기 티켓 값 120만 원을 돌려받기 위해 우리는 라이언에어와 기나긴 싸움을 해야 했다. 돌아가면서 당시 홈페이지 문제에 대해 설명했지만 상담원은 탑승한 티켓은 취소 자체가 불가능하다며 발뺌했다. 급기야 제대로 영어를 할 수 있는 사람을 불러오라며 매몰차게 전화를 끊어 버리기까지 했다. 며칠 간 반복된 상담원과의 사투로 부담스런 전화비까지 발생했지만 끈질긴 의지의 영어로 한 달 만에 우리는 취소 승인을 받아내었다.

여행은 철저하게 준비하지 않으면 결말이 아름답지 못한 것인가. 신이 났던 여행보다 더 긴 시간을 새까맣게 속 태우며 후유증을 앓아야 했지만 후회는 없었다. 하룻밤 사이의 감정에 앞섰던 선택이라 할지언정 이제 각자의 희망사항에서 우리의 소중한 추억이 되어 버렸으니. 만약 지금처럼 예기치 못한 손해를 감수하면서까지 여행을 하겠냐고 묻는다면 나는 아니라고 대답할까? 내 생각에 떨리는 목소리로 심호흡을 한 번 크게 내뱉고 이렇게 대답할 것 같다. 예에~스!

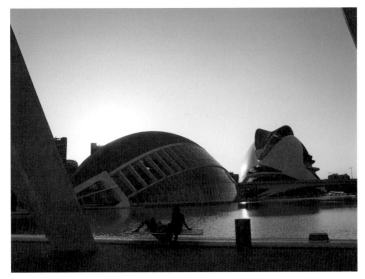

어둠과 사랑이 짙어져 가는 풍경

꼭 난간에 걸터앉아 찍고 싶다는 별난 누나에게 위험하다며 든든한 어깨를 내어준 착한 동생.

바르셀로나의 최고 경치를 볼 수 있는 곳.

날씨만큼이나 눈부셨던 하루.

14. 몰타에서의 마지막 날

오늘은 내가 닿을 수 있는 만큼 멀리까지 걸어가 보기로 했다. 그동안 내가 좋아했던 장소들을 지나치며 시작된 산책은 평소보다 더 긴 시간이 필요했다. 내가 걷는 이 길과 길 사이에서 일어났던 수많은 추억들 속에선 나도 놀랄 만큼이나 환히 웃고 있는 내 모습이 보였다. 지난날 나에게 무슨 일이 일어났던 것일까? 생각만으로 가슴이 뭉클해지는 이 기분은 마음을 한참이나 뜨겁게 했다. 푸른 지중해를 적셔 가는 주황빛 석양을 바라보며 내 행복했던 순간들도 덩달아 물들어 가는 게 느껴졌다. 잠시 여행으로 만났다면 알지 못했을 이 진한 추억의 의미를 한꺼번에 기억하는 중이었다. 이제는 낯선 곳에서 오래도록 사는 일이 내게는 가장 매력 있는 일이 되어 버렸다.

마침 집으로 돌아가려는 그 순간 귓속에서는 〈1974 Way home〉이 맴돌았다 우연의 일치일까? 운명인 걸까? 그래 어쩌면 모든 일은 우연의 일치를 가장한 운명일지도 모르겠다. 내가 여기 서 있는 것도 석양을 바라보는 것도 내일 떠나게 되는 것까지도.

조금 적적해진 마음을 달래며 집으로 돌아오니 저녁식사를 하자며 다들 날 기다리고 있었다. 순간 내 앞에 서 있는 외국인들을 보면서 갑작스레 신기해졌다. 생각해 보니 요 몇 달간 나는 한국인을 만나지도 않고 한국어를 쓰지도 않고 지냈던 것 같다.

다음 날 짐을 꾸려 공항으로 가면서 많은 사람들과 작별인사를 주고받았다. 기분이 묘해지면서 괜스레 마음이 울렁거렸다. 늘 내가 손을 흔들어 주었는데 모두가 나를 향해 손을 흔들어 주고 있었다. 공항에서 발

늘 내가 걷던 길, 좋아하던 길, 내일이면 그리워질 길.

권을 마친 뒤 출국장에서 비행기를 기다리는데 에미에게서 전화가 왔다. 공항에 왔는데 혹시 들어갔냐고. 나는 "잠시만 기다려 줄래" 말하고서 다시 거꾸로 출국 심사를 마친 뒤 입국장 밖으로 빠져나왔다. 에미와 마주친 순간에는 서로 말 없이 웃었다. 우린 자주 볼 수 있다는 말을 세 번 정도 반복했던 것 같다. 10분간의 짧은 만남을 끝으로 들어가려는데 에미는 잠깐이면 된다며 급하게 기념품 가게로 들어갔다. 그리곤 사자 인형이 달려 있는 키홀더를 나에게 건네주었다.

"우리 같이 여행 다니자. 이게 나인 거야."

나는 키홀더를 손에 쥐고서 에미가 보이지 않는 순간까지만 울지 않으려 애쓰며 다시 들어갔다. 마음이 이상했다. 슬프지만 행복하고 외롭지만 따뜻한 이 기분을 주체할 수 없었다. 마지막은 항상 이렇다. 평소에는 무심코 지나쳤는데 내일 다시 만날 수 있다고 생각했는데 모든 것을 아주 기약 없게 만들어 버린다. 그래도 내가 지나온 시간이 어땠는지 몰타에서의 마지막은 말해 주었다. 이만큼 나였던 적은 없었다고. 이만큼 나를 이해해 준 곳도 없었다고 말이다.

15. 나는 혼자가 아니었다

긴 여행의 마무리였다. 수화물이 6킬로그램 남짓 초과되어 꼼수로 기내에 옮겨 싣긴 했지만 다시 짐을 부칠 일이 걱정되었다. 짐을 찾고서 넓은 두바이 공항에서 이리저리 돌아다니느라 기운이 다 빠져 버렸다. 두바이 날씨는 예상보다 더 숨쉬기가 힘들었다.

사막 투어의 설렘으로 아랍 땅을 밟았건만 도착과 동시에 찾아온 불행. 입국장을 빠져나오자마자 지갑을 도둑맞으며 택시비를 호텔 직원에게 빌려서 내야 했다. 설상가상 예약했던 호텔은 전년도 오늘 날짜로 나를 예약자에 올려놓았다. 어처구니없는 여행사의 실수로 나는 1년 전 투숙한 과거의 손님이 되어 버렸다. 할 수 없이 로비에서 여행사 연락을 기다리며 세 시간 동안 쪽잠을 잤다.

우여곡절 끝에 여행사와 연락이 닿아 방으로 들어갔지만 시간은 오전 5시. 지금 자면 조식을 놓쳐 버릴 것 같았다. 하지만 아침을 먹지 않는다면 나는 하루 종일 굶어야 했다. 결국 죽을 힘을 다해 8시에 일어나 최대한 음식을 많이 먹었다. 빵을 먹는지 그릇을 먹는지 아무 느낌 없이 배를 채웠다.

식사 후에는 다시 방으로 들어가 프런트에서 전화가 올 때까지 깨어 나지 않았다. 오후가 되면서 체크아웃을 하고 사막에 가기 위해 예약한 차량을 탑승했다. 차 안에는 한국인 신혼부부 두 쌍이 있었는데 왠지 모를 반가움이 느껴졌다. '어쩌면 한국어로 지금의 내 답답한 상황을 털어 놓을 수 있지 않을까?' 하는 생각만으로도 마음이 안정되었다.

혹시 영어가 가능하다면 통역을 해 줄 수 있느냐고 네 분은 나에게 부탁했다. 나의 애매한 영어 실력이 오늘만큼은 잘 발휘되었으면 좋겠 구나. 가이드 옆에 앉아 여행 일정, 두바이에 대한 이야기를 내가 이해 하는 만큼 전달하며 설명을 도왔다. 영어로 말할 수 있으니 혼자서 여행 하기 불편하지 않겠다는 말에는 많이 머쓱해지면서도 1년 전과 다른 내 모습이 사뭇 신기하기도 하였다. 가이드와 대화를 나누면서는 자꾸 나 와 자신을 엮으려는 이상한 느낌을 감지했다. 외국인 관광객 꼬시기에 여념이 없던 가이드의 멘트에 차를 타는 내내 멀미가 났지만 화기애애 한 분위기를 망치기 싫어 적당히 농담을 주고받았다.

사막 진입 전 마지막 휴게소에서 우리는 잠시 쉬어 갔다.

'배가 고파도 저녁까지만 참아 보자.'

나는 공복을 다스리며 가이드가 무료로 나눠 준 물을 마셨다. 정말 배가 고팠지만 돈이 없어 슈퍼마켓에서 간식거리를 살 수가 없었다. 그 런데 나와 동갑내기였던 부부가 음료수와 간식을, 다른 부부는 스낵을 건네주었다.

"저희 꺼 사면서 같이 샀어요. 드세요!"

"감사합니다. 잘 먹을게요!"

나는 날아갈 듯 기뻐 사양할 겨를도 없이 덥석 음식을 받고서 그 자리에서 먹어 치웠다. 배를 채우고 나니 조금이나마 살 것 같았다. 사막을 도착해서는 어젯밤 끝이 난 줄 알았던 머피의 법칙이 또 다시 나를 찾아왔다. 조리 슬리퍼 끈이 모래의 압력을 이기지 못해 끊어지고 카메라는 모래언덕 아래로 떨어트리며 상태가 엉망이 되었다. 왼발은 맨발이 되고 아무리 모래를 털어내도 카메라는 작동하지 않았다. 도착한 어제부터 지금까지 나에게 저주가 걸린 게 아닌가 생각했다. 생일을 기념하기 위해 무리해서 계획한 오늘이 조금 원망스럽기까지 했다. 정말 혼자 사막 한가운데 서서 벌을 받는 기분이었다. 카메라를 계속 만지작거리는 내 모습을 보고선 두 부부는 이메일로 사진을 보낼 테니 함께 사진을 찍자고 위로해 주었다. 나는 카메라를 넣고 두 부부를 따라서 움직였다. 멋진 배경이 있으면 나부터 서 보라며 내 얼굴을 담아 주시던 분들을 위해 나 역시 열심히 사진을 찍어드렸다.

내 예상대로 아랍인 가이드는 외국 여자를 꾀기 위해 더욱 탄력을 가했다. 그의 친절(?)에 적절히 반응한 덕택에 낙타와 오토바이를 무료로 타고 심지어 히잡까지 입혀 주며 자신의 야무진 꿈을 내뱉었다.

"너무 잘 어울린다. 두바이에 같이 살지 않을래?"

더 이상 참지 못했던 나는 수첩 안에 있던 요아킴의 사진을 보여 주며 그의 호감을 싹둑 잘라 버렸다. 사막 투어가 끝이 나고 우리는 함께 저녁식사를 했다. 식사를 하면서 네 분은 응원의 시선으로 나를 바라봐 주셨다.

"혼자서 여행하는 건 대단한 용기예요. 정말 멋있어요."

"저도 1년 전 만해도 혼자서 두바이에 올 생각은 못 했어요."

웃으며 대답했지만 문득 '왜 혼자 여행하는 것이 멋있는 걸까?' 궁금해지기도 했다. 혼자 이곳에 왔지만 복잡한 심정을 다스려가며 근근이 여정을 이어가고 있는 내가 한없이 미미하게만 느껴지는데 말이다. 참 겉과 속이 이렇게나 다르다. 막 결혼을 한 네 분을 바라보니 참 행복해 보인다. '나는 언제 결혼할 수 있을까? 아직 하고 싶은 게 정말 많은데...' 혼자서 생각하던 중 동갑내기 신부는 지금 내 모습이 행복해 보인다고 말한다.

"결혼을 하면 수지 씨처럼 사는 건 꿈도 못 꿔요! 정말 부러워요!"

잠시 잊고 있었다. 그래 여기까지 올 수 있는 난 행복한 사람이지. 각자의 존재가 다른 만큼 형태가 다른 행복이다. 신혼여행도 나홀로 여행도 다 행복이다. 비교를 하며 다른 사람의 행복을 부러워하는 것보다 서로의 행복을 알려 주고 깨닫는 이 훈훈한 밤은 행복 그 자체이다. 식대는 일정에 포함되어 있었지만, 네 분은 내게 맥주를 사 주시며 따뜻한 호의를 베풀었다.

"이렇게 만난 것도 인연인데..."

벌컥벌컥 차가운 맥주로 갈증을 적시는 이 순간 내게 무엇이 더 필요할까? 오늘의 행복은 이 맥주 안에 다 들어 있으리! 밤하늘에는 별이 빛나고 모래벌판을 방석 삼아 앉아 있던 우리는 사막 한가운데 도란도란 이야기를 나누며 조금 색다른 시간을 보냈다. 물론 머피의 법칙 따윈 오아시스 같은 지금 이 순간을 즐기며 사라진 지 오래였다. 서로의 일정을 확인하니 모두 심야 비행편으로 동일했다.

동갑내기 부부는 로비에서 서성거리던 나를 자신들이 투숙하고 있던 방으로 불렀다. 모래 때문에 많이 찝찝할 텐데 불편하게 생각 말고 씻으라며 다른 부부와 나에게 욕실을 내어 주었다. 그리고 샤워가 끝난 뒤에는 배가 고프면 먹으라며 즉석밥을 챙겨 주었다.

바깥에 놔두었던 내 짐을 보더니 혼자서 어떻게 들고 왔느냐며 천연 덕스럽게 내 짐을 들고서 남편 분들은 앞장서 갔다. 초과될 짐 때문에 내내 걱정을 하며 무게 때문에 곤란해 하자 동갑내기 부부는 자신들의 수화물편으로 내 짐을 부쳐 주었다.

"우리는 짐이 많이 없어요."

말도 안 되는 상황의 연속이었다. 사실 스웨덴 여행에서 몰타로 돌아 가던 길, 어떤 중국 남자의 부탁을 거절한 적이 있었다.

"꼭 들고 가야 하는 것인데 화물로 부치기가 불안하다."

남자는 사정을 했다. 내게 내밀던 컴퓨터 가방 외에 다른 컴퓨터 가 방과 배낭을 메고 있던 남자. 1인당 짐의 무게가 10킬로그램, 추가로 노 트북 가방 하나가 기내 제한이었기 때문에 배낭 하나 달랑 메고 있는 나는 쉽게 그 노트북 하나를 들고 갈 수 있었다. 남자는 사정했지만 나 는 그 사람을 쳐다보지 않고 거절했다. 하는 수 없이 남자는 다른 사람 들에게 부탁을 하기 위해 뒷줄로 이동했다. 남자가 다른 사람에게 부탁 하여 가방을 기내에 반입시켰는지는 알 수 없었다. 그저 나는 그 사람을 믿을 수 없었다. 만에 하나 내가 피해를 입는 것이 두려웠다.

이처럼 상황이 바뀌어 생각해 보니 너무도 염치없는 일을 내가 저지 르고 있었다. 같은 나라 사람이지만 낯선 곳에서 만난 나를 믿기엔 우린 너무 짧은 시간을 함께했었다. 나를 도와 준 손길은 당연함이 아니었다. 당연한 것은 어디에도 없었다. 나는 이분들과 함께 했던 오늘을 감사해 야 했다. 그 짧은 시간에 많은 고마움을 전해야만 했다.

무일푼 두바이 여행이 나에게 준 의미는 참으로 컸다. 그것은 내가 예상한 두바이 사막도 난생 처음 타 본 낙타도 고급 호텔에서의 하룻밤도 아니었다. 맥주 한 병이 오아시스가 되고 샤워 부스 한 칸이 천국이 되는 낯선 사람이 나를 믿어 주는 마법을 마주했던 순간. 이 경험은 영원히 나를 떠나지 않을 거란 걸 깨닫게 되었다. 나는 혼자 여행을 하고 있었지만 혼자가 아니었다. 누군가 건네는 손길의 의미를 마음속으로 새겨가며 그들과 함께 존재하고 있었다.

나는 '나에게 찾아온 행운'이 아닌 '그들이 나눠 준 행복'을 최고의 생일 선물로 받으며 무사히 한국으로 돌아올 수 있었다. 왜 혼자 여행하는 것을 멋지다고 말할까? 아무리 설명해도 표현할 길 없는 이 마법 같은 순간 때문이 아닐까? 누군가에 의해서 내가 행복해지는 느낌. 나는 세상 어디에도 없는 특별한 존재였다.

감사합니다. 우하나 님, 서혜민 님 그리고 두 분의 남편 분들.

사막에서 낙타를 탄다는 건 가장 높은 곳을 올라가는 일

카메라를 떨어뜨리기 직전

Epilogue_나는 다녀왔다. 나의 청춘 정거장을

　대학 동기의 결혼식장에서 오랜만에 만난 친구들과 술을 마셨다. 마지막까지 자리에 남은 사람은 동기 두 명과 후배 남자 한 명, 다들 먼저 시집 간 친구를 부러워하며 미래에 대한 고민을 털어놓았다. 특히 남자 후배는 한 번쯤 떠나고 싶다는 넋두리를 해댔다. 며칠 전 프랜차이즈 치킨가게를 개업하고자 알아봤는데, 만약 일을 시작한다면 꼼짝도 못할 것 같다며 속을 태웠다. 일이 자신과 맞을지도 잘 모르겠고 확신이 없다는 눈치였다.

　"나도 누나처럼 여행이나 떠날까?"

　나에게 어떻게 여행을 했는지 경비와 루트를 묻기도 했다. 그러면서 자신은 갈 수 없을 것 같다고 망설였다. 영어도 못 하고 해외에 나가 본 경험도 없다며 자신이 없다고 했다.

　나는 후배에게 이제껏 내가 살면서 가장 가슴 뛰었던 날들을 자랑스럽게 들려주었다. 후배는 내 이야기를 흥미진진하게 들었다. 친구들은 다 돈이 있고 시간이 있을 때나 하는 소리라며 듣지 않았지만, 후배는 나의 지난 시간들을 이해하려 애썼다. 그리고 언젠가 꼭 떠나고 싶다고 말했다. 다시 조언을 구하겠으니 그때 꼭 만나자고 했다. 다음 날 나는 한 통의 전화를 받고 일어났다. 그 후배였다. 아무리 생각해도 자신은 떠나야겠다고 말했다. 순간 당황스러웠다. 헤어진 지 몇 시간도 지나지 않았는데, 당장 나를 만날 수 있는지 물었다. 수화기 너머로 들려오는 후배의 목소리는 진지했다. 나는 그날 저녁 후배를 다시 만났다. 그리고 내가 다녀왔던 지난 여정을 자세하게 되짚어 주었다. 그렇게 2개월 후, 후배는 한국을 떠났다. 목적지는 나와 같은 몰타였다. 후배의 소식은 SNS를 통해 자주 접했다. 사진 속의 후배는 사람들과 환히 웃고 있었다. 파티에 가고 클럽을 드나들고 바다수영과 배낭여행을 즐겼다. 마치 과거의 내 시간을 반추하는 듯했다. 게다가 우리 둘 사이에는 조금 특별한 일이 생겼다. 다시 몰타로 돌아오거나 여전히 몰타에 살고 있는 내 예전 친구들이 후배의 친구가 된 것이다. 그들과 함께 화상채팅을 하면서 반가움과 그리움은 배가되었다. 그렇게 또 다른 그들의 친구 혹은 다시 돌아온 이들이 인연이 되어 만남을 이어갔다. 물론 내가 살았던 시절의 몰타가 그대로 존재하진 않을 테지만, 그들이 함께 느낀 것은 지난날의 나와 다르지 않을 것이다. 그저 자신을 따른다. 오직 나만의 내적 자유를 마음껏 누리고 마시며 즐긴다.

누구에게나 청춘의 시절은 있다. 법을 어기며 술을 마시는 20대 리비아 총각, 비키니를 입는 50대 고등학교 스페인 교사, 남편을 두고 홀로 여행 중인 30대 콜롬비아 유부녀, 이제 막 부모님의 품에서 벗어난 10대 스페인 춤꾼, 아들 또래와 파티를 즐기는 40대 러시아 가장, 탄자니아에서 아이들을 돌보는 옥이까지 모두가 자기 방식대로 삶을 즐기고 있었다. 이렇듯 청춘은 새파랗고 혈기왕성한 젊은이들의 전유물이 아니었다. 그저 마음껏 자기다워지는 것, 내가 무엇을 하든 얽매이지 않고 타인이 기준이 아닌 바로 자신 스스로를 살아가는 시간 그때가 바로 우리들 각자의 청춘이었다. 지금이 아니면 기회가 사라질 것 같다며 홀연히 떠나 버린 후배처럼 세월이 흐르면 지난날 하지 못했던 아쉬운 일들이 여전히 남아 있기 마련이다. 늘 살면서 중요한 일 때문에 하지 못했다고 생각했지만, 어쩌면 그 후회의 진짜 이유는 나에게 있어서 무엇이 소중한지 몰랐기 때문이 아니었을까? 나를 만나는데 후회가 되는 시간이란 존재하지 않았다. 가장 소중했던 자신을 묻어 두고 살았던 나는, 몰타에서만큼은 마음껏 꺼내 놓고 살아 보았다. 다른 사람들의 시선 속에서가 아닌 그저 내가 되어 사는 삶. 내가 만났던 나는 내 존재의 이유였다. 나의 자유(自有), 내가 가지고 있는 것을 알아가는 것이 이제는 내 삶에서 가장 소중한 일이 되어 버렸다.

한국에 2년간 살았던 프랑스 친구의 송별회. 주인공은 태극기를 들고 등장했다. 그녀는 한국어로 마지막 메시지를 써달라며 태극기를 활짝 펼쳐보였다.

"영희야!(내가 지어 준 한국이름) 아줌마!(내가 자주 부르던 별명) 한국도 널 잊지 못할 거다."

또박또박 한글로 글을 써내려갔다. 숟가락 두드려 가며 마셔라! 마셔라! 구호를 외치고 막걸리를 물처럼 마시며 즐거워하던 그녀에게서 나는 몰타에서의 내 모습을 떠올렸다. 그녀가 막걸리를 사랑하고 한강에서 배달치킨을 즐기던 모습은 지난날의 나와 전혀 다르지 않아 보였다. 한국이라는 새로운 세상이 영희에게는 분명 자신만의 청춘 정거장이었을 것. 아마 영희도 느꼈을 것이다. 마음을 열고 원하는 것은 무엇이든 하라는 그 외침을, 천지가 내 것으로 이루어져 있는 그 기분을 말이다. 나를 알아가고 사랑할 용기가 생긴다면 그곳이 어디든 당신만의 세상이다. 당연하게 걷고 있던 그 길 위에 혹시 지나쳐 버린 역 하나가 있지 않은가? 나도 어디로 가는지 모르는 발걸음을 멈추고 내가 어디로 가고 싶은지 물어 보자. 돌아갈 수 있다면 꼭 들르길 바란다. 잠시 들린다고 해서 많이 늦어지지도 않는다. 나로 말하면 나조차도 몰랐던 또 다른 나를 만났다. 그리고 이제 막 내 생애 가장 행복했던 순간을 번역하는 과정을 마쳤다. 마음이 말하는 것을 확인하는 시간, 머물수록 나를 아는 세상이 나에게는 청춘 정거장이었다. 아무도 몰랐던 나만의 몰타처럼 각자의 세상은 어딘가에 존재할 것이다. 정말 꿈이 아닌 현실로써 말이다.

나는 다녀왔다. 나의 청춘 정거장을.

내가 물었다 "한국은 너에게 어떤 곳이야?"
영희가 말했다. "Best time ever(내 인생 최고의 시간)"

Epilogue_누군가는 모르는 누군가의 몰타

– 이미루

나는 무엇보다도 수지와 나를 몰타에서 함께하게 한 여러 겹의 타이밍에 감사한다. 우리가 서로 아직은 모르는 사이일 때 각자의 책상에서 고등학교 원서를 고쳐 쓰던 순간에도, 연남동 원룸 계약서에 도장을 찍으러 가는 총알택시 안에서도, 연남동 빌라 현관에서 무심코 한마디를 던지면서도 나는 몰타가 '따뜻하다'는 것 외엔 아무것도 몰랐다. 초여름의 낮잠, 낮술의 취기 같은 막연하고 아늑한 이미지만이 상상속의 어딘가를 떠다니고 있었다.

하지만 발레타 분수대 앞에서 흑표범처럼 뛰어오는 수지와 요란한 조우를 하고 파처빌로 가는 고물버스의 줄을 당기면서 문득 이런 생각이 들었다.

"아마 수지와 내가 같은 고등학교를 가지 않았더라도, 또는 연남동 빌라에서 아래위층에 살지 않았더라도 혹시 몰타 같은 곳에서 만나지 않았을까?"

중요한 일들이란, 큰 덩어리로 놓고 보면 작은 선택들이 다르더라도 결국에는 비슷한 곳에서 마주치게 되어 있다. 몰타에서의 마주침도 그

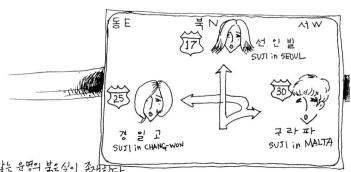

보이지 않는 운명의 붉은 실이 존재한다.
어디로 가든 언젠가는 만날 인연인 것이다.
  - 2014. 1. 26 각자의 스케줄대로 잡은 라이언맥긴리 전 약속이. 날짜. 시간.
               장소가 일치했다. 대림미술관으로 향하는 3호선에서. 뿐쫄 -

랬다.

　예정되어 있던 순간처럼, 원작을 알고 보는 영화의 클라이맥스처럼.

　이 글을 쓰기 전 당시의 일기를 뒤적여 봤다. 얌전히 보관해 뒀던 앨범과 페이스북에서 수지와 함께 몰타에서 찍었던 사진을 돌아보기도 했다. 웃음이 나기도 하고 씁쓸해지기를 반복하면서. 찧고 까불며 기록하고 찍어 댔던 순간들이 그때만큼 생생하진 않다. 가장 행복했던 순간이라고 자부할 수 있고 잊지 않으려고 노력했던 것들도 시간의 흐름 속에서는 어쩔 수가 없는 것이다. 조금 더 기억하고 덜 아쉬워하려고 기록하는 것들. 우리는 그것들로 하여금 오히려 더 그곳을 그리워하게 된다. 또 그러므로 다시금 그곳으로 가까워지는지도 모른다. 그 기억의 기록들이 가끔씩은 현실의 마취제가 되고 때로는 각성제가 되어 미래의 어딘가로 우리를 끌어당기고 있다는 생각이 든다.

몰타에서부터 삶의 채도가 높아진 수지에게 몰타라는 단어를 처음 꺼낸 건 나였지만 나는 도리어 수지에게 고맙다. 이렇게 한 권의 책이 되어 나온 몰타 유람기가 어쩌면 우리를 다시 그곳으로 데려가 줄지도 모른다는 막연한 생각이 들어서. 몰타를 여행할 때 수지가 했던 말이 떠오른다.

"우리 그냥 여기서 통닭이나 팔까?"

나쁘지 않은 생각이다. 진짜로 그렇게 되면 나도 옆에서 파절이라도 무칠까? 다음에 만나면 진지하게 이야기해 볼 작정이다.

■ 몰타에 머문 사람들의 이야기

이름	국적	몰타 한마디
김재우	Korea	변화의 땅, 외국에 대한 두려움과 환상을 없애 주며 내 발판이 된 곳. 몰타가 그립다는 것은 그곳을 다녀온 모든 사람이 느낄 것이다.
Medina	Kazakhstan	For me Malta is very relaxing and beautiful island! People over there very kind! Malta full of good expressions! Each cities in Malta hide something interesting which gives us good memories! 나에게 있어서 몰타는 매우 편안하고 아름다운 섬이다. 모든 사람들은 친절하고 몰타에 모든 것이 황홀한 경험이었다. 몰타 안에 있는 각각의 숨어 있는 도시들은 우리들에게 좋은 기억과 즐거움을 선사하였다.
Rika	Japan	People is friendly 친절한 사람들
Ludo	Switzerland	A lot of surprise 수많은 놀라움
Joakim	Sweden	My pace 나의 속도
김미영	Korea	Sevens heaven 일곱 개의 천국
Xenija	Germany	Malta is unique and You can leave Malta but Malta won't leave you 몰타를 대신할 것은 없다. 당신은 몰타를 떠날 수 있어도 몰타는 당신으로부터 떠나지 않을 것이다.
Oguz	Turkey	Malta is one of my best friend 나의 베스트 프렌드
Virginia	Spain	Malta was amazing for me, the best experience in my life. 몰타는 나에게 있어서 실로 놀라웠다. 내 인생 최고의 경험이었다.
Dicle	Turkey	Malta means lots of new friendships! 새로운 우정의 창출지
정수지	Korea	삶의 2막이 열린 곳.
세반	Korea	자신이 노력한 만큼 좋은 추억을 만들 수 있는 곳

Zohaier	Libya	People when I meet them in malta I am so liked them and malta dosen't like 내가 몰타에서 만난 사람들은 매우 좋았다. 하지만 몰타는 그렇지 않았다.
Johan	Sweden	Malta = Relaxed, Warm, Sunny, Low Tax, Freedom 몰타 = 휴식, 따뜻함, 화창함, 저렴한 세금, 자유
Alex	England	An island steeped in history and culture, with a charm and magic of its own. 역사와 문화에 둘러싸인 섬, 그 자체가 아름다움과 마법이다.
Lorraine	England	Our little rock fortress protects a people who are loud, noisy, hard-headed yet generous. It is steeped in religion and rich history and surrounded by the crystal blue Mediterranean. I love every dusty little corner of it and am proud to call it home. 몰타의 작은 요새는 시끄럽고 고집 센 사람들을 한결같이 품어 주고 있다. 이곳은 깊은 종교와 역사가 스며 있으며 아름다운 푸른 빛깔 지중해에 둘러싸여 있다. 나는 이곳의 구석구석이 빠짐없이 사랑스럽고 이곳을 '내 집'이라 부를 수 있는 것이 자랑스럽다.
Anastasia	Russia	I love malta cuz thanks to malta. I have my love and I met so many people from all over the world. Malta became my second home. Even if we move to another country Malta will stay a big part of my live. 나는 몰타를 사랑한다. 이곳에서 나의 사랑을 찾았고 전 세계에서 온 많은 사람들을 만날 수 있었다. 몰타는 나의 제2의 고향이 되었다. 내가 만약 다른 나라로 떠날지라도 몰타는 내 삶의 큰 한 부분으로 자리할 것이다.
박은지	Korea	내 인생을 송두리째 변화시킨 곳 어떻게 즐기며 살지 어떤 방식으로 살아갈지 즐거운 고민을 할 수 있었고 많은 친구를 만날 수 있었다.
Kensuke	Japan	夢の島 꿈의 섬
성미라	Korea	몰타는 나의 고향, 나를 기억해 주는 이 하나 없어도, 나를 맞이하는 이 하나 없어도 언제나 그리운 그곳은 내 고향

Sergii	Ukraine	I can say that journey to Malta had changed all my life I've found many friends from other countries with different religions, my english skills become better. Hope to visit this nice country again in nearest future. 나는 감히 몰타로의 여행이 내 삶을 송두리째 바꾸어 놓았다고 말할 수 있다. 다양한 종교권의 외국 친구들을 만날 수 있었고 영어 실력은 전보다 훨씬 향상되었다. 가까운 훗날 이 멋진 나라를 꼭 다시 찾고 싶다.
Richard	Malta	Malta is the place that I always want to go back to after my travels 여행 이후 항상 돌아가고 싶은 곳
Diego	Spain	Malta changed my life, so I recomend to go to once in the life like the muslims go to La Meca. 몰타는 내 인생을 바꿔 놓았다. 무슬림의 성지가 메카이듯 몰타는 살면서 꼭 한번 가 봐야 할 삶의 성지 같은 곳이다.
Cris	Spain	Malta is a turning point cause after being there, you start to live and feel your live in another Completely different sense. 몰타는 터닝 포인트이다. 몰타를 다녀온 후 당신의 삶은 이전과는 전혀 다른 느낌으로 굴러가기 시작할 것이다.
Marina	Spain	For me Malta is unique and incomparable. 몰타는 나에게 있어 무엇과도 비교할 수 없는 특별한 곳이다.
Elena	Spain	Malta was really nice where everyone was gorgeous and open mind. It changed my life and I can live in harmony with each other. Because you can meet people of diferrent country so you are more tolerant. it's like the paradise. You just enjoy and don't have any troubles. 몰타는 개방적이고 멋진 사람들이 살고 있는 정말 근사한 곳이다. 이곳은 나의 인생을 보다 조화롭게 바꿔놓았다. 지구촌 곳곳에서 온 새 친구들을 사귀는 동안 더욱 관대해지고 유연해진 자신을 발견할 수 있다. 이 지상 낙원에서는 그저 맘 편히 즐기기만 하면 된다.
Tsumoru	Japan	ゴール Goal
Leo	Spain	Malta, small country huge experience 몰타는 작다. 여기에 거대한 경험이 숨어 있다.

Juan	Spain	lot of fun = HAPPINES 수많은 즐거움 = 행복
Atila	Turkey	Malta is a lot of suprise for me because I had a chance to know you and I had a lot of lovely friends. It's a good feeling for me. It's very important to win for me in my life. What a big happy for me I had a lot of good friends 몰타에서 보낸 시간들은 놀랍고 행복한 일들의 연속이었다. 좋은 친구들을 만날 기회가 무수히 많았고 내 삶에 있어 두고 두고 소중한 기억으로 남을 것이다.
Mehmet	Turkey	Malta was a good experience for me Malta has different culture 몰타는 나에게 있어서 아주 좋은 경험이었다. 전혀 다른 문화를 가지고 있다.
Abdo	Libya	To all the friends I hope I return the most beautiful days in Malta. I have missed the Malta is very beautiful and I hope that where I live and I hope to meet you again in Malta, but I want to say in order to Malta without dearest friends is not pretty. 몰타에서의 화려했던 날들로 돌아가고 싶다. 내가 지냈던 아름다운 섬과 거기서 만났던 친구들이 눈앞에 아른거린다. 당장이라도 몰타로 돌아가고 싶다. 하지만 친구들이 없는 몰타라면 아무 의미가 없다.
Mou	Libya	M make friends A amazing weather L live happy T the best vacation A always enjoy every min M친구를 만들고 A기가 막힌 날씨에 L행복한 삶과 T최고의 방학이 있는 A항상 매 순간을 즐길 수 있다.
Take	Japan	楽園天国 지상천국
Unai	Spain	For me malta was the best 3 months of my life and a place to meet friends. 나에게 있어서 몰타는 내 인생 최고의 3개월이었고 친구를 만날 수 있는 곳이었다.

Mai	Japan	一生の友達と思い出が作れる場所 평생의 친구들과 추억을 만들 수 있는 장소
Giulia	Malta	Even though Malta is a tiny island, it is covered head to toe with beautiful culture which travels through the maltese themselves! It is a place where people from different backgrounds and nationalities met up & grow beautiful memories they will carry with them forever. 몰타는 아주 작지만 말티즈들의 문화와 전통이 깨알같이 녹아 있는 아름다운 섬이다. 가지각색의 문화권에서 온 이방인들은 이곳에서 잊을 수 없는 추억들을 꽃피우고 이는 영원히 그들 삶 한편에 자리한다.
Ivan	Spain	Reinvent yourself every day 매일 자기 자신을 재발견할 수 있는 곳
Navid	Iran	MALTA IS THE PLACE WHERE THE PEOPLE REALLY CAN SHOW HOW THEY ARE, IT DOESN'T MATTER THE COUNTRY, SKIN, ORIGEN, SEX AND RELIGION!! 몰타는 누구든 '진짜 자신'을 내보이게 되는 곳이다. 이곳에서는 나라와 피부색, 종교, 출신, 성별 따위가 전혀 상관없다.
Julia	Russia	I think Malta was a great experience for me. It's not just learning a foreign language but meeting people from all over the world, knowing different cultures. 몰타는 정말 나에게 있어서 훌륭한 경험이었다. 단지 언어를 배우는 것뿐만 아니라 전 세계에서 온 사람들을 만나고 다른 문화를 알아 갈 수 있다.
Vanessa	France	Malta its a beautiful experience. 몰타는 정말 아름다운 경험이었다.
Ruben	Spain	Malta is big rock where the party never ends. Malta is place where the different cultures mixup to spend a good time. 몰타는 절대 파티가 끊이지 않는 섬이다. 이곳에서는 다양한 문화가 버무려져 즐거운 시간들을 만들어 낸다.
Tautsuya	Japan	スローライフ 슬로우 라이프
Zoher	Libya	I called devil island. 나는 악마의 섬이라 부르겠다.

Arthur	Malta	MALTA IS THE MOST INTERESTING AND BEAUTIFUL ISLAND IN THE MEDITERRANEAN 몰타는지중해에서 가장 흥미진진하고 아름다운 섬이다.
Julia	Ukraine	Malta is sun, beache sand party, a lot of party and a lot of unforgettable experiences. 몰타는 태양, 해변 그리고 파티, 정말 수많은 파티가 있는 곳이다. 잊을 수 없는 경험도 함께.
Manuela	Spain	You can't spend another day without going to those beautiful beaches. 몰타의 끝내 주는 해변에 뛰어들지 않으면 하루가 지루할 것이다.
Gaby	Peru	Malta is not about a big thing but a million little things which make friendships and memories unforgettable. 몰타에 크게 내세울 것은 없지만 잊을 수 없는 소소한 추억들이 모여 더 큰 것을 만들어 낸다.
Laurent	France	Malta is not a experience like other country. Malta you have to live it in your life for understand what I mean. 몰타에서의 경험은 다른 나라들과는 전혀 다르다. 아마 내 말을 이해하기 위해서는 당신이 몰타에 살아 보는 수밖에 없을 것이다.
Ricky	China	Malta means new adventures. 몰타는 새로운 모험이다.
이인경	Korea	몰타는 내가 가장 사람다웠던 곳이다.
Beautiful world	Website	Malta, where the water is so amazingly clear that it like the boat is hovering. 몰타는 놀랄 만큼 맑은 물을 가지고 있기에 마치 보트가 공중을 날아다니는 듯하다.
Naomi	China	There is a little rock-crazy and hilarious Where live sallince stpeple 꼬리에 꼬리를 무는 스캔들과 사건들로 웃을 일이 끊이지 않는 미친 섬이다.
Yuki (남)	Japan	様々な人種の交流地 세계인들의 교류지
이미루	Korea	그린 그림만큼 그려지는 곳

Kamil	Turkey	Malta was forme crazy time and met so nice people. 몰타에서 나는 아주 좋은 사람들을 많이 만났고 그 시간들은 제정신이 아니었다.
Igor	Russia	Ilt was really great time and happy time for me. Malta is the island of happy people! Therefore Malta is the island of young people! This is because when people are happy, they always feel young themselves. And it is indifferent how old are people in fact. 몰타는 나에게 있어서 정말 행복하고 멋진 시간이었다. 몰타는 행복한 사람들의 섬이다. 그리고 젊은이들의 섬이기도 하다. 왜냐하면 사람들이 행복할 때는 늘 젊음을 느끼기 때문이다. 나이와는 전혀 상관없이 자신을 즐길 수 있는 곳이다.
Emi	Japan	自分たちと違う文化の人たちと交流ができていいことも悪いことも楽しいことも公有して自分の心を皆と育てる場所。マルタはどんな人でも受け入れて育ててくれていつまでもまた私たちを待ってるお母さんみたいな島だね。また行きたい 자신들과 다른 문화를 가진 사람들과 교류를 하며 좋은 일, 슬픈 일을 모두가 함께 공유하는 장소. 몰타는 모든 이들을 받아 줄 것이고 안아 줄 것이며 언제까지라도 우리를 기다려 줄 수 있는 엄마 같은 섬이다. 다시 가고 싶다.
Andrea	Colombia	Eternal smaile. 끝없는 미소
Yasuharu	Japan	Mediterranean paradise that gives you wonderful encounters and new perspectives. 지중해 파라다이스, 근사함과 맞닥뜨리고 새로운 견해를 가져다 준 곳.
강도연	Korea	지치고 힘들 때 퍼져서 쉬고 싶은 곳
홍송화	Korea	나이 들고 찾아갔을 때 내 청춘을 느낄 수 있는 곳
Kani	Japan	世界の入口 세계로의 입구
김윤정	Korea	내 인생을 구분 짓자면 몰타를 가기 전과 후로 나눌 수 있다.
Adrian	England	Malta where summer lasts forever and everything shuts on Sunday 몰타는 여름이 마지막까지 영원하고 일요일이면 모두 문을 닫는 곳이다.

Nadinka	Russia	Malta is a time of good memories there I met people that I'm happy to remember thank you learn how to cook korean dishes and now they are my speacialties!! 몰타에서의 시간은 좋은 기억이다. 사람들도 만난 추억만큼은 너무 행복하고 감사하게 생각한다. 한국 음식을 배울 수 있었는데 그것은 나의 스페셜리스트가 되었다.
Berke	Turkey	Malta means lots of things to me to be honest. It's not even an island if you live in a big city like I do. But its fun and there is no chance you back your country sad about your chance. 몰타는 내게 있어 수많은 의미를 가지는 곳이다. 만약 당신이 나처럼 큰 도시에서 왔다면 이곳은 섬이라 하기도 뭣할 정도로 좁은 곳이다. 하지만 몰타에 온 이상은 다시 떠날 수 없는 곳이기도 하다.
Marlolys Morales	Domi nican Republic	malta is the place were i´ve been happiest in my life, it´ makes me feel confortable and young and makes that i forget all my problems, for me malta is life! 몰타는 내 인생에서 가장 행복한 장소였다. 몰타는 나를 여유 있고 생기있게 만들었으며, 내 안의 모든 문제를 잊어버리게 만들었다. 나에게 있어서 몰타는 삶 그 자체였다.
Karina	Russia	Malta as a warm cozy place. Where is penttime with big pleasure. Dispite the fact I was in Malta in winter time it was comfort weather in comparison with snow Russia. And I can walk in down street sand on the seafront. I liked so much to walk on the sea front of slima and achive to Valletta by different way(by and or by boat). 몰타는 평화로운 곳이다. 내가 몰타에서 보낸 시간은 겨울이었는데도 불구하고 눈 내린 러시아와 비교했을 때 굉장히 따뜻한 날씨였다. 나는 항상 산책을 할 수 있었고 슬래이마와 발레타까지 걷는 것을 즐겼다. 걷거나 혹은 바다 위에서 보트를 타거나!
Yuka	Japan	最後の楽園 최후의 낙원
Yuki (여)	Japan	第2の故郷 제2의 고향

momoko	Japan	ちいさな島マルタは、笑顔の絶えない時間が出会う人とのつながりを特別なものにしてくれてる。こころにゆとりを持てる何度でも帰りたくなる大好きな場所 자그마한 섬 몰타는, 미소가 끊이지 않는 시간과 그곳에서 만난 사람들과의 인연이 참 특별하다는 걸 알려준다. 마음에 여유를 가질 수 있게 하며, 여러번 돌아가고 싶었던 내가 가장 좋아하는 장소.
Mizuho	Japan	勇気をくれる場所 용기를 가져다준 장소
Nobuko	Japan	言葉ではいい表す事のできないすごい島！！忙しくもできるし、のんびりもできる。自由自在に自分らしい時間と場所も見つけ過ごせる島。 단어로써는 표현할 길이 없는 멋진 섬. 할 것도 많고 푹 쉴 수도 있는 곳. 자유자재, 자신을 위한 시간과 장소를 발견할 수 있는 섬.
정유식	Korea	아무것도 없는 나라이지만, 많은 것을 얻을 수 있는 곳
이연정	Korea	비키니 입고 돌아다녀도 되는 엄청난 나라. 생각이 많을 때 어느 곳이든 누워 낭만을 만끽할 수 있는 몰타만의 색과 향이 있는 곳.

아무도 모르는 누군가의 몰타

1판 1쇄 발행 | 2015년 12월 10일

지은이 | 정수지
그린이 | Miroux
주 간 | 정재승
교 정 | 홍영숙
디자인 | 배경태
펴낸이 | 배규호
펴낸곳 | 책미래

출판등록 | 제2010-000289호
주 소 | 서울시 마포구 공덕동 463 현대하이엘 1728호
전 화 | 02-3471-8080
팩 스 | 02-6353-2383
이메일 | liveblue@hanmail.net

ISBN 979-11-85134-28-4 03980

국립중앙도서관 출판시도서목록(CIP)

아무도 모르는 누군가의 몰타 : 지중해의 작은 보물섬 / 글 ·
사진: 정수지 ; 그림: Miroux. -- 서울 : 책미래, 2015
    p. ;   cm

    979-11-85134-28-4 03980 : ₩14800

    旅行記]
    1) [Malta]

    '-KDC6
    DDC23   CIP2015032312